职业教育食品类专业系列教材

食品检验技术

李双石　麻文胜　主编
辛秀兰　主审

化学工业出版社
·北京·

内容简介

《食品检验技术》将食品检验和分析化学、仪器分析、食品感官检验等课程内容进行了整合优化，突出以职业能力为本位、以技术技能为主线，将教学内容模块化。本书设置食品检验的基本知识、食品感官检验技术、食品物理检验技术、食品化学分析检验技术（重量分析法、滴定分析法、酸碱滴定法、配位滴定法、氧化还原滴定法、沉淀滴定法）、食品仪器分析技术（紫外-可见分光光度法、色谱分析法、原子吸收光谱法）、综合实训十三个模块。每个模块包含学习与职业素养目标、必备知识和若干个技能训练，便于开展任务驱动式、理实一体化课堂教学。本书还配有数字化教学资源，可通过扫描二维码学习参考。电子课件及复习题参考答案可从 www. cipedu. com. cn 下载参考。

本书可作为职业教育食品智能加工技术等食品相关专业的学习用书，也可作为从事食品相关企事业单位技术人员的参考用书。

图书在版编目（CIP）数据

食品检验技术/李双石，麻文胜主编. —北京：化学工业出版社，2023.7

职业教育食品类专业系列教材

ISBN 978-7-122-43223-0

Ⅰ. ①食… Ⅱ. ①李…②麻… Ⅲ. ①食品检验-职业教育-教材 Ⅳ. ①TS207.3

中国国家版本馆 CIP 数据核字（2023）第 056890 号

责任编辑：迟　蕾　李植峰　　文字编辑：杨凤轩　师明远

责任校对：李雨函　　装帧设计：王晓宇

出版发行：化学工业出版社（北京市东城区青年湖南街 13 号　邮政编码 100011）

印　　刷：北京云浩印刷有限责任公司

装　　订：三河市振勇印装有限公司

787mm×1092mm　1/16　印张 12½　字数 310 千字　2024 年 6 月北京第 1 版第 1 次印刷

购书咨询：010-64518888　　售后服务：010-64518899

网　　址：http：//www. cip. com. cn

凡购买本书，如有缺损质量问题，本社销售中心负责调换。

定　　价：39.80 元

《食品检验技术》编写人员

主　　编	李双石	麻文胜
副 主 编	任建华	高丽娟
编写人员	李双石	北京电子科技职业学院
	任建华	北京电子科技职业学院
	于海龙	北京电子科技职业学院
	问亚琴	北京电子科技职业学院
	王绍领	河南濮阳职业技术学院
	黄国宏	广西职业技术学院
	麻文胜	广西职业技术学院
	马艳华	河南濮阳职业技术学院
	高丽娟	北京市理化分析测试中心
	赵小曼	北京电子科技职业学院
	辛秀兰	北京电子科技职业学院

前言

为深入贯彻落实《国家职业教育改革实施方案》《关于推动现代职业教育高质量发展的意见》《关于加强新时代高技能人才队伍建设的意见》等文件要求，积极探索开发基于岗位职业能力和工作过程的食品分析与检验教学(培训)用教材，编写《食品检验技术》。

本书紧紧围绕食品智能加工技术、食品检验检测技术、食品质量与安全等专业高技能人才培养目标和职业岗位能力要求，将食品检验与分析化学、仪器分析、食品感官检验等课程内容进行了整合优化，使基础知识讲解与专业技能训练融为一体，突出以职业能力为本位、以技术技能为主线、理论够用为度、强化实践训练的职业教育特色，呈现了模块化工学结合的特点。同时注重融入课程思政教育，以实现以德树人，以技立业的育人目标。

参加本书编写的都是多年从事食品分析检验教学科研和应用实践的教师和企业人员，其中北京电子科技职业学院李双石和广西职业技术学院麻文胜任主编，北京电子科技职业学院任建华和北京市理化分析测试中心高丽娟任副主编。具体编写分工为：绪论和模块十三由李双石编写，模块一和模块四由任建华编写，模块二和模块十一由北京电子科技职业学院问亚琴编写，模块三和模块六由河南濮阳职业技术学院王绍领编写，模块五和模块七由广西职业技术学院黄国宏编写，模块八和模块九由麻文胜编写，模块十和模块十二由河南濮阳职业技术学院马艳华编写，数字化教学资源由北京电子科技职业学院李双石、任建华、赵小曼和于海龙制作。

本书编写过程中，参考了大量书籍和文献资料，在此一并表示衷心感谢。

食品检验技术和标准不断更新，加之编者水平有限，书中难免有不足之处，敬请广大读者批评指正，以便进一步修改和完善。主编 E-mail：27281790@qq.com。

李双石

2024 年 2 月

目录

绪 论

学习与职业素养目标

1. 重点掌握食品分析与检验的内容、国内外常见的食品标准，树立依据食品安全法规和标准对产品质量进行严格监督的法治意识。

2. 掌握食品分析与检验的性质、任务和作用，树立守护食品安全的责任意识。

3. 了解食品分析与检验的发展趋势，培养创新思维。

一、食品检验的性质、任务和作用

1. 食品检验的性质及任务

食品是人类赖以生存、繁衍、维持健康的基本条件，人们每天必须摄取一定数量的食品来维持自己的生命与健康。根据我国《食品安全法》，食品是“指各种供人食用或者饮用的成品和原料，以及按照传统既是食品又是药品的物品，但是不包括以治疗为目的的物品”。这是食品的法律含义。由此看来，食品既包括已经加工好的能够直接食用的各种食物，如饮料、糕点等，还包括一切食品的半成品及原料，如粮食、奶类、肉类等。食品质量与人民健康密切相关。评价食品质量的好坏，就是要分析它的营养性、安全性和可接受性，即营养成分含量多少、存不存在有毒有害的物质和感官性状如何。

食品检验技术就是专门研究各类食品组成成分的检测方法及有关理论，进而评定食品品质及安全卫生的一门技术性学科。

食品检验的主要任务就是根据食品安全标准及食品生产管理规范的有关规定，运用物理、化学、生物等技术手段全面控制食品质量，保证食品的营养性、安全性和可接受性。

食品检验指依照有关法律、法规的规定，按照食品安全标准和检验规范对食品及其原辅料、半成品、成品、添加剂和食品相关产品等进行感官评价、理化和微生物等指标的检测，并依据相关规定和标准进行合格性评定验证的活动。

食品检验机构指依法设立或者经批准的从事食品检测检验、校准、采样活动并向社会出具具有证明作用的检测数据、结果和结论，能够承担法律责任的检验检测机构。通常食品检验机构包括政府监管部门官方的检验检测机构、第一方（供方或卖方，通常是食品生产企业自有实验室）、第二方（需方或买方）和第三方（社会上独立的）检验检测机构。

为了规范食品检验工作，为食品安全监管提供科学、公正、可靠的技术支撑，国家食品药品监督管理总局印发了《食品检验工作规范》（食药监科［2016］170号）。该规范主要内容是针对食品检验工作的关键环节，对检验工作全过程进行规范，分为总则、抽（采）样和样品的管理、检验、结果报告、质量管理和监督管理几部分内容。规范要求食品检验实行检验机构与检验人负责制，检验机构和检验人要对出具的食品检验数据和报告及检验工作行为负责。

食品检验人员应具备的职业道德规范有诚信守法，清正廉洁，严于律己；客观独立，公平公正，科学准确；爱岗敬业，团结协作；执行标准，规范操作，注重时效；敬业爱岗，恪尽职守，严守秘密。食品检验人员应具备的知识和能力有食品安全法律法规、标准规范、操作技能、质量控制要求、量值溯源和数据处理、实验室安全与防护、环境保护等。

2. 食品检验的作用

食品检验是食物营养评价与食品加工过程中质量保证体系的一个重要组成部分，始终贯穿于食物资源的开发、食品加工生产与销售的全过程。因此，无论是消费者、食品生产企业、政府监管机构，还是高等院校、科研院所都需要分析食品的组成和性质，以确保食品的营养性、安全性和可接受性。

(1) 控制管理优化生产，监督和提高产品质量 食品检验工作者应与生产者紧密配合，开展食品工业生产中物料（原料、辅料、半成品、成品、副产品等）的质量检测及控制，发现影响质量的主要工艺流程，从而监督物料质量，优化生产条件，促进生产和提高产品质量。

(2) 政府管理部门对食品质量宏观监控 政府监督管理部门对生产企业的产品或市场的商品进行检验，以保证食品的质量。

(3) 为食品新资源、新产品、新技术的开发提供技术手段 食品分析是食品科学研究中不可缺少的手段，食品检验工作者在开发新的食品资源、试制新的产品、改进生产工艺、创立新的检验方法等方面的研究中，都发挥着巨大作用。

(4) 对进出口食品的质量进行把关 在进出口食品的贸易中，商品检验机构中食品检验工作者需根据国际标准或供货合同对商品进行检测，以确定是否放行。

(5) 为食品质量纠纷的解决提供技术依据 当发生食品质量纠纷时，第三方检验机构根据解决纠纷的有关机构如法院、质量管理行政部门等的委托，对有争议产品做出仲裁检验，为有关机构解决产品质量纠纷提供技术依据。

二、食品检验的内容

1. 食品的感官检验

食品的感官品质包括色、香、味、外观形态、稀稠度等，是食品质量最敏感的部分。因为每个消费者面对产品时首先是这些感官品质映入眼帘，然后才会感觉到是否喜欢以及下定决心购买与否，所以产品的感官质量直接关系到产品的市场销售情况，好的食品不仅要符合营养和卫生的要求，还要有良好的可接受性。为保证产品的质量，食品企业所生产出的每批产品都必须通过训练有素的具有一定感官鉴评能力的质控人员检验合格后方能进入市场。食品的感官特征历来都是食品质量检验的主要内容，不仅能对食品的嗜好性做出评价，对食品的其他品质也可做出判断，感官检验有时可鉴别出精密仪器难以检出的食品的轻微劣变，还可监控产品的稳定性。

国家标准对各类食品都制定有相应的感官指标，感官检验往往是食品检验各项内容中的第一项。如果食品感官检验不合格，即可判定产品的不合格，不需再进行理化检验。

2. 食品的理化检验

食品理化检验是利用物理、化学和仪器等分析方法对食品中的营养成分（如水分、灰分、矿物元素、脂肪、碳水化合物、蛋白质与氨基酸、有机酸、维生素等）、食品添加剂、有毒物质进行检验。

3. 食品的微生物检验

食品微生物检验是应用微生物学的相关理论与方法，研究外界环境（如生产用水、空气、地面等）和食品中微生物的种类、数量、性质及其对人类健康的影响。食品的微生物污染情况是食品卫生质量的重要指标之一。食品的微生物检验包含细菌形态学、细菌生理学、食品卫生细菌学、真菌学的检验，主要对食品中菌落总数、大肠菌群及致病菌进行测定。

三、食品检验的发展趋势

目前，随着食品工业生产的发展和科学技术的进步，食品检验技术逐渐趋向于简便、快捷、灵敏和微量化，食品分析逐渐采用仪器分析和自动化分析方法代替手工操作的陈旧方法。

1. 灵敏、微量

随着人们生活水平的提高，特别是我国加入 WTO 后，我国农产品走向世界的关税壁垒将逐渐被技术壁垒所取代，食品的功能性和安全性越来越受到重视，如食品的功能成分，农药、兽药残留，有毒有害物质，内分泌干扰物质等的分析精度和检测限要求越来越高，实验室检测向着设备日趋精密、检测限逐步降低的方向发展。例如出现了诸如二噁英等的超痕量指标的检测方法。食物中的许多营养成分如糖、维生素、多肽、胆固醇等，毒素如黄曲霉毒素，内分泌干扰物质如激素、甾醇等，农药残留如氨基甲酸酯、有机磷农药等，兽药残留如四环素、磺胺、氯霉素等，其分析方法以紫外（UV）、红外（IR）、核磁共振（NMR）、气相色谱（GC）、高效液相色谱（HPLC）及气相色谱/质谱（GC/MS）和液相色谱/质谱（LC/MS）等高、精、尖仪器为主，光谱、色谱及色质联机技术应用范围越来越广，成为食品现代仪器分析的通用技术。

2. 简便、快捷

食品生产企业和政府监管机构对食品品质的控制，则要求技术速测化、装备便携化，能实现在现场无损检测，快速获取检测结果。

食品加工原料收购现场、商品购销现场、商品进出口贸易现场以及生产现场均需要对食品质量的形成过程和成品的质量进行监控，需要对食品的现场快速分析。全自动凯氏定氮装置用于分析食品中的蛋白质含量，此分析仪集消煮、蒸馏、滴定、自动保护、安全报警、结果计算于一体，可实现在 4h 内完成 60 个样品的分析，效率大大提高。一种水分、脂肪分析仪，是由微波干燥装置与 NMR 有机组合的系统，可快速、准确地测定几乎所有食品中的脂肪和水分含量，所用时间短，微波干燥测水分约需 2～3min，NMR 测定脂肪只需 1min，其最大优点就是非破坏性测定，无需前处理、无溶媒，对样品无特殊要求，此仪器无驱动部分，故障少，附带食品分析的相应软件，可直接显示测定数值，广泛用于乳制品、冰淇淋、调味品和涂味食品如黄油、果酱等食品的分析。

无损检测技术是现场快速分析的重要手段，涉及光学、力学、电学和磁学等学科，内容广泛，其基础涉及材料科学、计算机技术、生物技术、信息技术等诸多领域。无损检测技术已得到迅猛发展，主要表现为检测项目由表观品质检测向内部品质检测趋势发展，检测仪器主要由实验室分析仪器向便携式检测器和在线检测装置方向迈进。例如带传感器的水果采摘手套可以检测水果的成熟度，这个系统使用方法很简单，只要戴上手套，用手指握住水果，传感器就会自动得到有关水果成熟程度的信息。传感器将信息传给使用者背包中的接收器，依靠便携式电脑对得到的信息进行处理，几秒钟就可以知道水果是否可以采摘。可谓“采果戴‘手套’，生熟一摸知”，这便是利用微型近红外光谱仪检测活体的应用实例。

四、食品标准

1. 国内食品标准

(1) 食品安全标准 食品安全标准是食品生产经营者必须遵循的最低要求，是食品能够合法生产、进入消费市场的门槛，是以保障公众身体健康为宗旨，是政府管理部门为保证食品安全、防止疾病的发生，对食品生产经营过程中影响食品安全的各种要素以及各关键环节所规定的统一的技术要求。我国《食品安全法》明确规定，食品安全标准是强制执行的标准；除食品安全标准外，不得制定其他食品强制性标准。目前，我国食品安全国家标准体系框架已基本形成，推行与国际 CAC 一致的框架，如图 0-1 所示，包括通用标准（如食品中

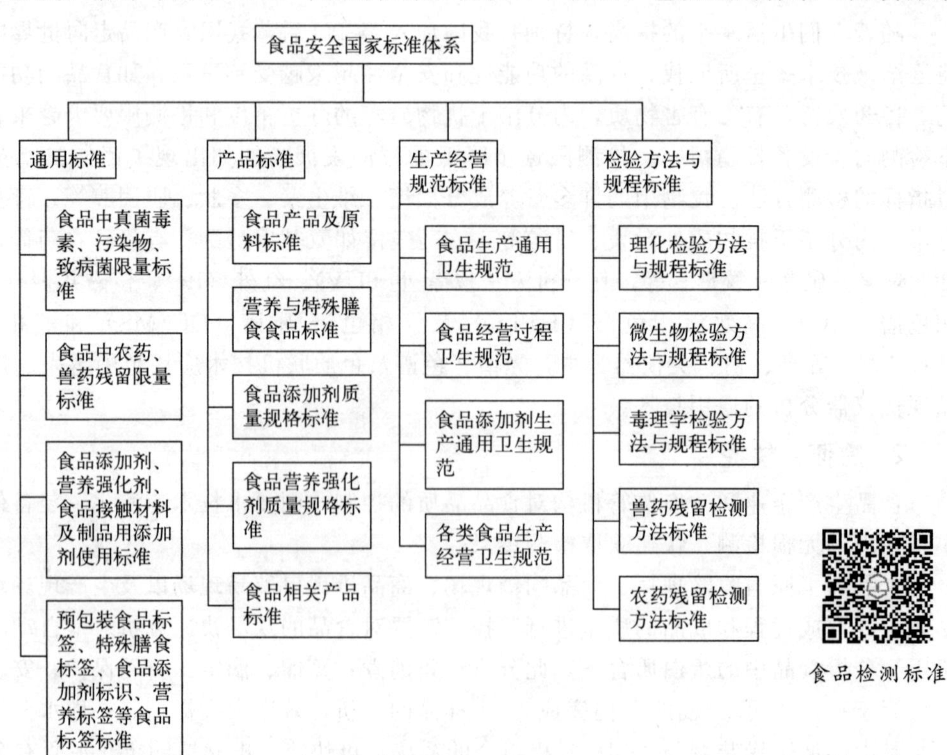

图 0-1 食品安全国家标准体系框架

兽药残留限量、食品中污染物限量等标准)、产品标准(如食品原料及产品、食品添加剂、食品相关产品等标准)、生产经营规范标准(如食品生产卫生规范、食品经营卫生规范等标准)、检验方法与规程标准(如理化检验、微生物检验、毒理学检验等标准)四大类。其中,基础标准是从健康影响因素出发,按照健康影响因素的类别,制定出各种食品、食品相关产品的限量要求或者使用要求或者标示要求;产品标准是从食品、食品添加剂、食品相关产品出发,按照产品的类别,制定出各种健康影响因素的限量要求或者使用要求或者标示要求。2020 年初,我国已制定、发布食品安全标准约 1260 项,涵盖 2 万多项安全指标,覆盖国民日常消费主要食品种类。食品安全标准包括食品安全国家标准和食品安全地方标准。

(2)其他食品标准 其他食品标准指非食品安全方面的标准,是食品生产经营者自愿遵守的,可以为组织生产、提高产品品质提供指导,以增加产品的市场竞争力。按照《食品安全法》规定,其他食品标准均不得制定为强制执行的标准,并按照《标准化法》管理。《标准化法》规定,标准包括国家标准、行业标准、地方标准和团体标准、企业标准。国家标准分为强制性标准(GB)和推荐性标准(GB/T)两类,行业标准、地方标准是推荐性标准。推荐性国家标准、行业标准、地方标准、团体标准、企业标准的技术要求均不得低于强制性国家标准的相关技术要求。食品生产企业如果制定严于食品安全国家标准或者地方标准的企业标准,应按照《食品安全法》规定报省级卫生行政部门备案。如海关食品行业标准是我国第一批针对食品真实性鉴别的系列标准,主要是针对畜禽肉类、鱼类、果汁等目标物建立的动植物源性成分检测的系列行业标准。这些行业标准不仅为海关依法把关、维护国家经济利益和安全提供了技术支撑,也为我国国内市场食品安全监管提供了技术支持。截至 2019 年年底,已立项的海关食品行业标准为 1771 项,已发布有效的食品行业标准为 1207 项,主要有检验方法类标准、规程类标准及少量的基础标准。其中,检验方法类标准又分为兽药残留、农药残留、食品添加剂、重金属元素、致病微生物、病毒、动植物源性成分检测等。

2. 国际食品标准

国际食品标准指的是国际组织和机构制定的标准。国际标准对于各国没有强制的法律效力,一般仅供各国参考,仅在特定的场合,需要协调国际间对食品贸易争端或纠纷时发挥作用。

(1)CAC 标准 国际食品法典是由国际食品法典委员会(Codex Alimentarius Commission,CAC)组织制定的食品标准、准则和建议,是国际食品贸易中必须遵循的基本规则。CAC 是联合国粮食及农业组织(FAO)和世界卫生组织(WHO)于 1962 年建立的协调各国政府间食品标准的国际组织,旨在通过建立国际政府组织之间以及非政府组织之间协调一致的农产品和食品标准体系,用于保护全球消费者的健康,促进国际农产品以及食品的公平贸易,协调制定国际食品法典。CAC 现有包括中国在内的 180 多个成员国,覆盖区域占全球人口的 99%。食品法典体系让所有成员国都有机会参与国际食品/农产品标准的制修订和协调工作。进出口贸易额较大的发达国家和地区如美国、日本和欧盟积极主动地承担或参与了 CAC 各类标准的制修订工作。目前 CAC 标准已成为全球消费者、食品生产和加工者、各国食品管理机构和国际食品贸易重要的参照标准,也是世界贸易组织(WTO)认可的国际贸易仲裁依据。CAC 标准现已成为进入国际市场的通行证。

CAC 标准主要包括食品/农产品的产品标准、卫生或技术规范,农药/兽药残留限量标准,污染物准则,食品添加剂的评价标准等。CAC 系列标准已对食品生产加工者以及最终消费者的观念意识产生了巨大影响。食品生产者通过 CAC 国际标准来确保其在全球市场上的公平竞争地位；法规制定者和执行者将CAC标准作为其决策参考，制定政策改善和确保国内及进口食品的安全、卫生；采用了国际通用的CAC标准的食品和农产品能够增加消费者的信任从而赢得更大的市场份额。

(2) AOAC标准 美国分析化学家协会（AOAC）成立于1884年，为非营利性质的国际化行业协会。AOAC被公认为全球分析方法校核（有效性评价）的领导者，提供用以支持实验室质量保证（QA）的产品和服务，AOAC在方法校核方面有长达100多年的经验，并为药品、食品行业提供了大量可靠、先进的分析方法，目前已被越来越多的国家所采用，作为标准方法。在现有AOAC方法库中存有2800多种经过认证的分析方法，均被作为世界公认的官方标准——“金标准”。在长期的实践过程中，AOAC于全球范围内同官方或非官方科学研究机构建立了广泛的合作和联系，在分析方法的认证和合作研究方面起到了总协调的作用。

1. 食品检验包括哪些内容？
2. 我国食品安全国家标准体系主要包括哪些标准？
3. 食品检验人员应具备哪些基本工作要求？

模块一　食品检验的基本知识

学习与职业素养目标

1. 重点掌握样品的采集、制备与保存方法、样品预处理的方法、检验结果的数据处理分析方法。

2. 掌握分析结果的误差处理、检验报告单的编制，培养严谨细致和诚实守信的工作作风。

3. 了解样品预处理的一般方法及选择恰当的食品分析方法需要考虑的因素。

食品检验包括感官、理化及微生物检验，这三个检验过程往往由各职能检测部门分别进行。每一类检验过程，根据其检验目的、检测要求、检验方法的不同都有其相应的检测程序，其中食品的理化检验程序最为复杂。食品的理化检验主要是定量的检测过程，整个检验程序的每一个环节都必须体现准确的量的概念，因此食品的理化检验不同于感官及微生物检验，必须严格地按一定的定量程序进行。

食品检验一般包括下面4个步骤：第一步是检测样品的准备过程，包括样品的采集及制备过程；第二步进行样品的预处理，使其处于便于检测的状态；第三步，选择适当的检测方法，进行一系列的检测并进行结果的计算，然后对所获得的数据（包括原始记录）进行数据统计与分析；第四步，将检测结果以报告的形式表达出来。

必备知识

样品的采集、制备与保存

一、样品的采集、制备与保存

1. 样品的采集

对食品进行检验的第一步就是样品的采集。从大量的分析对象中抽取具有代表性的一部分样品作为分析材料（分析样品），称为样品的采集。所抽取的分析材料称为样品或试样。

(1) 正确采样的重要性 为保证食品分析检测结果的准确与结论的正确，在采样时要坚持下面几个原则。

① 采集的样品有代表性。食品分析中，不同种类的样品，或即使同一种类的样品，也会因品种、产地、成熟期、加工及贮存方法、保藏条件的不同，食品中成分和含量都会有较大差异。此外，即使同一检测对象，各部位间的组成和含量也会有显著性差异。因此，要保证检测结果的准确、结论的正确，首要条件就是采取的样品必须具有充分的代表性，能代表全部检验对象，代表食品整体，否则，无论检测工作做得如何认真、精确都是毫无意义的，甚至会得出错误的结论。

② 采样方法必须与分析目的保持一致。

③ 采样及样品制备过程中设法保持原有的理化指标，避免被测组分发生化学变化或丢失。如果检测样品的成分（如水分、气味、挥发性酸等）发生逸散或带入杂质，显然也会影响检测结果和结论的正确性。

④ 要防止和避免被测组分的污染。

⑤ 样品的处理过程尽可能简单易行。

(2) 采样的一般程序 要从一大批被测对象中采集能代表整批物品质量的样品，须遵从一定的采样程序和原则，采样的程序分为如下几步：

待检样品 —采样→ 检样 —混合→ 原始样品 —处理、缩分→ 平均样品 → 检验样品 / 复检样品 / 保留样品

① 检样：先确定采样点数，由整批待检食品的各个部分分别采取的少量样品称为检样，这也是采样的第一步程序。

② 原始样品：把许多份检样混合在一起，构成能代表该批食品的原始样品。

③ 平均样品：将原始样品经过处理，按一定的方法和程序抽取一部分作为最后的检测材料，称为平均样品。

④ 检验样品：由平均样品中分出，用于全部项目检验用的样品。

⑤ 复检样品：对检验结果有争议或分歧时，可根据具体情况进行复检，故必须有复检样品。

⑥ 保留样品：对某些样品，需封存保留一段时间，以备再次验证。

(3) 采样的一般方法 样品的采集有随机抽样和代表性取样两种方法。

随机抽样，即按照随机的原则，从大批物料中抽取部分样品。操作时，可用多点取样法，即从被检食品的不同部位、不同区域、不同深度，上、下、左、右、前、后多个地方采取样品的方法，使所有物料的各个部分都有机会被抽到。

代表性取样，是用系统抽样法进行采样，即已经了解样品随空间（位置）和时间而变化的规律，按此规律进行取样，以便采集的样品能代表其相应部分的组成和质量。如分层采样、依生产程序流动定时采样、按批次或件数采样、定期抽取货架上陈列的食品采样等等。

随机抽样可以避免人为倾向因素的影响。但在某些情况下，某些难以混匀的食品（如果蔬、面点等），仅用随机抽样是不够的，必须结合代表性取样，从有代表性的各个部分分别取样，才能保证样品的代表性，从而保证检测结果的正确性。具体采样方法视样品不同而异。

① 散粒状样品（如粮食、粉状食品） 粮食、砂糖、奶粉等均匀固体物料，应按不同批号分别进行采样，对同一批号的产品，采样点数可由以下采样公式决定：

$$S=\sqrt{\frac{N}{2}}$$

式中 N——检测对象的数目（件数、袋数、桶数等）；

S——采样点数。

从样品堆放的不同部位，按照采样点数确定具体采样袋（件、桶、包）数，用双套回转取样管，插入每一个袋子的上、中、下三个部位，分别采取部分样品并混合在一起。若为散堆状的散料样品，先划分为若干等体积层，然后在每层的四角及中心点，也分为上、中、下三个部位，用双套回转取样管插入采样，将取得的检样混合在一起，得到原始样品。混合后得到的原始样品，按四分法对角取样，缩减至样品量不少于所有检测项目所需样品量总和的 2 倍，即得到平均样品。四分法是将散粒状样品由原始样品制成平均样品的方法，见图 1-1。将原始样品充分混合均匀后，堆集在一张干净平整的纸上，或一块洁净的玻璃板上；用洁净的玻璃棒充分搅拌均匀后堆成一圆锥形，将锥顶压平成圆台，使圆台厚度约为 3cm；划“十”字等分成 4 份，取对角 2 份其余弃去，将剩下 2 份按上法再行混合，四分取其二，重复操作至剩余为所需样品量为止。

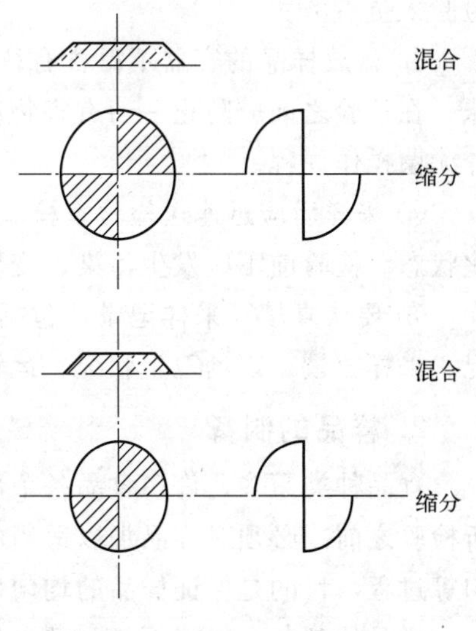

图 1-1 四分法取样图解

② 液体及半固体样品（如植物油、鲜乳、饮料等） 对桶（罐、缸）装样品，先确定采取的桶数，再开启包装，用虹吸法分上、中、下三层各采取少部分检样，充分混匀后，分取缩减至所需量的平均样品。若是大桶或池（散）装样品，可在桶（或池）的四角及中心点分上、中、下三层进行采样，充分混匀后，分取缩减至所需要的量。

③ 不均匀的固体样品（如肉、鱼、果蔬等） 此类食品的本身各部位极不均匀，个体及成熟度差异大，更应注意样品的代表性。

a. 肉类：视不同的目的和要求而定，有时从同一个体不同部位采样，混合后代表该动物的情况；有时从很多只动物的同一部位采样，混合后代表某一部位的情况。

b. 水产品：个体较小的鱼类可随机多个取样，切碎、混合均匀后，分取缩减至所需要的量；个体较大的可以在若干个体上切割少量可食部分，切碎后混匀，分取缩减。

c. 果蔬：先去皮、核，只留下可食用的部分。体积较小的果蔬，如枣、葡萄等，随机抽取多个整体，切碎混合均匀后，缩减至所需的量；体积较大的果蔬，如番茄、茄子、冬瓜、苹果、西瓜等，按成熟度及个体的大小比例，选取若干个个体，对每个个体单独取样，以消除样品间的差异。取样方法是从每个个体生长轴纵向剖成 4 份或 8 份，取对角线 2 份，再混合缩分，以减少内部差异；体积膨松型的蔬菜，如油菜、菠菜、小白菜等，应由多个包装（捆、筐）分别抽取一定数量，混合后做成平均样品。

④ 小包装食品（罐头、瓶装饮料、奶粉等） 根据批号，分批连同包装一起取样。如小包装外还有大包装，可抽取一定的大包装，再从中抽取小包装，混匀后，分取至所需的量。

食品采样的数量、采样的方法均有具体的规定，可参照有关标准。

样品分检验用样品与送检样品两种。检验用样品是将较多的送检样品均匀混合后再取样，供分析检测用，取样量由各检测项目所需样品量决定，在以后的章节中会有详述。送检样品的取样量，至少应是全部检验用量的 4 倍。

（4）采样的要求 样品的采集，除了应注意样品的代表性之外，还须注意以下规则。

① 采样应注意抽检样品的生产日期、批号、现场卫生状况、包装和包装容器状况。

② 小包装食品，送检时应保持原包装的完整，并附上原包装上的一切商标及说明，供检验人员参考。

③ 盛放样品的容器不得含有待测物质及干扰物质，一切采样工具都应清洁、干燥无异味，在检验之前应防止一切有害物质或干扰物质带入样品。供细菌检验用的样品，应严格遵守无菌操作规程。

④ 采样后应迅速送检验室检验，尽量避免样品在检验前发生变化，使其保持原来的理化状态。检验前不应发生污染、变质、成分逸散、水分变化及酶的影响等。

⑤ 要认真填写采样记录，包括采样单位、地址、日期、样品批号、采样条件、包装情况、采样数量、现场卫生状况、运输、贮藏条件、外观、检验项目及采样人等。

2. 样品的制备

食品种类繁多，许多食品各个部位的组成都有差异，为了保证分析结果的正确性，在分析检验之前，必须对样品加以适当的制备。样品的制备是指对采取的样品的分取、粉碎及混匀等过程，目的是保证样品的均匀性，在检测时取任何部分都能代表全部样品的成分。

样品的制备一般将不可食部分先去除，再根据样品的不同状态采用不同的制备方法。在制备过程中，应注意防止易挥发性成分的逸散和避免样品组成成分及理化性质发生变化。样品制备的方法因样品的不同状态而异。

（1）液体、浆体或悬浮液体 一般是将样品充分混匀搅拌。常用的搅拌工具有玻璃棒、电动搅拌器等。

（2）互不相溶的液体 如油与水的混合物，分离后分别采取。

（3）固体样品 应先粉碎或切分、捣碎、研磨或用其他方法研细、捣匀。常用工具有绞肉机、磨粉机、研钵、高速组织捣碎机等。水果罐头在捣碎前须清除果核。肉、鱼类罐头应预先清除骨头、调味料（葱、八角、辣椒等）后再捣碎，常用高速组织捣碎机等。

3. 样品的保存

采取的样品，为了防止其水分或挥发性成分散失以及其他待测成分含量的变化（如发生光解、高温分解、发酵等），应在短时间内进行分析。如果不能立即分析，则应妥善保存，保存的原则是：干燥、低温、避光、密封。

制备好的样品应放在密封洁净的容器内，置于阴暗处保存；易腐败变质的样品应保存在0～5℃的冰箱里，保存时间不宜过长；有些成分，如胡萝卜素、黄曲霉毒素 B_1、维生素 B_2，容易发生光解，进行以上这些成分分析项目的样品，必须在避光条件下保存；特殊情况下，样品中可加入适量的不影响分析结果的防腐剂，或将样品置于冷冻干燥器内进行升华干燥来保存。此外，样品保存环境要清洁干燥，存放的样品要按日期、批号、编号摆放以便查找。

二、样品的预处理

样品的预处理

食品的成分很复杂，既含有有机化合物，如蛋白质、糖类、脂肪、维生素及因污染引入的有机农药等，又含有各种无机元素，如钾、钠、钙、铁等。这些组分往往以复杂的结合态或络合态形式存在。应用某种化学方法或物理方法对其中某种组分的含量进行测定时，其他组分的存在常给测定带来干扰。为保证检测工作的顺利进行，得到准确的结果，必须在测定前排除干扰。此外，有些被检测物的含量极低，如污染物、农药、黄曲霉毒素等，要准确地测出含量，必须在测定前，对样品进行浓缩。以上这些操作统称为样品预处理，又称样品前处理，是食品检验过程中的一个重要环节，直接关系着检验结果的客观性和准确性。

进行样品的预处理，要根据检测对象、检测项目选择合适的方法。总的原则是：排除干扰，完整保留被测组分并使之浓缩，以获得满意的分析结果。样品预处理的方法主要有以下几种。

1. 有机物破坏法

有机物破坏法主要用于食品中无机元素的测定。食品中的无机盐或金属离子，常与蛋白质等有机物质结合，成为难溶、难离解的有机金属化合物，欲测定其中金属离子或无机盐的含量，需在测定前破坏有机结合体，释放出被测组分。通常可采用高温、强氧化条件使有机物质分解，呈气态逸散，而被测组分残留下来，根据具体操作条件不同，又可分为干法灰化和湿法灰化两大类。

（1）干法灰化 这是一种用高温灼烧的方式破坏样品中有机物的方法，因而又称为灼烧法。除汞外，大多数金属元素和部分非金属元素的测定都可用此法处理样品。将一定数量的样品置于坩埚中加热，使其中的有机物脱水、炭化、分解、氧化，再置于高温电炉（一般为500～550℃）中灼烧灰化，直至残灰为白色或浅灰色为止，所得的残渣即为无机成分，可供测定用。

（2）湿法消化 向样品中加入强氧化剂，加热消解，使样品中的有机物质完全分解、氧化，呈气态逸出，而待测成分转化为无机物状态存在于消化液中，供测试用，简称消化，是常用的样品无机化方法，如蛋白质的测定。常用的强氧化剂有浓硝酸、浓硫酸、高氯酸、高锰酸钾、双氧水等。

2. 蒸馏法

蒸馏法是利用被测物质中各组分挥发性的差异来进行分离的方法。可以用于除去干扰组分，也可以用于被测组分的蒸馏逸出，收集馏出液进行分析。

常压下受热不分解或沸点不太高的物质可以采用常压蒸馏。常压蒸馏装置见图 1-2，加热方式根据被蒸馏物的沸点和特性不同有水浴、油浴和直接加热。

某些被蒸馏物热稳定性不好，或沸点太高，可采用减压蒸馏，减压装置可用水泵或真空泵。某些物质沸点较高，直接加热蒸馏时，可因受热不均引起局部炭化，还有些被测成分，当加热到沸点时可能发生分解。对于这些具有一定蒸气压的成分，常用水蒸气蒸馏法分离，即用水蒸气来加热混合液体，如挥发酸的测定。

3. 溶剂提取法

同一溶剂中，不同物质具有不同的溶解度。利用混合物中各物质溶解度的不同将混合物组分完全或部分地分离的过程称为萃取，也称提取。常用方法有以下几种。

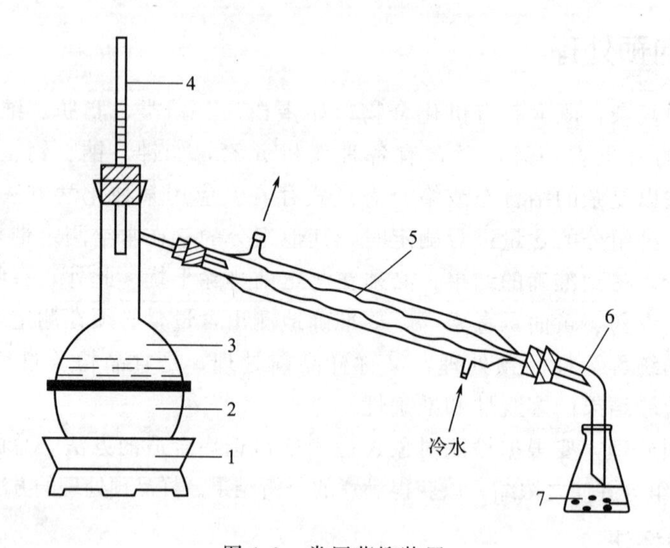

图 1-2　常压蒸馏装置

1—电炉；2—水浴锅；3—蒸馏瓶；4—温度计；5—冷凝管；6—接收管；7—接收瓶

(1) 浸提法　又称浸泡法。用于从固体混合物或有机体中提取某种物质，所采用的提取剂，应既能大量溶解被提取的物质，又要不破坏被提取物质的性质。为了提高物质在溶剂中的溶解度，往往在浸提时加热，如用索氏抽提法提取脂肪。提取剂是此类方法中的重要因素，可以用单一溶剂也可以用混合溶剂。

(2) 溶剂萃取法　溶剂萃取法用于从溶液中提取某一组分，利用该组分在两种互不相溶的试剂中分配系数的不同，使其从一种溶剂转移至另一种溶剂中，从而与其他成分分离，达到分离和富集的目的。通常可用分液漏斗多次提取达到目的。若被转移的成分是有色化合物，可用有机相直接进行比色测定，即萃取比色法。萃取比色法具有较高的灵敏度和选择性。例如双硫腙法测定食品中铅含量。此法设备简单、操作迅速、分离效果好，但是成批试样分析时工作量大。同时，萃取溶剂通常易挥发、易燃，且有毒性，操作时应加以注意。

4. 盐析法

向溶液中加入某种无机盐，使溶质在原溶剂中的溶解度大大降低，而从溶液中沉淀析出，这种方法叫作盐析。如在蛋白质溶液中，加入大量的盐类，特别是加入重金属盐，使蛋白质从溶液中沉淀出来。

在进行盐析工作时，应注意溶液中所要加入物质的选择，应是不会破坏溶液中所要析出的物质，否则达不到盐析提取的目的。

5. 化学分离法

(1) 磺化法和皂化法　这是处理油脂或含脂肪样品时经常使用的方法。例如，残留农药分析和脂溶性维生素测定中，油脂被浓硫酸磺化，或被碱皂化，由疏水性变成亲水性，使油脂中需检测的非极性物质能较容易地被非极性或弱极性溶剂提取出来。

(2) 沉淀分离法　沉淀分离法是利用沉淀反应发生分离的方法。在试样中加入适当的沉淀剂，使被测组分沉淀下来，或将干扰组分沉淀除去，从而达到分离的目的。

(3) 掩蔽法　利用掩蔽剂与样液中干扰成分作用，使干扰成分转变为不干扰测定的状态，即被掩蔽起来。运用这种方法，可以不经过分离干扰成分的操作而消除其干扰作用，简化分析步骤，因而在食品分析中应用十分广泛，常用于金属元素的测定。

6. 色层分离法

色层分离法又称色谱分离法，是一种在载体上进行物质分离的方法的总称。根据分离原理的不同，可分为吸附色谱分离、分配色谱分离和离子交换色谱分离等。此类方法分离效果好，近年来在食品分析中应用越来越广泛。

7. 浓缩法

食品样品经提取、净化后，有时净化液的体积较大，在测定前需进行浓缩，以提高被测成分的浓度。常用的浓缩方法有常压浓缩法和减压浓缩法两种。

三、食品检验中的误差分析

在食品检验中，由于仪器和感觉器官的限制、实验条件的变化，实验测得的数据只能达到一定的准确程度，测量值与真实值的差叫误差。在实验前了解测量所能达到的准确度，实验后科学地分析实验误差，对提高实验质量可起到一定的指导作用。

1. 误差的分类

一般测量误差可分为系统误差、偶然误差及过失误差三类。

(1) 系统误差 系统误差是指在分析过程中由于某些固定的原因所造成的误差，具有单向性和重现性。

系统误差产生的原因主要有：测量仪器的不准确性（如玻璃容器的刻度不准确、砝码未经校正等）、测量方法本身存在缺点（如所依据的理论或所用公式的近似性）及观察者本身的特点（如有人对颜色感觉不灵敏，滴定终点总是偏高等）。系统误差的特点在于重复测量多次时，其误差的大小总是差不多，所以一般可以找出原因，设法消除或减少。

(2) 偶然误差 偶然误差是指在分析过程中由于某些偶然的原因所造成的误差，也叫随机误差或不可定误差。

偶然误差产生的主要原因有：观察者感官灵敏度的限制或技巧不够熟练，实验条件的变化（如实验时温度、压力都不是绝对不变的）。偶然误差是实验中无意引入的，无法完全避免，但在相同实验条件下进行多次测量，由于绝对值相同的正、负误差出现的可能性是相等的，所以在无系统误差存在时，取多次测量的算术平均值，就可消除误差，使结果更接近于真实值，且测量的次数越多，也就越接近真实值。因此在食品分析中不能以任何一次的测量值作为测量的结果，常取多次测量的算术平均值。设 x_1、x_2、…、x_n 是各次的测量值，测量次数是 n，则其算术平均值 $\overline{x}$ 为：

$$\overline{x}=\frac{x_1+x_2+\cdots+x_n}{n}$$

$\overline{x}$ 最接近于真实值。

(3) 过失误差 过失误差是指在操作中犯了某种不应犯的错误而引起的误差，如加错试剂、看错标度、记错读数、溅出分析操作液等引起的误差。这类误差应该是完全可以避免的。在数据分析过程中对出现的个别离群的数据，若查明是由于过失误差引起的，应弃去此测定数据。分析人员应加强工作责任心，严格遵守操作规程，做好原始记录，反复核对，避免这类误差的发生。

2. 误差的表示方法

(1) 准确度与误差 准确度是指测定值与真实值的接近程度。测定值与真实值越接近，则准确度越高。准确度反映了测定结果的可靠性，高低可用绝对误差或相对误差来表示。若以 x 表示测量值，以 μ 代表真实值，则绝对误差和相对误差的表示方法如下：

$$绝对误差 = x - \mu$$

$$相对误差 = \frac{x-\mu}{\mu}$$

相同的绝对误差，当被测定物的真实值较大时，相对误差就比较小，测定的准确度就比较高。因此用相对误差来表示各种情况下测定结果的准确度更为确切些。

绝对误差和相对误差都有正值和负值。正值表示试验结果偏高，负值表示试验结果偏低。

食品分析方法的准确度，可以通过测定标准试样的误差来判断，也可以通过做回收试验计算回收率来判断。

在回收试验中，加入已知量标准物质的样品，称为加标样品。未加标准物质的样品称为未知样品。在相同条件下用同种方法对加标样品和未知样品进行预处理和测定，按下列公式计算出加入标准物质的回收率：

$$P = \frac{x_1 - x_0}{m} \times 100\%$$

式中 P——加入标准物质的回收率，%；

m——加入标准物质的量；

x_1——加标样品的测定值；

x_0——未知样品的测定值。

(2) 精密度与偏差 在食品检验中，一般来说，并不知道待测样品的真实值，因此无法用绝对误差或相对误差来衡量测定结果的好坏，但可以用偏差来衡量测定结果的好坏。偏差是指测定值 x_i 与测定的平均值 $\overline{x}$ 之差，可以用来衡量测定结果的精密度。

精密度是指在同一条件下，对同一样品多次重复测定时各测定结果相互接近的程度，代表着测定方法的稳定性和重现性。偏差越小，说明测定的精密度越高。

精密度的高低可用绝对偏差、平均偏差、相对平均偏差、标准偏差、相对标准偏差来衡量。

① 绝对偏差和平均偏差 测量值与平均值之差称为绝对偏差。绝对偏差越小，说明精密度越高。若以 $\overline{x}$ 表示一组平行测定的平均值，则单个测量值 x_i 的绝对偏差 d 为

$$d = x_i - \overline{x}$$

d 值有正负之分，各单个偏差绝对值的平均值称为平均偏差，即

$$\overline{d} = \frac{1}{n}\sum |x_i - \overline{x}|$$

其中 n 表示测量次数。

② 相对平均偏差 平均偏差在平均值中所占的百分率称为相对平均偏差，即

$$\frac{\overline{d}}{\overline{x}} \times 100\% = \frac{\sum |x_i - \overline{x}|/n}{\overline{x}} \times 100\%$$

③ 标准偏差 使用标准偏差是为了突出较大偏差的存在对测量结果的影响，其计算公式为

$$S=\sqrt{\frac{\sum(x_i-\overline{x})^2}{n-1}}=\sqrt{\frac{\sum d_i^2}{n-1}}$$

④ 相对标准偏差　相对标准偏差也称变异系数，其计算公式为

$$变异系数=\frac{S}{\overline{x}}\times 100\%$$

分析结果数据处理

四、分析结果的数据处理

1. 有效数字及运算规则

（1）有效数字　在分析工作中实际能测量到的数字称为有效数字。数据记录中，允许最后一位为可疑数字，通常为估读数，其余数为准确数；有效数字位数不能超过测量仪器的精密度。例如某次滴定分析中，使用25mL滴定管，最终结果读数为18.82mL，其中“18.8”为准确数，末位“2”为估读数，实际消耗体积的真值可能是18.81mL，也可能为18.83mL；但若记录读数为“18.820”，则超过了25mL滴定管的精密度，读数错误。

（2）有效数字修约规则　用“四舍六入五成双，五后非零则进一”规则舍去过多的数字。即当尾数小于等于4时，则舍；尾数大于等于6时，则入；尾数等于5时，若5前面为偶数则舍，为奇数时则入；当5后面还有不是零的任何数时，无论5前面是偶数是奇数均为入。

（3）有效数字运算规则　在加减法运算中，每数及它们的和或差的有效数字的保留，以小数点后面有效数字位数最少的为标准。加减法是各数值绝对误差的传递，所以结果的绝对误差必须与各数中绝对误差最大的那个相当。

在乘除法运算中，每数及它们的积或商的有效数字的保留，以每数中有效数字位数最少的为标准。乘除法是各数值相对误差的传递，所以结果的相对误差必须与各数中相对误差最大的那个相当。

2. 置信度与置信区间

在多次测定中，测定值 x 将随机地分布在其平均值 $\overline{x}$ 的两边，若以测定值的大小为横坐标，以其相应的重现次数为纵坐标作图，可得到一个正态分布曲线，见图1-3。曲线与横坐标从 $-\infty\sim+\infty$ 之间所包围的面积，代表了具有各种大小误差的测定值出现概率的总和，设为100%。由概率统计计算可知：测定值在 $\overline{x}\pm\sigma$ 区间的占68.27%，测定值在 $\overline{x}\pm2\sigma$ 区间的占95.45%，测定值在 $\overline{x}\pm3\sigma$ 区间的占99.73%。由此可见，测定值偏离平均值 $\overline{x}$ 越大的，出现的概率越小，这个概率称为置信度，而测定值所处的区间称为置信区间。换句话说，置信区间就是指在一定置信度下，以测定结果平均值为中心，包括总体平均值在内的可靠性范围。

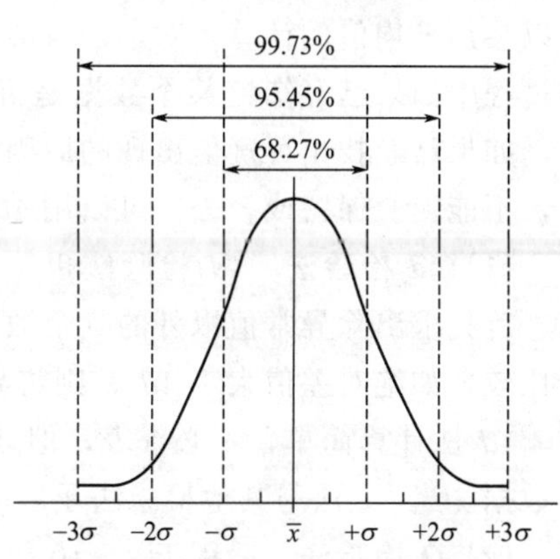

图1-3　具有各种大小误差的测定值出现概率的分布曲线

在消除了系统误差的前提下，对于有限次数的测定，总体平均值 μ 为：

$$\mu=\overline{x}\pm\frac{tS}{\sqrt{n}}$$

式中 μ——总体平均值（相当于真实值）；

$\overline{x}$——有限次数测定值的平均值；

S——标准偏差；

n——测定次数；

t——校正系数，其数值由置信度和测定次数而定，可从表 1-1 中查得。

表 1-1 不同测定次数和置信度的 t 值

测定次数 n	置信度				
	50%	90%	95%	99%	99.5%
2	1.000	6.314	12.706	63.657	127.32
3	0.816	2.920	4.303	9.925	14.089
4	0.765	2.353	3.182	5.841	7.453
5	0.741	2.132	2.776	4.604	5.598
6	0.727	2.015	2.571	4.023	4.773
7	0.718	1.943	2.447	3.707	4.317
8	0.711	1.895	2.365	3.500	4.029
9	0.706	1.860	2.306	3.355	3.832
10	0.703	1.833	2.262	3.250	3.690
11	0.700	1.812	2.228	3.169	3.581
12	0.687	1.725	2.086	2.845	3.153
∞	0.647	1.645	1.960	2.576	2.807

3. 可疑数据的取舍

在分析工作中，往往需要进行多次重复的测定，然后求出平均值。然而并非每个数据都可以参加平均值的计算，对个别偏离其他数值较远的特大或特小的数据，应慎重处理。在分析过程中如果已经知道某个数据是可疑的，计算时应将此数据立即舍去；在复查分析结果时，如果已经找出可疑值出现的原因，也应将这个数据立即舍去；如找不出可疑值出现的原因，不能随便保留或舍去，可以用 $4\overline{d}$ 检验法或 Q 检验法，是目前常用的统计检验方法。

(1) $4\overline{d}$ 检验法 $4\overline{d}$ 检验法也称“4 乘平均偏差法”，用 $4\overline{d}$ 检验法判断异常值的取舍时，首先求出除异常值以外的其余数据的平均值 $\overline{x}$ 和平均偏差 $\overline{d}$，然后将异常值与平均值进行比较，如绝对差值大于 $4\overline{d}$，则将异常值舍去，否则应予以保留。

$4\overline{d}$ 法计算简单，不必查表，但数据统计处理不够严密，常用于处理一些要求不高的分析数据。当 $4\overline{d}$ 法与其他检验法矛盾时，以其他法则为准。

(2) Q 检验法 适用于 3～10 次测定，且只有一个可疑数据。检验步骤如下：

① 将各数据从小到大排列：x_1、x_2、x_3、…、x_n；

② 计算出最大与最小数据之差（$x_{大}-x_{小}$），即（x_n-x_1）；

③ 计算可疑数据与最邻近数据之差（$x_{可}-x_{邻}$），即 x_n-x_{n-1} 或 x_2-x_1；

④ 计算舍弃商 $Q_{计}=\dfrac{(x_{可}-x_{邻})}{x_n-x_1}$；

⑤ 根据测定次数 n 和要求的置信度 P（如 90%），查 Q 值表 1-2，得 $Q_{表}$。

⑥ 比较 $Q_{表}$ 与 $Q_{计}$：若 $Q_{计}>Q_{表}$，可疑值应舍去；$Q_{计}<Q_{表}$，可疑值应保留。

Q 检验法符合数理统计原理，比较严谨、简便，置信度可达 90%以上，适用于测定 3～10 次之间的数据处理。

表 1-2 不同置信度下舍弃可疑数据的 Q 值

测定次数 n	置信度		
	90%($Q_{0.90}$)	95%($Q_{0.95}$)	99%($Q_{0.99}$)
3	0.94	0.98	0.99
4	0.76	0.85	0.93
5	0.64	0.73	0.82
6	0.56	0.64	0.74
7	0.51	0.59	0.68
8	0.47	0.54	0.63
9	0.44	0.51	0.60
10	0.41	0.48	0.57

4. 分析结果的检验

分析方法的检验　在分析工作中，常用 t 检验法来检查分析方法的可靠性，以及测定过程中是否存在系统误差。该方法是采用已知含量的标准试样进行分析测定，求出 n 次测定的值的算术平均值和标准偏差，并按下式求出 $t_{计}$，然后与表 1-1 中的 $t_{0.95}$ 相比较，如果 $t_{计}<t_{0.95}$，则说明所采用的分析方法准确可靠，不存在系统误差。

$$t_{计}=\frac{|\overline{x}-\mu|}{S}\sqrt{n}$$

式中　μ——总体平均值；

$\overline{x}$——各次测定值的算术平均值；

S——标准偏差；

n——测定次数。

【例题】 测定某试样中酒精含量，进行 7 次平行测定，经校正系统误差后，数据为 19.38、19.50、19.62、19.58、19.45、19.47、19.80，求置信度分别为 90%和 99%时平均值的置信区间。

解：（1）首先对数据进行整理。其中 19.80 为离群值，按 Q 检验法决定取舍。

$$Q=\frac{19.80-19.62}{19.80-19.38}=\frac{0.18}{0.42}=0.43$$

查表 1-2，$n=7$ 时，$Q_{0.90}=0.51$，所以 19.80 应予保留。同理，$Q_{0.99}=0.68$，所以 19.80 也应保留。

（2）平均值　$\overline{x}=\frac{1}{7}(19.38+19.45+19.47+19.50+19.58+19.62+19.80)=19.54$

（3）平均偏差　$\overline{d}=\frac{1}{7}(0.16+0.09+0.07+0.04+0.04+0.08+0.26)=0.11$

（4）标准偏差　$S=\sqrt{\frac{0.16^2+0.09^2+0.07^2+2\times0.04^2+0.08^2+0.26^2}{7-1}}=0.14$

（5）查表1-1置信度为90%，$n=7$时，$t=1.943$，则

$$\mu=19.54\pm\frac{1.943\times0.14}{\sqrt{7}}=19.54\pm0.10$$

同理，对于置信度为99%，可得：

$$\mu=19.54\pm\frac{3.707\times0.14}{\sqrt{7}}=19.54\pm0.20$$

即：若平均值的置信区间取19.54±0.10，则真值在其出现的概率为90%，而若使真值出现的概率提高为99%时，其平均值的置信区间将扩大为19.54±0.20。另外，从表1-1可见，测定次数n越大（在$n<20$的范围内），t值越小，因而求得的总体平均值μ越接近。这表明，在一定的测定次数范围内，增加测定次数可提高检测结果的可靠性。

五、食品检验报告单的填写

食品检验报告单的填写

1. 原始记录的填写

原始记录是检测结果的体现，应如实地记录下来，并妥善保管，以备查验。因此应做到如下几点。

① 原始记录必须真实、齐全、清楚，记录方式应简单明了，可设计成一定的格式，内容包括来源、名称、编号、采样地点、样品处理方式、包装及保管状况、检验分析项目、采用的分析方法、检验日期、所用试剂的名称与浓度、称量记录、滴定记录、计算记录、计算结果等。原始记录表示例见表1-3。

表1-3 原始记录表示例

项目 日期 样品 方法		编号 批号	
滴定次数	1	2	3
样品质量/g 滴定管初读数/mL 滴定管终读数/mL 消耗滴定剂的体积/mL 滴定剂的浓度/(mol/L) 计算公式 被测成分质量分数/% 平均值			

② 原始记录本应统一编号、专用，用钢笔或圆珠笔填写，不得任意涂改、撕页、散失，有效数字的位数应按分析方法的规定填写。

③ 修改错误数字时不得涂改，而应在原数字上画一条横线表示消除，并由修改人签注。

④ 在操作过程中存在错误的检验数据，不论结果好坏，都必须舍去，并在备注栏中注明原因。

⑤ 原始记录应统一管理，归档保存，以备查验。

⑥ 原始记录未经批准，不得随意向外提供。

2. 检验报告

检验报告是食品分析检验的最终产物，是产品质量的凭证，也是产品质量是否合格的技术根据，因此其反映的信息和数据，必须客观公正、准确可靠，填写要清晰完整。检验报告的内容一般包括样品名称、送检单位、生产日期及批号、取样时间、检验日期、检验项目、检验结果、报告日期、检验员签字、主管负责人签字、检验单位盖章等。

填写检验报告单应做到如下几点。

① 检验报告必须由考核合格的检验技术人员填报。进修及代培人员不得独自报出检验结果，须有指导人员或室负责人的同意和签字，否则检验结果无效。

② 检验结果必须经第二者复核无误后，才能填写检验报告单。检验报告单上应有检验人员和复核人员的签字及室负责人的签字。

③ 检验报告单一式两份，其中正本提供给服务对象，副本留存备查。检验报告单经签字和盖章后即可报出，但如果遇到检验不合格或样品不符合要求等情况时，检验报告单应交给技术人员审查签字后才能报出。

检验报告单可按规定格式设计，也可按产品特点单独设计。一般可设计成表1-4的格式。

表 1-4　检验报告单式样

××××××（检验单位名称）

检验报告单

编号：

送检单位			样品名称	
生产单位			检验依据	
生产日期及批号		送检日期		检验日期	
检验项目				

检验结果：

结论：

技术负责人：	复核人：	检验人：

附注：(1) ××××××

(2) ××××××　　　　年　　月　　日

一、对某一检测结果作分析

测定100g某果汁中维生素C的含量，进行9次平行测定，经校正系统误差后，数据为3.49mg、3.53mg、3.71mg、3.46mg、3.44mg、3.39mg、3.56mg、3.57mg、3.51mg。

① 为检验测定结果的精密度，求出此次测定结果的标准偏差。

② 分别用 $4\bar{d}$ 检验法和 Q 检验法检验数据中的可疑值。

③ 求置信度分别为 90%和 99%时平均值的置信区间。

二、设计食品分析检验报告单

氨基酸态氮是酱油的特征性指标之一，指以氨基酸形式存在的氮元素的含量，代表了酱油中氨基酸含量的高低。氨基酸态氮含量越高，酱油的质量越好，鲜味越浓。不同质量等级的酿造酱油氨基酸态氮的含量不同。GB/T 18186—2000《酿造酱油》中规定特级、一级、二级、三级酱油的氨基酸态氮含量要求分别为：≥0.80g/100mL、≥0.70g/100mL、≥0.55g/100mL、≥0.40g/100mL。食品安全国家标准 GB 2717—2018《食品安全国家标准 酱油》标准中规定酱油中氨基酸态氮含量≥0.40g/100mL。

假定你是××××××检验单位的技术人员，×××××酿造厂送来批号为 202001081205 的酿造酱油的样品，需要你对这一批产品的氨基酸态氮的含量进行检验，用凯氏定氮法测定的结果表明该样品的含氮量为 0.65g/100mL，请你设计并填写一份食品分析检验报告单。

复习题

1. 简述采样方法。

2. 食品样品采集的原则是什么？采样程序一般分哪几个步骤进行？

3. 什么叫四分法？

4. 什么是样品的制备？目的是什么？

5. 为什么要进行样品的预处理？常见的样品预处理方法有哪些？

6. 样品的保存原则是什么？

7. 按有效数字运算规则，计算下列各式：

（1） $6.162 \div 5.2$

（2） $3.142 + 3.1516 + 2.96$

（3） $1.197 \times 0.354 + 6.3 \times 10^{-5} - 0.0176 \times 0.00814$

（4） $\dfrac{2.46 \times 5.10 \times 13.14}{8.16 \times 10^{4}}$

8. 测定某样品的含氮量，6 次平行测定的结果是 20.48%、20.55%、20.58%、20.60%、20.53%、20.50%。

（1） 计算这组数据的平均值、平均偏差、标准偏差和变异系数；

（2） 若此样品是标准样品，含氮量为 20.45%，计算以上结果的绝对误差和相对误差。

9. 名词解释：准确度与精密度、系统误差与偶然误差。

10. 说明误差与偏差、准确度与精密度的区别。

11. 某实验人员测定某溶液的浓度，4 次分析结果分别为 0.1044，0.1042，0.1049 和 0.1046，请判断 0.1049 的数值是否能弃去。

模块二　食品感官检验技术

学习与职业素养目标

1. 重点掌握感觉的基本规律、常用的感官分析以及味、嗅的辨识技术，通过感官灵敏性和稳定性训练，养成良好的工作习惯。

2. 掌握啤酒、白酒等的感官质量标准及描述感官特征的词汇。

3. 了解感官分析的统计方法。

4. 了解食品感官评价的意义，理解中国食品感官表达体系建立的重要性，拓展对中国饮食文化的认识，提升科研追求和探索精神。

必备知识

一、感觉的基础知识

1. 感觉的基本概念

根据国家标准 GB/T 10221—2021，先来认识几个概念。

(1) 感受器　感觉器官的某一部分，对特定的刺激产生反应。如眼、鼻、舌。

(2) 刺激　能使感受器兴奋的因素。

(3) 阈值　阈，指界限、范围的意思。用统计的方法对一系列感觉或评审进行测定所得到的跃迁点。

(4) 刺激阈/觉察阈　引起感觉所需要的感官刺激的最小值。这时不需要识别出是一种什么样的刺激。通常，我们听不到一根针或线落到地上的声音，也觉察不到落在皮肤上的尘埃，因为刺激量太低不足以引起感觉。

(5) 识别阈　感知到可鉴别的感官刺激的最小值。

(6) 差别阈　对刺激的强度可感觉到差别的最小值。

2. 韦伯定律和费希纳定律

19 世纪 40 年代（1840 年）德国生理学家韦伯（E. H. Weber）在研究重量感觉的变化时发现，100g 砝码放在手上，若加上 1g 或减去 1g，一般感觉不出重量的变化，至少要增减 3g，才刚刚觉察出重量的变化。200g 重量的砝码至少需增减 6g，300g 砝码至少要增减 9g，才能觉察出重量的变化。也就是说，差别阈值随原来刺激量的变化而变化，并表现出一定的规律性，这就是韦伯定律：

$$K=\Delta I/I$$

式中，ΔI 代表差别值；I 代表刺激量（刺激强度）；K 代表韦伯分数。

德国的心理学家费希纳（G. T. Fechner）也提出一个经验公式：

$$R=a\lg s+b$$

式中，R 代表感觉量；s 代表刺激量；a、b 为常数。

该公式说明刺激量与所能感觉到的量呈对数比例关系，这个公式也只适用于中等强度的刺激范围。这一定律在感官分析中有较大的应用价值，感觉量的测定对评价员的选择和确定具有重要意义，如敏感度。

3. 感觉的基本规律

一种感官只能接受和识别一种刺激，如口能识别味道、鼻子能识别气味、耳能听见声音、眼能感觉光的强弱。刺激在一定的范围内作用，如光只能在 380～780nm 的可见光范围内是看得见的，大于 760nm 的紫外区域或小于 380nm 的红外区，即阈上或阈下刺激均不能引起反应。此外，感觉还有疲劳与适应、协同效应、拮抗效应、掩蔽作用等。

感觉疲劳是经常发生在感官上的一种现象。各种感官在同一种刺激施加一段时间后，均会发生程度不同的疲劳。疲劳的结果是感官对刺激感受的度急剧下降。“入芝兰之室，久而不闻其香”就是典型的嗅觉适应。在整个过程中，刺激物的性质强度没有改变，但由于连续或重复刺激，而使感受器的敏感性发生了暂时的变化。对味觉也有类似现象发生，刚开始食用某种食物时，会感到味道特别浓重，随后味感逐步降低。感觉的疲劳程度依所施加刺激强度的不同而有所变化，在去除产生感觉疲劳的强烈刺激之后，感官的灵敏度还会逐步恢复。强刺激的持续作用使敏感性降低，而微弱刺激的持续作用反而使敏感性提高，评价员的培训正是应用了这个原理。

尽管心理作用对感觉的影响是非常微妙的，而且这种影响也很难解释，但它们确实存在。这种影响可以从下列几个现象来说明。

(1) 对比现象 同种颜色深浅不同放在一起比较时，会感觉深颜色的更深、浅颜色的更浅，这是感觉同时对比使感觉增强了；在吃过糖后再吃酸的山楂，则感觉山楂特别酸，这是感觉的先后对比现象，是对比增强作用。与对比增强现象相反，若一种刺激的存在减弱了另一种刺激，则称为对比减弱现象。

(2) 协同效应与拮抗效应 这是两种或多种刺激的综合效应，导致感觉水平超过预期的每种刺激各自效应的叠加，这种效应称为协同效应；反之则称拮抗效应。例如，在一份 1% 食盐溶液中添加 0.02%谷氨酸钠，在另一份 1%食盐溶液中添加肌苷酸钠，当两者分开品尝时，都只有咸味而无鲜味，但两者混合后会有强烈的鲜味。把任意两种物质，如食盐、砂糖、奎宁、盐酸，以适当的浓度混合后每一种味觉都减弱，这称为拮抗效应。

(3) 掩蔽现象 由于同时进行两种或两种以上的刺激而降低了其中某种刺激的强度或使

对该刺激的感受发生改变。比如姜、葱可以掩蔽鱼腥味。

4. 味觉

(1) 味觉生理学 味觉是呈味物质溶液对口腔内的味感受体形成的刺激，经神经感觉系统收集和传递到大脑的味觉中枢，大脑的综合神经中枢系统分析处理使人产生味感。人对味的感觉主要依靠口腔内的味蕾，以及自由神经末梢。人的味蕾大部分都分布在舌头表面的乳头中，小部分在软腭、咽后和会厌等处。舌头并不是一个光滑均匀的表面，舌头上隆起的部位——乳头，是最重要的味感受器。每个乳头平均含有 2～4 个味蕾，味蕾由味觉细胞和支持细胞组成，各个味蕾中的味觉细胞都有一根味毛（味神经），经味孔伸入口腔。当呈味物质刺激味毛时，味毛便把这种刺激通过神经纤维向大脑皮层的味觉中枢传递，使人产生味觉。

舌的不同部位对味觉分别有不同的敏感性，如舌的前部对甜味最敏感，舌尖和边缘对咸味最敏感、靠腮的两边对酸味敏感、舌根部则对苦味最敏感，因此，许多食物直至下咽才能感觉到苦味。

(2) 基本味觉 舌头上的味蕾只能感觉到甜、酸、咸、苦四种基本味道，其余复合味都是由这四种基本味觉混合构成的。但最近研究表明，除了甜、酸、咸、苦这四种基本味觉外，还能感受到鲜味，味精所表现的就是鲜味，主要成分是谷氨酸钠，人的味觉细胞表面有两种蛋白质，作为氨基酸受体，可以使人感受到 20 种氨基酸的味道。因此，现在认为，人的基本味觉有酸、甜、咸、苦、鲜。而涩味、麻味、金属味等其他的味道，只是基本味觉掺杂在一起的感受，或者是基本味觉和痛感、麻感等味觉与感受混杂的味道。许多研究者都认为基本味觉和色彩的三原色相似，以不同的浓度和比例组合时就可形成自然界千差万别的各种味道。

(3) 味觉评价 一般从食品滋味的正异、浓淡、持续长短来评价食品滋味的好坏。滋味的正异是最为重要的，如果食品有异味或杂味，就意味着该食品已腐败或有异物混入；滋味的浓淡要根据具体情况加以评价，并非越浓越好，浓淡适宜为好；滋味悠长的食品一般优于滋味维持时间短的食品，使人回味无穷。此外由于食品往往是多种味觉的综合体，还应注意味觉的关联和各种味觉互相影响，如味觉的对比现象、拮抗效应等。

(4) 味的识别技术 对于液体的样品，喝一小口试液含于口中（勿咽下），做口腔运动使试液接触整个舌头，辨别味道后，吐出。对于其他的样品，应细心咀嚼、品尝，然后吐出，用温水漱口。

(5) 影响味觉的因素

① 温度的影响 温度对味觉的影响表现在味阈值的变化上。感觉不同味道所需要的最适温度有明显差别。如在四种基本味觉中，甜味和酸味的最佳感觉温度为 35～50℃，咸味的最适感觉温度为 18～35℃，而苦味则是 10℃。

② 介质的影响 由于呈味物质只有在溶解状态下才能扩散到味感受体进而产生味觉，因此味觉也会受呈味物质所处介质的影响。比如，基本味觉的呈味物质处于水溶液时最容易辨别，处于胶体状介质时最难辨别。

③ 身体状态的影响

a. 疾病的影响 身体患疾病或异常时，会导致失味、味觉迟钝或变味。例如，人在患黄疸病的情况下，对苦味的感觉明显下降甚至丧失。这些由于疾病而引起的味觉变化有些是暂时性的，待身体恢复后味觉可以恢复正常。

b. 饥饿和睡眠影响　人处在饥饿状态下会提高味觉敏感性，有实验证明，基本味觉的敏感性在上午 11：30 达到最高，在进食后 1h 内敏感性明显下降，降低的程度与所用食物的热量值有关。

c. 年龄　年龄对味觉敏感性的影响主要发生在 60 岁以上的人群中，老年人经常抱怨没有食欲感及很多食物吃起来无味。

d. 性别　对于咸、甜，女性比男性敏感，而对于酸味则男性比女性敏感。

(6) 电子舌在食品味觉识别中的应用　电子舌（图 2-1）是一种模拟人类味觉鉴别味道的仪器，是具有识别单一和复杂味道能力的装置，由味觉传感器、信号采集器和模式识别工具三部分组成。电子舌可以对基本味觉——酸、甜、苦、咸、辣进行有效的识别。目前电子舌技术主要应用于液体食物的味觉检测和识别上。

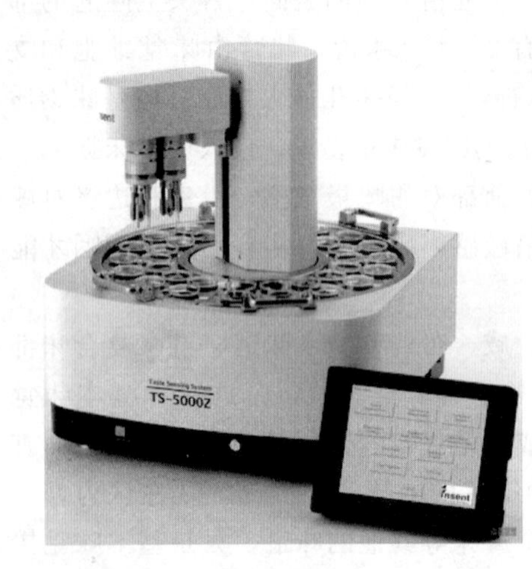

图 2-1　电子舌

5. 嗅觉

(1) 嗅觉的生理特点　嗅觉的敏感器官是鼻子，鼻腔的嗅区位于鼻腔的上部，嗅觉的嗅黏膜位于嗅区内，嗅觉的感受物位于嗅黏膜表面的嗅上皮内，嗅上皮面积很小，却包含众多的嗅觉细胞。具有气味或挥发性的物质通过空气进入嗅觉的敏感区域，气体被溶解、扩散和吸附后刺激嗅觉细胞，这种刺激传入大脑神经系统便引起嗅觉。人们习惯于把令人喜爱的挥发物叫香气，令人厌恶的挥发物叫臭气。

(2) 嗅技术　在正常的呼吸中吸入的空气并不倾向通过鼻腔上部，带有气味物质的空气只能极少量而且缓慢地通入鼻腔嗅区，所以呼吸能感受到轻微的气味。要使空气到达嗅区获得明显的嗅觉，就必须适当用力地吸气，或煽动鼻翼作急促的呼吸，并且把头部稍微低下对准被嗅物质，使气味自下而上地通入鼻腔。

嗅技术并不适用于所有气味物质，如一些能引起痛感的含辛辣成分的气体物质。通常对同一气味物质用嗅技术不超过 3 次，否则会引起“适应”或疲劳，使嗅敏度下降。

(3) 气味识别——范氏试验　气味识别是一种气体物质不送入口中而在舌上被感觉出的技术。首先用手捏住鼻孔，张口呼吸，然后把一个盛有气味物质的小瓶放在张开的口旁，迅速地吸入一口气并立即拿走小瓶，闭口，放开鼻孔使气流通达鼻孔流出，从而在舌上感觉到该物质。这个试验广泛地应用于训练和扩展人们的嗅觉能力。

(4) 香气的评价　一般从食品香气的正异、强弱、持续长短等几方面评价。香气包括食品原有的、加工后形成的特有的香气。如果香气不正，通常则认为食品不新鲜或已腐败变质。香气强弱也作为判断食品香气好坏的依据，有时香气太强反而使人生厌；一般放香长的食品比放香短的食品优。

(5) 电子鼻在食品嗅觉识别中的应用　电子鼻是模拟动物及人的嗅觉系统而研制出的一种人工嗅觉系统。它有气体传感器阵列、相应的电路和运算放大器（嗅球）以及计算机（大脑）组成。气味或气体在气体传感器上产生一定信号，经电路转换和放大，再经计算机对信号进行处理。信号处理主要是应用模式识别原理，建立相应的数学模型和信息处理技术，最终形成对气味或气体的识别、判断和决策。人类大约有1亿个嗅觉细胞，而目前电子鼻所拥有的传感器阵列远远少于这个数目，因此电子鼻还远远没有人及动物嗅觉系统所具有的功能和敏感程度。但作为一种先进的感觉测试仪器，电子鼻已经在食品感官检测中得到一定范围的应用，如电子鼻应用于乳制品早期败坏检测、传统鱼肉新鲜度评价、水果储藏期间成熟度检测等。

6. 视觉

(1) 视觉的产生 在适宜的光照条件下，物体发出的光波在人眼球的视网膜上聚焦，形成物像，物像刺激视网膜上的感觉细胞，使细胞产生神经冲动，沿视神经传入大脑皮层的视觉中枢，从而产生视觉。视觉的强弱取决于光的波长和强度，能产生视觉的光刺激是波长在380～780nm范围的可见光，而不同的光照强度下，眼睛对被观察物的感受性即敏感性不同。在适当强度的光线作用下，人能分辨出不同的颜色，可以看清物体外形及细小的地方；但在较弱的光线作用下，人只能看到物体的外形，而无色彩视觉，只有黑、白、灰的视觉；当在极强的光线作用下，人眼球的视网膜将无法承受刺激甚至会受到伤害而影响视力。

(2) 食品色泽的评价 要评价食品色泽的好坏，必须全面衡量和比较食品色泽的明度、饱和度、色调这三个色泽的基本特征。色调对食品色泽的影响最大，只有当食品处于正常颜色范围内，才会使味觉、嗅觉在食品的鉴评上正常发挥。如果某食品的色泽色调不是该食品特有的，说明该食品的品质低劣或不符合质量标准，如明度较高、有光泽、鲜红色的肉类为新鲜的，看到发绿的肉，不用嗅，就可认为是变质的。食品色泽的饱和度和食品的成熟度、新鲜度有关，成熟度较高的食品，其色泽往往较深，如番茄在成熟过程中由绿色转为橙色，再转为红色。

(3) 颜色与饮食的心理、生理作用 食品的色泽可能会影响人饮食时的感受，如深红色的葡萄酒感觉比浅色的葡萄酒更甜；深棕色的咖啡感觉比浅棕色的咖啡苦味大；颜色浅的肥肉感觉比颜色深的肥肉更易产生油腻的感觉；看到发绿的肉，就感到恶心等。

7. 触觉

食品的触觉是口部和手与食品接触时产生的感觉，通过对食品的形变所施加力产生刺激的反应表现出来，表现为咬断、咀嚼、品味、吞咽的反应。对于食品质地的判断，主要依靠口腔的触觉进行感觉，通常口腔的触觉可分为以舌头、口唇为主的皮肤触觉和牙齿触觉。触觉感官特征包括食品组成的大小和形状，口感、口腔中的相变化（溶化）和手感。口感又包括了黏度的（稀的、稠的）、软组织表面相关的（光滑的、有果肉浆果的）、与CO_2饱和相关的（刺痛的、泡沫的、起泡性的）等11类感觉，口腔中的相变化（溶化）在巧克力、冰淇淋这类产品感官分析中有很好的应用。

二、食品感官分析基础知识

1. 食品感官检验的概念

根据《感官分析 术语》(GB/T 10221—2021)，感官分析（感官评价、感官检验、感官检查）的定义为用感觉器官检验产品感官特性的科学。感官特性是由感觉器官感知的产品特性。食品感官分析是以心理学、生理学、统计学为基础，利用人体感官对食品进行分析鉴别的方法，即利用人体五官的感觉——视觉、味觉、嗅觉、听觉和触觉，对食品的各项指标如色、香、味等进行评定、唤起、分析、解释，并用符号或文字做试验数据的记录，然后对试验结果进行统计分析，得出结论。

2. 感官检验的类型

感官检验一般分为分析型感官检验和偏爱型感官检验两大类，在食品的研制、生产、管理和流通等环节中，根据不同要求，选择不同的感官检验类型，表 2-1 为两种类型感官检验在食品行业中的应用。

(1) 分析型感官检验 分析型感官检验是把人的感觉感官作为一种测量分析仪器来检验物品固有的质量特性，或鉴别物品之间是否存在差异，又称为分析型或 A 型。分析型是评价员对物品的客观评价，其分析结果不受人的主观意志影响，要求分析结果客观、公正，常用于分析鉴别物品感官特性。一般为感官质量标准提供依据，并根据标准制定相应的工艺标准、操作规程等，检验、评价感官质量或质量评优等。为了降低个人感觉之间的差异影响，提高试验的重现性，获得高精度的测定结果，应注意以下四点。

① 评价基准的标准化 对于每一测定评价项目都需要有明确具体的评价尺度和评价基准物，即统一标准的评价基准（参照物），以防评价员采用各自标准和尺度使结果难以统一和比较，可制作标准样本。

② 试验条件的规范化 感官检验常因环境及试验条件的影响而出现大的波动，因此应该规范试验条件。

③ 评价员的素质 从事感官检验的评价员必须有良好的生理及心理条件，选择无偏爱、健康（如无色盲）的人，并经过适当的训练使感官感觉敏锐。

④ 试验结果为统计结果 感官评定以统计学作为分析手段，因此每次感官分析试验应根据试验目的不同，成立不同的评价小组，最终结论不是个人的结论，而是评价小组的综合结论。

(2) 偏爱型感官检验 偏爱型感官检验与分析型正好相反，是以物品作为工具来测定人的感官特性，没有统一的评价标准和条件，人的感觉程度和主观判断起着决定性作用，如新产品开发过程对制品的评价、市场调查、分析物品的感官可接受性等，评价员（消费人群）均不要求专门训练，又称偏爱型或 B 型。偏爱型完全是一种主观行为，一般用于新产品研制、产品市场调查等（表 2-1）。

表 2-1 两种类型感官检验在食品行业中的应用

项目	偏爱型	分析型
新产品规划	√	
食品配方及造型设计		√
试制采购原辅料		√
工序管理		√
检查管理		√
用户调查	√	

三、食品感官分析的条件

食品感官分析是以人的感觉为基础，通过感官评价食品的各种属性后，再经过统计分析而获得客观结果的试验方法。因此，在试验过程中，其结果不但要受客观条件的影响，也要受主观条件的影响，外部环境条件、参与试验的评价员和样品制备是试验得以顺利进行并获得理想结果的三个必备要素。

1. 食品感官分析评价员的筛选与训练

感官评价员的感官灵敏性和稳定性严重影响最终结果的趋向性和有效性，同时个体间感官灵敏性差异较大，有许多因素会影响到感官灵敏性的正常发挥，因此，感官评价员的选择和训练是使感官鉴评试验结果可靠和稳定的首要条件。

(1) 感官评价员的类型 依据《感官分析 方法学 总论》(GB/T 10220—2012)，感官评价可由三类评价员执行，即评价员、优选评价员或专家评价员。

评价员可以是尚不完全符合选择标准或未经过培训的准评价员，或者是已参加过一些感官检验的人员（初级评价员）。优选评价员是经过挑选和参加过特定感官检验培训的评价员。专家评价员是指那些经过挑选并参加过多种感官分析方法培训以及在评价工作中感觉敏锐的评价员。

(2) 感官评价员的筛选

① 初选 在对评价员培训之前首先是对评价员进行初选，初选包括报名、填表、面试等阶段，初选合格的候选评价员将参加筛选检验。在初选时应该考虑人员兴趣和动机、评价员的可用性、对评价对象的态度、知识和才能、健康状况、表达能力、个性特点等。

② 筛选 筛选的目的是通过一系列筛选检验，进一步淘汰那些不适于感官分析工作的候选者。筛选检验的内容有：对候选人感官功能的检验、感官灵敏度的检验、描述和表达感官反应能力的检验。

(3) 感官评价员的训练 经过一定程序和筛选试验挑选出来的人员，常常要参加特定的训练才能真正适合感官检验的要求，因为通过对评价员的训练可以提高和稳定感官灵敏度，降低感官评价员之间及评价结果之间的偏差，降低外界环境对评价结果的影响。对优选出来的评价员进行的培训方法，包括感官分析技术的培训、感官分析方法的培训和产品知识的培训。进行一个阶段的培训后，需要对评价员进行考核以确定优选评价员的资格。考核主要是检验每个候选评价员是否能够正确地评价样品（正确性），对同一组样品先后评价的再现性（稳定性），以及各候选评价员之间是否掌握统一标准并做出一致的评价（一致性）。

2. 食品感官分析的环境条件

感官分析应在专用试验区中进行，其目的是为每位评价员创建一个最小干扰的隔离环境，以便每位评价员可以快速适应新的检验任务。通常，感官鉴评环境条件的控制都从如何创造最能发挥感官作用的氛围、减少对评价员的干扰和对样品质量的影响着手。

(1) 食品感官分析实验室的设置 食品感官分析实验室由两个基本部分组成，试验区和样品制备区，如条件允许，也可设办公室、休息厅等附属部分。试验区是感官评价员进行感官检验的场所，最简单的试验区可能是一间大房子，里面有可以将评价员分隔开的、互不干扰的独立工作台和座椅。样品制备区是准备试验样品的场所。样品制备区应靠近试验区，但又要避免评价员进入试验区时经过样品制备区看到所制备的各种样品或嗅到气味后产生的影响，也应该防止制备样品时的气味传入试验区。感官分析实验室各个区的布置有各种类型，如图 2-2 所示的是常见形式之一，需满足的基本要求是：试验区和制备区以不同的路径进入，而制备好的样品只能通过检验隔挡上带有的窗口送入到检验工作台上。检验隔挡工作区

（图 2-3）的参数一般为工作台长 900mm、宽 600mm、高 720～760mm，座高 427mm，两隔板之间距离为 900mm。

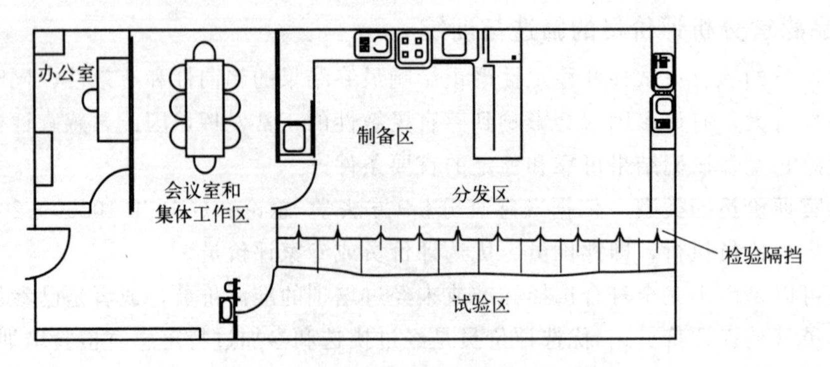

图 2-2 感官分析实验室平面布置示意图

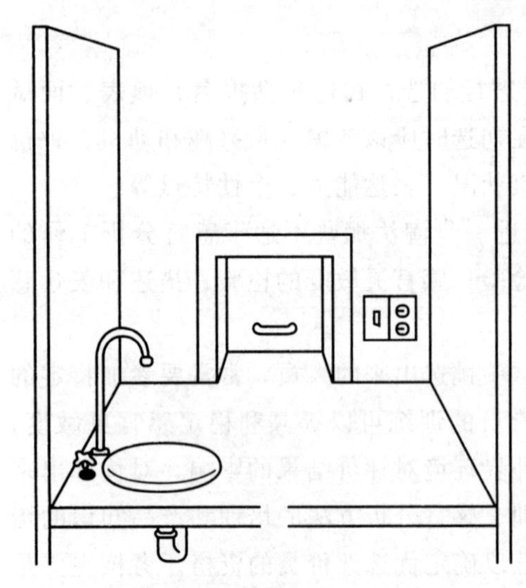

图 2-3 检验隔挡工作区示意图

如果因经济原因或使用频率低也可采用一些临时性的布置，分析实验室内没有专门的工作小间，仅在圆桌上放置临时的活动隔板将评价员隔开。

(2) 试验区环境要求 试验区内的环境条件包括温度、湿度、换气速度、空气纯净程度、光线和照明等。

一般在试验区内应有空气调节装置，室温保持在 21℃左右，相对湿度保持在 65%左右。空气的纯净度要求试验区应安装带有磁过滤器的空调，以清除异味，试验区内建筑材料和内部设施均应无味。大多数感官评定试验要求试验区有 200～400lx 光亮的自然光即可。通常感官评定室都采用自然光线和人工照明相结合的方式，选择日光灯均可，以光线垂直照射到样品面上不产生阴影为宜，要避免在逆光、灯泡晃动或闪烁的条件下工作。桌面上的照度应有 300～500lx。试验环境中还应避免外界噪声的干扰而分散感官鉴评人员的注意力。试验区墙壁的颜色和内部设施的颜色应为中性色，避免影响检验样品。

(3) 样品的制备和呈送 样品制备中均一性是最重要的，所谓均一性就是指制备的样品除所要评价的特性外，其他特性应完全相同。每次提供给评价员的样品数一般控制在 4～8 个，每个样品的份量控制在液体 30mL、固体 30～40g 左右为宜。样品的温度控制应以最容易感受所检验特性为基础，通常将温度保持在该产品日常食用的温度，样品温度过冷或过热的刺激造成感官不适或感觉迟钝，温度升高后，挥发性气味物质挥发速度加快，会影响其他的感觉。

同一试验所用的器皿外形、颜色、大小应一致，器皿本身应无气味或异味，通常采用玻璃或陶瓷器皿比较适宜，也可以采用一次性塑料或纸塑杯、盘。所有呈送给评价员的样品都应编码，可以用数字、拉丁字母或字母和数字结合的方式进行编号，用数字编号时，推荐采用随机数表上三位数的随机数字，编码好的样品应随机分发给评价员，避免因样品分发次序的不同影响评价员的判断。样品在摆放时可采用圆形摆放法，以减少评价员由于第一次刺激或第二次刺激造成的误差。

一些食品由于具有浓郁的风味或物理状态（黏度、颜色、粉状度等）的原因，不能直接进行感官分析，需对样品进行预处理，如香料、调味品、糖浆等。根据检查目的可采取以下预处理方法：进行适当稀释；与化学组分确定的某一物质（如水、乳糖、糊精等）进行混合；将样品添加到中性的食品载体中，如牛乳、油、面条、大米饭、馒头、菜泥、面包、乳化剂和奶油等，而后按照直接感官分析的样品制备方法进行制备和呈送。例如对香草精可采取三种方法：用水溶液稀释；用热的或冷的牛乳稀释；混合在冰淇淋或巧克力味牛乳中。

评价员在做新的评估之前应充分清洗口腔，直到余味全部消失。应根据检验样品来选择冲洗或清洗口腔有效的辅助剂，如水、无盐饼干、米饭、新鲜馒头或淡面包，对具有浓郁味道或余味较大的样品应用稀释的柠檬汁、苹果或不加糖的浓缩苹果汁等。

四、食品感官分析的方法

在选择适宜的检验方法之前，首先要明确检验的目的，一种主要是描述产品，另一种主要是区分两种或多种产品，包括确定差别及其大小、方向和影响；然后应选择适宜的检验方法，此外还要考虑置信度、样品的性质以及评价员等因素。常用的感官检验方法可以分为以下三类：差别检验、标度和类别检验、描述性检验。

1. 差别检验

差别检验是感官分析中经常使用的方法，要求评价员评定两个或两个以上的样品中是否存在感官差异。常用的方法有成对比较检验法、三点检验法、二-三点检验法、五中取二检验法、“A”-“非A”检验法，见表2-2。

表2-2 差别检验类型及其应用

差别检验的方法	定义	应用范围
成对比较检验法	提供成对样品进行比较，并按照给定标准确定差异	确定在某一指定特性中是否存在可感知的差异，或者不可感知的差异；选择、培训或者考核评价员的能力；依据消费者检验的背景资料，比较对两种产品的偏爱程度
三点检验法	同时提供3个已编码的样品，其中2个相同，要求评价员挑出不同的单个样品	比较的样品差异性质未知；选择和培训评价员
二-三点检验法	首先提供参比样，接着提供2个样品，其中1个与参比样相同，要求评价员识别出此样品	适用于确定1个给定样品与参比样之间是否存在感官差异或相似性
五中取二检验法	5个已编码的样品，其中2个样品是一种类型，另外3个是另外一种类型，要求评价员将样品按类型分成2组	适用于视觉、听觉或触觉上的感官差异分析
“A”-“非A”检验法	评价员在学会识别样品“A”后，在一系列提供的可能是“A”或“非A”的样品中识别出“A”样品	适用于无法获得完全相似的、可重复的样品的检验

（1）成对比较检验法 以随机顺序同时出示两个样品给评价员，要求评价员对这两个样

品进行比较，判定整个样品或某些特征强度顺序的一种检验方法，又称两点检验法。

成对比较检验法可用于确定两种样品之间是否存在某种差别，差别的方向如何；确定是否偏爱两种样品中的某一种；评价员的选择与培训。这种检验方法的优点是简单而且不易产生感官疲劳。

成对比较检验法有两种形式，一种叫差别成对比较法（双边检验法），另一种叫定向成对比较法（单边检验法）。在试验之前还应明确是双边检验还是单边检验，双边检验只需要发现两种样品在特性强度上是否存在差别（强度检验）或者是否其中之一更被消费者偏爱（偏爱检验）。单边检验希望某一指定样品具有较大的强度（强度检验）或者被偏爱（偏爱检验）。例如，两种饮料 A 和 B，其中饮料 A 明显甜于 B，则该检验是单边检验；如果这两种样品有显著差别，但没有理由认为 A 或 B 的特性强度大于对方或被偏爱，则该检验是双边检验。

试验方法：把 A、B 两个样品同时呈送给评价员，评价员根据要求进行鉴评。在试验中，应使组合样式 AB 和 BA 数目相等，盛样品的容器编号应随机选用三位数字，每次检验的编号应不同。

要特别注意提问的方式，避免评价员在回答问题时，有某种倾向性。根据检验目的，可提问下列问题：

① 定向差别检验　两个样品中，哪个更……？（甜、咸）

② 偏爱检验　两个样品中，更喜欢哪个？

③ 培训评价员　两个样品中，哪个更……？

在进行结果分析时，先简单了解一下与假设检验相关的统计基本知识。

① 成对比较检验的原假设　这两种样品没有显著性差别，因而无法根据样品的特性强度或偏爱程度区别这两种样品。换句话说，每个参加检验的评价员做出样品 A 比样品 B 的特性强度大（或被偏爱）或样品 B 比样品 A 的特性强度大（或被偏爱）判断的概率是相等的，即 $P_A=P_B$。

② 备择假设　即当原假设被拒绝时而接受的一种假设，$P_A \neq P_B$。

③ 显著性和显著水平　分析结果 a. 不拒绝原假设（即原假设成立）：$P_A=P_B$。b. 拒绝原假设：由于任何检验都是由有限的评价员来进行的，所以拒绝原假设的结论（即赞同备择假设 $P_A \neq P_B$）是有风险的。显著水平是当原假设是真而被拒绝的概率（这种概率的最大值），通常事先指定的显著水平的值是 $\alpha=0.05$（5%）或 $\alpha=0.01$（1%），用以解释检验结果的大多数统计表都包括了这两个显著水平。应当注意：原假设可能在“5%的水平上”被拒绝而在“1%的水平上”不被拒绝；如果原假设在“1%的水平上”被拒绝，则在“5%的水平上”更被拒绝。因此对 5%的水平用“显著”一词表示，而对 1%的水平用“非常显著”一词来表示。

结果分析如下：

① 单边检验　统计有效回答的正解数，此正解数与表 2-3 中相应的某显著性水平的数相比较，若大于或等于表中的数，则说明在此显著水平上样品间有显著差异，或认为样品 A 的特性强度大于样品 B 的特性强度，或样品 A 更受偏爱。

表 2-3 成对比较检验法单边检验表

答案数 n	不同显著水平所需肯定答案最少数			答案数 n	不同显著水平所需肯定答案最少数		
	$\alpha \leqslant 0.05$	$\alpha \leqslant 0.01$	$\alpha \leqslant 0.001$		$\alpha \leqslant 0.05$	$\alpha \leqslant 0.01$	$\alpha \leqslant 0.001$
7	7	7	—	31	21	23	25
8	7	8	—	32	22	24	26
9	8	9	—	33	22	24	26
10	9	10	10	34	23	25	27
11	9	10	11	35	23	25	27
12	10	11	12	36	24	26	28
13	10	12	13	37	24	27	29
14	11	12	13	38	25	27	29
15	12	13	14	39	26	28	30
16	12	14	15	40	26	28	31
17	13	14	16	41	27	29	31
18	13	15	16	42	27	29	21
19	14	15	17	43	28	30	32
20	15	16	18	44	28	31	33
21	15	17	18	45	29	31	34
22	16	17	19	46	30	32	34
23	16	18	20	47	30	32	35
24	17	19	20	48	31	33	36
25	18	19	21	49	31	34	36
26	18	20	22	50	32	34	37
27	19	20	22	60	37	40	43
28	19	21	23	70	43	46	49
29	20	22	24	80	48	51	55
30	20	22	24	90	54	57	61
				100	59	63	66

② 双边检验　统计有效回答的正解数，此正解数与表 2-4 中相应的某显著水平的数相比较，若大于或等于表中的数，则说明在此显著水平上两个样品间有明显差异，或者其中之一受到明显的偏爱。

表 2-4 成对比较检验法双边检验表

答案数 n	不同显著水平所需样品答案最少数			答案数 n	不同显著水平所需样品答案最少数		
	$\alpha \leqslant 0.05$	$\alpha \leqslant 0.01$	$\alpha \leqslant 0.001$		$\alpha \leqslant 0.05$	$\alpha \leqslant 0.01$	$\alpha \leqslant 0.001$
7	7	—	—	13	11	12	13
8	8	8	—	14	12	13	14
9	8	9	—	15	12	13	14
10	9	10	—	16	13	14	15
11	10	11	11	17	13	15	16
12	10	11	12	18	14	15	17

续表

答案数 n	不同显著水平所需样品答案最少数			答案数 n	不同显著水平所需样品答案最少数		
	$\alpha \leqslant 0.05$	$\alpha \leqslant 0.01$	$\alpha \leqslant 0.001$		$\alpha \leqslant 0.05$	$\alpha \leqslant 0.01$	$\alpha \leqslant 0.001$
19	15	16	17	38	26	28	30
20	15	17	18	39	27	28	31
21	16	17	19	40	27	29	31
22	17	18	19	41	28	30	32
23	17	19	20	42	28	30	32
24	18	19	21	43	29	31	33
25	18	20	21	44	29	31	34
26	19	20	22	45	30	32	34
27	20	21	23	46	31	33	35
28	20	22	23	47	31	33	36
29	21	22	24	48	32	34	36
30	21	23	25	49	32	34	37
31	22	24	25	50	33	35	37
32	23	24	26	60	39	41	44
33	23	25	27	70	44	47	50
34	24	25	27	80	50	52	56
35	24	26	28	90	55	58	61
36	25	27	29	100	61	64	67
37	25	27	29				

③ 当表中 n 值大于 100 时，答案最少数按以下公式计算，取最接近的整数值。

$$X=\frac{n+1}{2}+K\sqrt{n}$$

式中，K 值为：

单边检验	双边检验
$\alpha \leqslant 0.05$　$K=0.82$	$\alpha \leqslant 0.05$　$K=0.98$
$\alpha \leqslant 0.01$　$K=1.16$	$\alpha \leqslant 0.01$　$K=1.29$
$\alpha \leqslant 0.001$　$K=1.55$	$\alpha \leqslant 0.001$　$K=1.65$

【例题】 用成对比较检验法评价两种饮料样品的甜度。

检验负责人选择 5%显著水平（即 $\alpha \leqslant 0.05$）。

双边检验	单边检验
两种饮料编号分别为“798”和“379”，其中一个略甜，但两者都有可能使评价员感到更甜。	两种饮料编号分别为“527”和“806”，样品“527”配方明显较甜，向评价员提问哪个样品更甜？

结果分析

两种饮料以均衡随机顺序呈送给 30 名优选评价员。

问题：哪一个样品更甜？	问题：哪一个样品更甜？
答案：18 人选择“798”； 12 人选择“379”。	答案：22 人选择“527”； 8 人选择“806”。
从表 2-4 可得出结论，两种饮料甜度无明显差异。	从 2-3 表可得出结论，“527”显然比“806”更甜。

(2) 三点检验法 同时向评价员提供一组 3 个不同编码的样品，其中 2 个是完全相同的，要求评价员挑出其中不同于其他两个样品的检验方法，也称为三角试验法。

三点检验法适用于样品间细微差别的鉴定，也可以用于选择和培训评价员或者检查评价员的能力。

为了使 3 个样品的排列次序和出现次数的概率相等，可用 6 个组合如 ABB、AAB、ABA、BAA、BBA、BAB，从实验室样品中制备数目相等的样品组。盛装检验样品的容器应编号，一般是随机选取三位数。

按三点检验法要求统计回答正确的答案数，查表 2-5，可得在不同显著水平上两个样品间有无差别。

表 2-5 三点检验法检验表

答案数	不同显著水平所需正确答案最少数			答案数	不同显著水平所需正确答案最少数		
n	5%	1%	0.1%	n	5%	1%	0.1%
5	4	5	—	27	14	16	18
6	5	6	—	28	15	16	18
7	5	6	7	29	15	17	19
8	6	7	8	30	15	17	19
9	6	7	8	31	16	18	20
10	7	8	9	32	16	18	20
11	7	8	10	33	17	18	21
12	8	9	10	34	17	19	21
13	8	9	11	35	17	19	22
14	9	10	11	36	18	20	22
15	9	10	12	37	18	20	22
16	9	11	12	38	19	21	23
17	10	11	13	39	19	21	23
18	10	12	13	40	19	21	24
19	11	12	14	41	20	22	24
20	11	13	14	42	20	22	25
21	12	13	15	43	20	23	25
22	12	14	15	44	21	23	26
23	12	14	16	45	21	24	26
24	13	15	16	46	22	24	27
25	13	15	17	47	22	24	27
26	14	15	17	48	22	25	27

续表

答案数 n	不同显著水平所需正确答案最少数			答案数 n	不同显著水平所需正确答案最少数		
	5%	1%	0.1%		5%	1%	0.1%
49	23	25	28	75	33	36	39
50	23	26	28	76	33	36	39
51	24	26	29	77	34	36	40
52	24	26	29	78	34	37	40
53	24	27	30	79	34	37	41
54	25	27	30	80	35	38	41
55	25	28	30	81	35	38	41
56	26	28	31	82	35	38	42
57	26	28	31	83	36	39	42
58	26	29	32	84	36	39	43
59	27	29	32	85	37	40	43
60	27	30	33	86	37	40	44
61	27	30	33	87	37	40	44
62	28	30	33	88	38	41	44
63	28	31	34	89	38	41	45
64	29	31	34	90	38	42	45
65	29	32	35	91	39	42	46
66	29	32	35	92	39	42	46
67	30	33	36	93	40	43	46
68	30	33	36	94	40	43	47
69	31	33	36	95	40	44	47
70	31	34	37	96	41	44	48
71	31	34	37	97	41	44	48
72	34	34	38	98	41	45	48
73	32	35	38	99	42	45	49
74	32	35	39	100	42	46	49

【例题】 某肉制品厂在火腿肠中掺入30%的植物蛋白，用三点检验法来检查掺入植物蛋白后是否对火腿肠的口感有影响。共有60名评价员，分为两大组，组一以BAA、ABA、AAB的方式呈送，结果有12个正确答案；组二以ABB、BAB、BBA的方式呈送，结果有10个正确答案。请问这两种样品是否存在差异？

正解数共有22个，查表2-5，在$n=60$，$\alpha=5\%$时，要求至少有27个正解数，因此这两种样品在5%显著水平上没有明显的差异，即加入30%的植物蛋白后口感没有明显的差异。

2. 标度和类别检验

标度和类别检验是用于估计差别的顺序或大小，或者样品应归属的类别或等级的方法。这类检验法有排序检验法、分类检验法、评估和评分检验法、分等检验法，见表2-6。

表2-6 标度和类别检验类型及其应用

标度和类别检验类型	定义	应用范围
排序检验法	将系列样品按某一特性强度或偏爱程度次序进行排列的方法	适用于快速表征具有复杂特性的少量样品(6个左右)或仅用外观特性评价的大量样品(20个左右)
分类检验法	将样品(以自身特征或者样品的识别标记)划归到预先命名类别中的方法	适用于将样品划归到无特定次序的最适合的类别中的情况
评估和评分检验法	将每个样品定位于顺序标度某一位置点的方法,即为评估;若标度是数字,即为评分	用于评价样品间一个或多个特性的强度或偏爱程度
分等检验法	将样品按照质量的顺序标度进行分组的方法	适用于将样品划归到反映质量特性的最适合的类别中的情形

下面主要介绍排序检验法。

排序检验法是比较数个样品，按指定特性由强度或偏爱程度排出一系列样品的方法。该法只排出样品的次序，不评价样品间差异的大小。排序检验法只能按一种特性进行，如要求对不同的特性排序，则按不同的特性排出不同的顺序。

排序检验法具有广泛的用途，但是区别能力并不强。可用于筛选样品以便安排更精确的评价；确定由于不同原料、加工、处理、包装和贮藏等各环节而造成的产品感官特性差异；消费者接受检查及确定偏爱的顺序或消费者的可接受性调查；选择与培训评价员。

检验前，应由组织者对检验提出具体的规定，对被评价的指标和准则要有一致的理解。如：对哪些特性进行排列，排列的顺序是从强到弱还是从弱到强，检验时操作要求有哪些，评价气味时需不需要摇晃等。

检验时，每个检验员以事先确定的顺序检验编码的样品，并排出一个初步的顺序，然后整理比较，再做出进一步的调整，最后确定整个系列的强弱顺序。对于不同的样品，一般不应排为同一位次，当实在无法区别两种样品时，应在问答表中注明。

【例题】 有6名评价员，分别品尝A、B、C、D 4种样品，品尝后按其甜度由强到弱排序并填入如下评价表中。

评价表

姓名：	日期：	产品：
品尝样品后，请根据您所感受的甜度，把样品号码填入适当的空格中(每格中必须填一个号码)		
甜味最强→甜味最弱		
□ □ □ □		

结果分析如下。

现有6个评价员对A、B、C、D 4种样品的甜味进行排序，评价结果汇集于表中。

a. 样品甜味排序

评价员	秩次			
	1	2	3	4
1	A	B	C	D
2	B	C	A	D
3	A	B	C	D
4	A	B	D	C
5	A	B	C	D
6	A	C	B	D

b. 统计样品秩次与秩和

评价员	A	B	C	D	秩和
1	1	2	3	4	10
2	3	1.5	1.5	4	10
3	1	3	3	3	10
4	1	2	4	3	10
5	1	2	3	4	10
6	1	3	2	4	10
每种样品的秩和 R	8	13.5	16.5	22	60

根据评价员数为 6，样品数为 4，查排序检验法检验表。

项目	$\alpha=5\%$	$\alpha=1\%$
上段	9～21	8～22
下段	11～19	9～21

首先，通过上段来检验样品间是否有显著差异。将每个样品的秩和 R_n 与上段的最大值 $R_{i\max}$ 及最小值 $R_{i\min}$ 比较，若样品秩和所有的数值都在上段范围内，说明在该显著水平上样品间无显著差异。若秩和 R_n 小于最小值 $R_{i\min}$ 或大于最大值 $R_{i\max}$（在上段范围外），则说明在该显著水平上，样品间有显著差异。根据排序检验法检验表，由于 $R_{i\max}=22=R_D$，最小 $R_{i\min}=8=R_A$，所以说明在 1%显著水平上，四个样品之间无显著性差异。

然后，通过下段检查样品间的差异程度，若样品的 R_n 处在下段范围内，则可将其划为一组，表明其间无差异；若样品的秩和 R_n 落在范围之外，则落在上限之外和落在下限之外的样品就可分别组成为一组。由于最大 $R_{i\max}=21<R_D=22$；最小 $R_{i\min}=9>R_A=8$；$R_{i\min}=9<R_B=13.5<R_C=16.5<R_{i\max}=21$，所以 A、B、C、D 四个样品可划分为 3 个组：

$\underline{D}$ $\underline{B\ C}$ $\underline{A}$

结论：在 1%的显著水平上，D 样品最甜，B、C 样品次之，A 样品最不甜，且 B、C 样品无显著性差异。

3. 描述性检验

描述性检验是评价员对产品的所有品质特性进行定性、定量的分析及描述评价。它要求评价产品的所有感官特性，如外观、嗅闻的气味特征、口中的风味特性（味觉、嗅觉及口腔的冷、热、收敛等知觉和余味）及组织特性和几何特性。

这类试验用于识别存在于某样品中的特殊感官指标。这要求评价员不仅具备人体感知食品品质特性和次序的能力，还要具备描述食品品质特性的专有名词的定义与其在食品中实质含义的能力，具有总体印象或总体风味强度和总体差异分析能力。可用于新产品的研制和开发；鉴别产品间的差别；质量控制等。

描述性检验法可分为简单描述法和定量描述法，定量描述法具体可分为风味描述法和质地描述法。

(1) 简单描述法 简单描述法一般有两种形式，一种是由评价员用任意的词汇，对每个样品的特性进行描述。这种形式往往会使评价员不知所措，所以应尽量由非常了解产品特性的或受过专门训练的评价员来回答。另一种形式是首先提供指标检查表，使评价员能根据指标检查表进行评价。

例如

外观：一般、深、苍白、暗状、油斑、白斑、褪色、斑纹、波动（色泽有变化）、有杂色。

组织规则：一般、黏性、油腻、厚重、薄弱、易碎、断向粗糙、裂缝、不规则、粉状感、有孔、有线散现象。

结果分析：评价员完成鉴评后，由鉴评小组的组织者统计这些结果。根据每一描述性词汇的使用频数得出评价结果，最好对评价结果公开讨论。

(2) 定量描述法

① 质地剖面描述

质地：用机械的、触觉的方法或在适当条件下用视觉的、听觉的接收器可接收到的所有产品的机械的、几何的和表面的特性。

机械特性：与产品在压力下的反应有关的特性。一般为：硬性、黏聚性、黏度、弹性和黏附性。

几何特性：与产品尺寸、形状和产品内微粒排列有关的特性。产品的几何特性是由位于皮肤（主要在舌头上）、嘴和咽喉上的触觉接收器来感知的。这些特性也可通过产品的外观看出。

表面特性：由产品的水分和/或脂肪含量所产生的感官特性。这些特性也与产品在口腔中水分和/或脂肪的释放方式有关。

粒度：与感知到的与产品微粒的尺寸和形状有关的几何质地特性。如光滑的、白垩质的、粒状的、砂粒状的、粗粒的等术语构成了一个尺寸递增的微粒标度。

构型：构型是与感知到的与产品微粒形状和排列有关的几何质地特性。与产品微粒的排列有关的特性体现产品紧密的组织结构。不同的术语与一定的构型相符合。如："纤维状的""蜂窝状的""晶状的"（指棱形微粒，如晶体糖）；"膨胀的"（如爆米花、奶油面包）；"充气的"（例如聚氨酯泡沫、蛋糖霜、果汁糖等）。

a. 质地剖面的组成 通过系统分类描述产品所有质地特性（机械的、几何的、表面的），可建立产品质地剖面。根据产品（食品或非食品）的类型，质地剖面一般包含以下方面：

ⓐ 可感知的质地特性，如机械的、几何的或其他特性。

ⓑ 强度，如可感知产品特性的程度。

ⓒ 特性显示顺序，如下。

咀嚼前或没有咀嚼：通过视觉或触觉（皮肤/手、嘴唇）来感知所有几何的、水分和脂肪特性。

咬第一口或一啜：在口腔中感知到机械的和几何的特性，以及水分和脂肪特性。

咀嚼阶段：在咀嚼和/或吸收期间，由口腔中的触觉接收器来感知特性。

剩余阶段：在咀嚼和/或吸收期间产生的变化，如破碎的速率和类型。

吞咽阶段：吞咽的难易程度并对口腔中残留物进行描述。

b. 质地特性描述的词语

ⓐ 硬性，常使用软、硬、坚硬等形容词。

ⓑ 黏聚性，常使用与易碎性有关的形容词：已碎的、易碎的、破碎的、易裂的、脆的、有硬壳的等。

ⓒ 易嚼性，常使用的形容词：嫩的、老的、可嚼的。

ⓓ 胶黏性，常使用的形容词：松脆的、粉状的、糊状的、胶状的等。

ⓔ 黏度，常使用流动的、稀的、黏的等形容词。

ⓕ 弹性，常使用有弹性的、可塑的、可延展的、弹性状的、有韧性的等形容词。

ⓖ 黏附性，常使用黏的、胶性的、胶黏的等形容词。

ⓗ 另外，易碎性与硬性和黏聚性有关，在脆的产品中黏聚性较低而硬性可高低不等。易嚼性与硬性、黏聚性和弹性有关。胶黏性与半固体的（硬度较低）硬性、黏聚性有关。

c. 评价技术　在建立标准的评价技术时，要考虑产品正常食用的一般方式，所使用的技术应尽可能与食物通常的食用条件相符合。它包括如下几点：

ⓐ 食物放入口腔中的方式，例如，用前齿咬，或用嘴唇从勺中舔，或整个放入口腔中。

ⓑ 弄碎食品的方式，例如，只用牙齿嚼，或在舌头或上腭间摇动，或用牙咬碎一部分然后用舌头摇动并弄碎其他部分。

ⓒ 吞咽前所处状态，例如，食品通常是液体、半固体，或是作为唾液中微粒被吞咽。

② 风味描述　风味描述分析的方法分成两大类型，描述产品风味达到一致的称为一致方法，不需要一致的称为独立方法。一致方法要求评价小组负责人组织讨论，所有评价员都作为集体成员而工作，直至对每个结论都达到一致意见，从而可以对产品风味特性进行一致的描述。独立方法中，小组负责人一般不参加评价，评价小组意见不需要一致。评价员在小组内讨论产品风味，然后单独记录他们的感觉。

评价员和一致方法的评价小组负责人应该做以下几项工作：制定记录样品的特性目录；确定参比样（纯化合物或具有独特性质的天然产品）；规定描述特性的词汇；建立描述和检验样品的最好方法。

进行产品风味分析，必须完成下面几项工作：

a. 特性特征的鉴定　用相关的术语规定感觉到的特性特征。

b. 感觉顺序的确定　记录显现和察觉到各风味的特性所出现的顺序。

c. 强度评价　每种特性特征的强度（质量和持续时间）由评价小组或独立工作的评价员测定。特性特征强度可用几种标度来评估。

ⓐ 标度A：用数字评估。

0——不存在；1——刚好可识别；2——弱；3——中等；4——强；5——很强。

ⓑ 标度B：用标度点“○”评估。

弱　○　○　○　○　○　○　○　强

在每个标度的两端写上相应的叙词，其中间级数或点数根据特性特征改变，在标度点

"○"上写出的数值，符合该点的强度。

ⓒ 标度 C：用直线评估。

例如，在 100mm 长的直线上，距每个末端大约 10mm 处，写上叙词。评价员在线上做一个记号表明强度，然后测量评价员做的记号与线左端之间的距离（mm），表示强度数值。

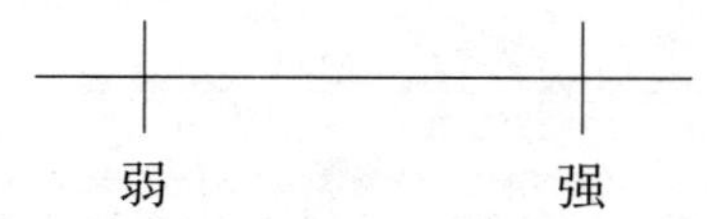

d. 余味审查和滞留度测定　样品被吞下后（或吐出后），出现与原来不同的特性特征称为余味。样品已经被吞下（或吐出后），继续感觉到的同一风味称为滞留度。某些情况下，可能要求评价员鉴别余味，并测定其强度，或者测定滞留度的强度和持续时间。

e. 综合印象的评估　综合印象是对产品的总体评估，考虑到特性特征的适应性、强度、相一致的背景风味和风味的混合等。综合印象通常在一个三点标度上评估：

3——高；2——中；1——低。

【例题】 现有产品调味番茄酱，品尝后写出其特性特征的感觉顺序，并用数字表示特性特征强度。

特性特征感觉顺序	强度(标度 A)	特性特征感觉顺序	强度(标度 A)
番茄	4	胡椒	1
肉桂	1	余味：	无
丁香	3	滞留度：	相当长
甜度	2	综合印象：	2

如图 2-4 所示，用线的长度表示每种特性强度，按顺时针方向表示特性感觉的顺序。如图 2-5 所示，每种特性强度记在轴上，连接各点，建立一个风味剖面的图示。图 2-6 是一个圆形图示，原理同图 2-4 和图 2-5。

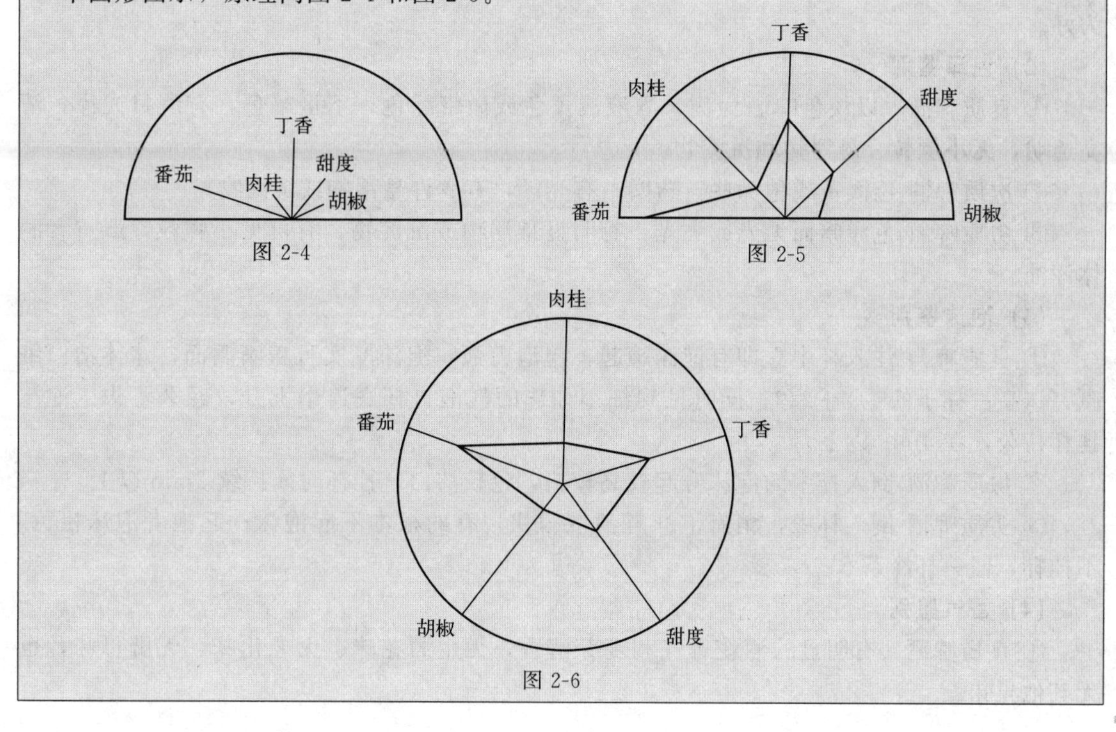

图 2-4　图 2-5　图 2-6

一、啤酒的感官检验

【目的】

① 了解啤酒感官检验的内容；
② 熟悉啤酒的感官品评用语；
③ 比较几种不同品牌的淡色啤酒感官质量的差异。

【原理】

(1) 啤酒感官质量判别的内容 啤酒感官质量的判别主要从以下6个方面判别。

① 色泽 淡色啤酒的酒液呈浅黄色，也有微带绿色的。

② 透明度 啤酒在规定的保质期内，必须能保持洁净透明的特点，无小颗粒和悬浮物，不应有任何浑浊或沉淀现象发生。

③ 泡沫 泡沫是啤酒的重要特征之一，啤酒也是唯一以泡沫体作为主要质量指标的酒精类饮料。

④ 风味和酒体 一般日常生活中常见的淡色啤酒应具有较显著的酒花香和麦芽清香以及细微的酒花苦味，入口苦味爽快而不长久，酒体爽而不淡，柔和适口。

⑤ 二氧化碳含量 具有饱和充足的二氧化碳，能赋予啤酒一定的杀口力，给人以合适的刺激感。

⑥ 饮用温度 啤酒的饮用温度很重要。在适宜的温度下，酒液中很多有益成分的作用就能协调互补，给人一种舒适爽快的感觉。啤酒宜在较低的温度下饮用，一般以12℃左右为好。

(2) 色泽鉴别

① 良质啤酒 以淡色啤酒为例，酒液浅黄色或微带绿色，不呈暗色，有醒目光泽，清亮透明，无小颗粒、悬浮物和沉淀物。

② 次质啤酒 色淡黄或稍深些，透明，有光泽，有少许悬浮物或沉淀物。

③ 劣质啤酒 色泽暗而无光或失光，有明显悬浮物或沉淀物，有可见小颗粒，严重者酒体浑浊。

(3) 泡沫鉴别

① 良质啤酒 注入杯中立即有泡沫蹿起，起泡力强，泡沫厚实且盖满酒面，沫体洁白细腻，沫高占杯子的1/2～2/3；同时见到细小如珠的气泡自杯底连串上升，经久不失。泡沫挂杯持久，在4min以上。

② 次质啤酒 倒入杯中的泡沫升起较高较快，色较洁白，挂杯时间持续2min以上。

③ 劣质啤酒 倒入杯中，稍有泡沫且消散很快，有的根本不起泡沫；起泡者泡沫粗黄，不挂杯，似一杯冷茶水。

(4) 香气鉴别

① 良质啤酒 有明显的酒花香气和麦芽清香，无生酒花味、无老化味、无酵母味，也无其他异味。

② 次质啤酒　有酒花香气但不显著，也没有明显的怪异气味。

③ 劣质啤酒　无酒花香气，有怪异气味。

(5) 口味鉴别

① 良质啤酒 口味纯正，酒香明显，无任何异杂滋味。酒质清冽，酒体协调柔和，杀口力强，苦味细腻、微弱、清爽而愉快，无后苦，有再饮欲。

② 次质啤酒 口味纯正，无明显的异味，但口味平淡、微弱，酒体尚属协调，具有一定杀口力。

③ 劣质啤酒 味不正，淡而无味，或有明显的异杂味、怪味，如酸味、馊味、铁腥味、苦涩味、老熟味等，也有的甜味过于浓重，更有甚者苦涩得难以入口。

【原料】

从市场上购买几种不同价格不同品牌的淡色啤酒。

【步骤】

评酒的顺序一般是一看、二嗅、三尝、四综合、五评语。

① 看　评色泽：观察酒的色泽，有无失光、浑浊，有无悬浮物和沉淀物等。

② 嗅　评香气：酒杯放在鼻孔下方 7cm 处，轻嗅气味，共分两次进行。

③ 尝　评口味：喝一小口，在口腔中做舌面运动，然后吐出。

④ 体　评酒体风格：感官对酒的色、香、味的综合评价，感觉器官的综合感受代表了酒在色香味方面的全面品质。

二、白酒的感官检验

【目的】

① 了解白酒感官检验的内容。

② 熟悉白酒的感官品评用语。

③ 掌握各类香型白酒的典型风格。

【原理】

① 白酒香气的典型性 白酒按香气的典型性来分有：酱香型、浓香型、清香型、米香型及其他香型。白酒的各香型及特点见表 2-7。

表 2-7　白酒的各香型及特点

香型	特点
酱香型	酱香突出,优雅细腻,回味悠长。颜色允许微黄,味以酱香为主,略有焦香
浓香型	窖香浓郁,绵甜甘冽,香味协调,尾净余长。有糟香、微量的泥香
清香型	清香纯正,醇甜柔和,自然协调,余味净。“清、正、净、长”,以清字当头,一清到底
米香型	入口柔绵,落口爽净,回味怡畅。以米香突出

② 白酒的色　白酒的色包括色泽、透明度、有无悬浮物及沉淀物等外观状况。

③ 白酒的香气　白酒的香气是通过人的嗅觉器官来检验的，感官质量标准是香气协调有愉快感，主体香突出而无其他杂味。同时，应考虑其溢香、喷香、留香。

④ 白酒的格　又称酒体、典型性，是指酒色、香、味的综合表现。它是由原料、工艺相结合而创造出来的，即使原料、工艺大致相同，通过精心勾兑，也可创出自己的风格。评酒就是对一种酒做出判断，是否有典型性及其强弱。

【原料】

从市场上购买几种不同价格不同品牌的白酒。

【步骤】

(1) 白酒尝评的方法

① 一杯品尝法　先拿出一杯酒样，尝后将酒样取走，然后拿出另一个酒样，要求尝后做出这两个酒样是否相同的判断。这种方法一般是用来训练或考核评酒员的记忆力（即再现性）和感觉器官的灵敏度。

② 两杯品尝法　一次拿出两杯酒，一杯是标准酒，另一杯是酒样，要求品尝出两者的差异（如无差异、有差异、差异是否显著等）。有时两种均为标准酒，并无差异。这是用来考核评酒员的准确性。此法在酒厂最常采用。

③ 三杯品尝法　同三点试验法。

④ 顺位品评法　将几种酒样分别在杯上做好记录，然后要求评酒员，按酒精度数的高低或酒质的优劣，顺序排列。此法在我国各地评酒时最常采用。为了避免顺效应和后效应，每次酒样不宜安排过多，评完一轮酒后，要有适当间歇。最好能食用少量的中性面包，以消除感觉的疲劳。评酒时，应先按 1、2、3、4、5 顺序品评，再按 5、4、3、2、1 的顺序品评，如此反复几次，再慢慢地体会，自然感受，做出正确判断。

(2) 白酒色、香、味、格的判别方法

① 白酒色的鉴别　用手举杯对光，白纸作底，用肉眼观察酒的色调、透明度及有无悬浮物、沉淀物等。正常的白酒（包括低度白酒）应是无色透明（或微黄）的澄清液体，不浑浊，没有悬浮物及沉淀物。

常用的术语有：无色、无色透明、清澈透明、晶亮、清亮、略失光、微浑、悬浮物、沉淀、微黄。

② 白酒香气的鉴别　评气味时，执酒杯于鼻下 7～10cm 左右，头略低，轻嗅其气味。这是第一印象，应充分重视。嗅一杯，立刻记下一杯的香气情况，避免各杯相互混淆，稍间歇后再嗅第二杯，也可几杯嗅完后再做记录。可以按 1、2、3、4、5，再 5、4、3、2、1 的顺序反复几次嗅闻。

对某种（杯）酒要做细致的辨别或只有极微差异而难于确定名次时，可以采取特殊的嗅香方法，其方法有四种：

a. 用一条普通滤纸，让其浸入酒杯中吸一定量的酒样，嗅纸条上散发的气味，然后将纸条放置 10min 左右再嗅闻一次。这样可辨别酒液放香的浓淡和时间的长短，同时也易于辨别出酒液有无杂味及气味大小。这种方法适用于酒质相似的白酒，效果最好。

b. 在洁净的手心滴入一定量的酒样，再握紧手形成拳心，从大拇指和食指间形成的空隙处，嗅闻其香气，以此验证所判断的香气是否正确，效果明显。

c. 将少许酒样置于手背上，借用体温，使酒液挥发，及时嗅其气味。此法可用于辨别酒香气的浓淡和真伪、留香的长短和好坏。

d. 酒样评完后，将酒倒出，留出空杯，放置一段时间，或放置过夜，以检查留香。此法对酱香型酒的品评有显著效果。

常用的术语有：芳香、特殊芳香、芳香悦人、芳香浓郁、浓香、曲香、喷香、溢香、留香、醇香、酯香、窖香、酱香、米香、焦香、豉香，香气不足、放香差、香不正、带异香，新酒气、冲鼻、刺鼻、糠臭、酸气。

③ 白酒味的鉴别　这是尝评中最重要的部分。尝评顺序可依香气的排列次序，先从香气较淡的开始，将酒饮入口中，注意酒液入口时要慢而稳，使酒液先接触舌尖，再两侧，最后到舌根，使酒液铺满舌面，进行味觉的全面判断。

除了味的基本情况外，更要注意味的协调及刺激的强弱、柔和、有无杂味、是否愉快等。高度白酒每口饮入量为2～3mL，低度白酒为3～5mL较为适宜。酒液在口中停留时间一般为2～3s，便可将各种味道分辨出来。酒液在口中不宜停留过久，以免造成疲劳。

酒精口感：酒类都含有酒精，所以酒一入口，都有酒的刺激性感觉，有强烈的、温和的、绵软的。我国各种酒类都不要求突出或有显著的酒精味，所以使用酒精勾兑的白酒，如果不能消除酒精味则是劣质酒。

常用的术语有：醇和、醇厚、诸味协调、酒体醇厚、入口甘美、回味悠长、后味怡畅、落口甘洌，酸味、涩味、焦糊味等。

④ 白酒格的鉴别　描写风格常用的术语有：独特、突出、优雅、别致、风格不突出、酒体完美、酒体丰满、酒体粗劣等。

复习题

1. 觉察阈值、识别阈值分别指什么？
2. 感觉的基本规律有哪些？
3. 味觉和嗅觉的识别技术的要点是什么？
4. 感官分析受哪些主观、客观因素的影响？如何控制好这些因素确保感官分析结果的正确？
5. 列表说明常用感官分析方法的分类、适用范围。
6. 什么是差别检验法？它有哪些主要的方法？如何进行差别检验，请举例说明。

模块三　食品物理检验技术

学习与职业素养目标

1. 重点掌握相对密度、折射率、比旋光度的定义及其测定仪器，密度瓶、折射仪、旋光仪的使用方法及其注意事项。树立严谨守标的工作态度和勤能补拙的劳动观念。

2. 一般掌握密度瓶、折射仪、旋光仪的构造。

3. 了解测定相对密度、折射率、比旋光度对食品安全、食品品质的重要意义，密度计、折射仪、旋光仪的工作原理。

必备知识

在食品检验中，根据食品的相对密度、折射率、旋光度、黏度、浊度等物理常数与食品的组分含量之间的关系进行检测的方法称为物理检验法。由于物理特性的测定比较便携，因此物理特性是食品生产中常用的工艺控制指标，物理分析检验技术是食品工业中重要的常用操作技术。

一、相对密度法

1. 密度和相对密度

密度是指物质在一定温度下单位体积的质量，以符号 ρ 表示，其单位为 g/mL。

相对密度是指某一温度下物质的质量与同体积某一温度下水的质量之比，以符号 $d_{t_2}^{t_1}$ 表示，t_1 表示物质的温度，t_2 表示水的温度。例如，液体在 20℃时的质量与同体积的水在 4℃时的质量之比即相对密度，用 d_4^{20} 表示。

$$d_4^{20}=\frac{20℃物质的质量}{4℃同体积水的质量}$$

密度和相对密度的值随着温度的改变而发生改变。

2. 测定相对密度的意义

相对密度是物质重要的物理常数，各种液态食品都具有一定的相对密度，当其组成成分及浓度发生改变时，其物质的相对密度往往也随之改变。通过测定液态食品的相对密度，可以检验食品品质的纯度、浓度及判断食品的质量。

蔗糖、酒精等溶液的相对密度随着溶液浓度的增加而增大，通过实验已制定了溶液浓度与相对密度的对照表，只要测得了相对密度就可以由专用的表格上查出其对应的浓度。正常的液态食品，其相对密度都在一定的范围内。例如全脂牛乳的相对密度为 1.082～1.032，压榨植物油为 0.9090～0.9295。当因掺假、变质等原因引起这些液态食品的组成成分发生变化时，均可出现相对密度的变化。如乳品厂在原料和产品验收时需要测定牛乳的相对密度，通过相对密度的测定，可检出牛乳是否脱脂、是否掺水等，脱脂乳相对密度升高，掺水乳相对密度下降，从而可以了解产品及原料的质量。对油脂相对密度的测定，可了解油脂是否酸败，因为油脂酸败后其相对密度升高。对于某些果汁、番茄制品等，在一些罐头手册上已制成相对密度与固形物的关系表，根据相对密度即可查出可溶性固形物或总固形物的含量。总之，相对密度是食品生产过程中常用的工艺控制指标和质量控制指标。

3. 测定相对密度的方法

测定液态食品相对密度的方法有密度瓶法、密度计法、密度天平法，其中较常用的是前两种方法。密度瓶法测定结果准确，但耗时；密度计法简易迅速，但测定结果准确度较差。

(1) 密度瓶法

① 仪器　密度瓶是测定液体相对密度的专用精密仪器，是容积固定的玻璃称量瓶，其种类和规格有多种。常用的有带毛细管的普通密度瓶和带温度计的精密密度瓶，见图 3-1。密度瓶有 20mL、25mL、50mL、100mL 四种规格，但常用的是 25mL 和 50mL 两种。

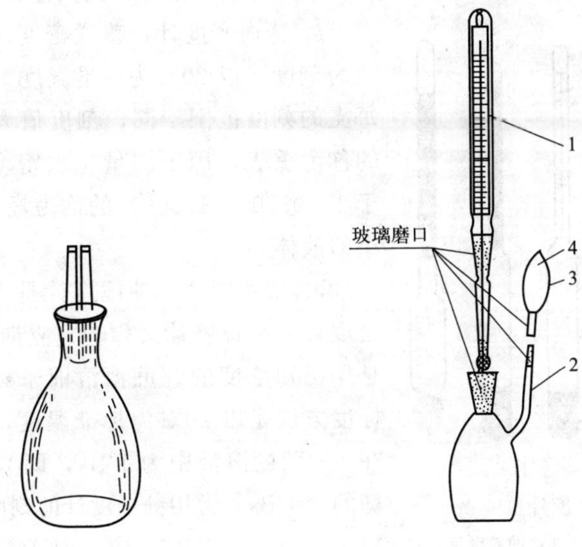

图 3-1　密度瓶

1—温度计；2—支管；3—侧孔；4—支管帽

② 测定原理　密度瓶具有一定的容积，在一定温度下，用同一密度瓶分别称量样品溶液和蒸馏水的质量，两者之比即为该样品溶液的相对密度。

③ 测定方法　首先将密度瓶依次用洗液、自来水、蒸馏水、乙醇洗涤后，烘干并冷却，精密称重。装满样液，盖上瓶盖，置20℃水浴中浸0.5h，使内容物的温度达到20℃，用滤纸条吸去支管标线上的样液，盖上支管帽后取出。用滤纸把瓶外擦干，置天平室内30min后称量。将样液倾出，洗净密度瓶，装入煮沸30min并冷却至20℃以下的蒸馏水，按上述方法重复操作，测出同体积20℃蒸馏水的质量。结果计算：

$$d=\frac{m_2-m_0}{m_1-m_0}$$

式中，m_0 为密度瓶的质量，g；m_1 为密度瓶和水的质量，g；m_2 为密度瓶和样品的质量，g；d 为试样在20℃时的相对密度。

④ 说明　a. 本法适用于测定各种液体食品的相对密度，特别适合于样品量较少的组分的测定，对挥发性样品也适用，结果准确，但操作过程较烦琐。b. 测定较黏稠样品时，宜使用具有毛细管的密度瓶。c. 拿取已达恒温的密度瓶时，不得用手直接接触密度瓶球部，以免液体受热流出，应戴隔热手套拿取瓶颈或用专用工具夹取。d. 水及样品必须装满密度瓶，瓶内不得有气泡产生。e. 水浴中的水必须清洁无油污，防止瓶外壁被污染。f. 天平室温度不得高于20℃，否则液体会膨胀流出。

(2) 密度计法

① 仪器　密度计是根据阿基米德原理制成的，其种类繁多，但结构和形式基本相同，都是由玻璃外壳制成的，并由三部分组成，头部是球形或圆锥形，内部灌有铅珠、水银或其他重金属；中部是胖肚空腔，内有空气故能浮起；尾部是一根细长管，内附有刻度标记，刻度是利用各种不同密度的液体进行标定的，制成了各种不同标度的密度计。密度计法是测定液体相对密度最简单、快捷的方法，但准确度较密度瓶法低。食品工业中常用的密度计按其标度方法的不同，可分为普通密度计、糖锤度计、酒精计、乳稠计、波美计等，见图3-2。

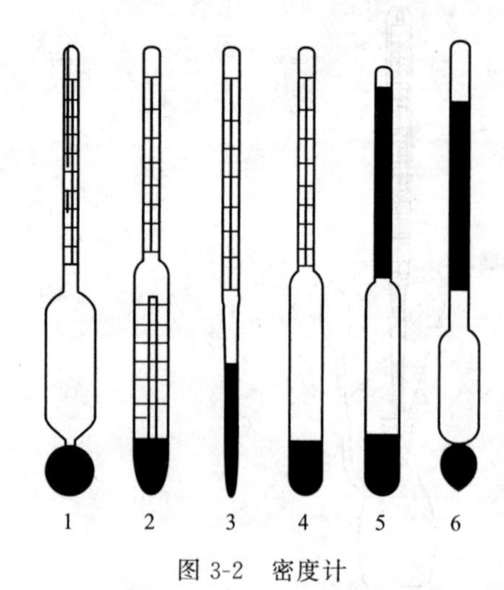

图3-2　密度计

1—糖锤度计；2—附有温度计的糖锤度计；3,4—波美计；5—酒精计；6—乳稠计

a. 普通密度计：普通密度计以20℃时的相对密度值为刻度，以20℃为标准温度。一套通常由几支组成，每支的刻度范围不同，刻度值大于1（1.000～2.000）的称为重表，用于测量比水密度大的液体；刻度值小于1（0.700～1.000）的称为轻表，用于测量比水密度小的液体。

b. 糖锤度计：糖锤度计是专用于测定糖液密度的密度计，糖锤度计又称勃力克斯（Brix），以°Bx表示，是用已知浓度的纯蔗糖溶液来标定其刻度的。其刻度标度方法是以20℃为标准温度，在蒸馏水中为0°Bx，在1%蔗糖溶液中为1°Bx，即100g蔗糖溶液中含1g蔗糖的为1°Bx。常用糖锤度计的刻度范围有1～6°Bx、5～11°Bx、10～16°Bx、15～21°Bx、20～26°Bx等。若测定温度不是标准温度（20℃），应该根据糖液温度浓度校正表进行温度校正。当测定温度高于20℃时，因糖液体积膨胀而导致相对密度减小，即锤度降低，故应加上相应的温度校正值；相反，当测定温度低于20℃时，相对密度增大，即锤度升高，则应减去相应的温度校正值。例如：在17℃时观测锤度为22.00°Bx，查表得知校正值为0.18，则标准温度时锤度为22.00－0.18＝21.82°Bx；在24℃时观测锤度为16.00°Bx，查表得知校正值为0.24，则标准温度时锤度为16.00＋0.24＝16.24°Bx。

c. 酒精计：酒精计是用于测量酒精浓度的密度计。它是用已知浓度的纯酒精溶液来标定其刻度的，其刻度标度方法是以20℃时在蒸馏水中为0，在1%（体积分数）的酒精溶液中为1，故从酒精计上可以直接读取样品溶液中酒精的体积分数。若测定温度不在20℃，需要根据酒精温度浓度校正表来校正。例如：25.5℃时直接读数为96.5%，查表得知20℃时的酒精含量为95.35%。

d. 乳稠计：乳稠计是专用于测定牛乳相对密度的密度计，测定相对密度的范围为1.015～1.045。它是将相对密度减去1.000后再乘以1000作为刻度，以度（°）表示，其刻度范围为15°～45°。使用时把测得的读数按上述关系换算为相对密度值。例如：测得读数为30°，则相当于相对密度为1.030。乳稠计按其标度方法不同分为两种，一种是按20°/4°标定的，另一种是按15°/15°标定的。两者的关系是：后者读数是前者读数加2，即相对密度为$d_{15}^{15}=d_{4}^{20}+0.002$。使用乳稠计时，若测定温度不是标准温度，应将读数校正为标准温度下的读数。对于20°/4°乳稠计，在10～25℃范围内，温度每升高1℃乳稠计读数平均下降0.2°，即相当于相对密度值平均减小0.0002。所以当乳液温度高于标准温度20℃时，每升高1℃应在得出的乳稠计读数上加0.2°；相反，若乳液温度低于20℃时，每降低1℃应减去0.2°。例如：16℃时，20°/4°乳稠计读数为31°，若换算为20℃时的数值，应为31°－(20－16)×0.2°＝30.2°，即牛乳相对密度$d_{4}^{20}=1.0302$，而$d_{15}^{15}=1.0302+0.002=1.0322$；25℃时20°/4°乳稠计读数为29.8°，则换算为20℃时应为29.8°＋(25－20)×0.2°＝30.8°，即牛乳相对密度$d_{4}^{20}=1.0308$，而$d_{15}^{15}=1.0308+0.002=1.0328$。

e. 波美计：波美计是以波美度（以符号°Bé表示）来表示液体浓度大小的。按标度方法的不同分为多种类型，常用的波美计的刻度标度方法是以20℃为标准的，在蒸馏水中为0°Bé，在15%氯化钠溶液中为15°Bé，在纯硫酸（相对密度为1.8427）中为66°Bé，其余刻度等分。波美计分为轻表和重表两种，分别用于测定相对密度小于1和相对密度大于1的液体。波美度与相对密度之间存在下列关系：

$$\text{轻表：}1°\text{Bé}=\frac{145}{d_{20}^{20}}-145 \qquad \text{或 } d_{20}^{20}=\frac{145}{145+1°\text{Bé}}$$

$$\text{重表：}1°\text{Bé}=145-\frac{145}{d_{20}^{20}} \qquad \text{或 } d_{20}^{20}=\frac{145}{145-1°\text{Bé}}$$

② 测定方法　将混合均匀的被测样液沿筒壁缓缓注入适当的清洁量筒中，注意避免起泡沫。将密度计洗净擦干，缓缓放入样液中，待其静止后，再轻轻按下少许，然后待其自然上升，静止并无气泡冒出后，从水平位置读取密度计与液平面相交处的刻度值。同时用温度计测量样液的温度，如测得温度不是标准温度，应对测得值加以校正。

③ 说明　a. 该法操作简便迅速，但准确性差，需要样液量多，且不适于极易挥发的样品。b. 操作时应注意不要让密度计接触量筒的壁及底部，待测液中不得有气泡。c. 读数时应以密度计与液体形成弯月面的下缘为准；若液体颜色较深，不易看清弯月面下缘时，则以弯月面上缘为准。

二、折光法

1. 折射率

光线从一种介质（如空气）射到另一种介质（如水）时，除了一部分光线反射回第一种介质外，另一部分进入第二种介质中并改变它的传播方向，这种现象叫作光的折射。对某种介质来说，入射角正弦与折射角正弦之比恒为定值，等于光在两种介质中的速度之比，此值称为该介质的折射率。

物质的折射率是物质的特征常数之一，不同的物质有不同的折射率。对于同一种物质，其折射率的大小取决于该物质溶液的浓度大小。折射率还与入射光的波长、温度有关，因而一般在折射率 n 的右上角需标注温度，右下角需标注波长。

2. 测定折射率的意义

折射率是食品生产中常用的工艺控制指标，通过测定液态食品的折射率，可以确定食品的浓度、鉴别食品的组成、判断食品的纯净程度及品质。

在一定范围内，蔗糖溶液的折射率随浓度增大而升高。通过测定折射率可以确定糖液的浓度及饮料、糖水罐头等食品的糖度，还可以测定以糖为主要成分的果汁、蜂蜜等食品的可溶性固形物的含量。

每种脂肪酸均有其特定的折射率。含碳原子数目相同时，不饱和脂肪酸的折射率比饱和脂肪酸的折射率大得多；不饱和脂肪酸分子量越大，折射率也越大；酸度高的油脂折射率低。因此测定折射率可以鉴别油脂的组成和品质。

正常情况下，某些液态食品的折射率有一定的范围，如正常牛乳乳清的折射率在1.34199～1.34275之间。当这些液态食品因掺杂、浓度改变或品种改变等原因而引起食品的品质发生变化时，折射率常常也会发生变化。所以测定折射率可以初步判断某些食品是否变质。

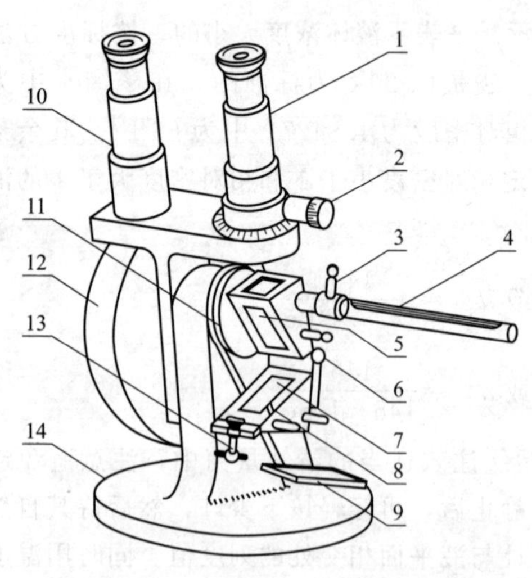

图 3-3　2W 型阿贝折射仪的构造示意图

1—测量镜筒；2—阿米西棱镜手轮；3—恒温器接头；4—温度计；5—测量棱镜；6—铰链；7—辅助棱镜；8—加样品孔；9—反射镜；10—读数镜筒；11—转轴；12—刻度盘罩；13—棱镜锁紧扳手；14—底座

必须指出的是，折射法测得的只是可溶性固形物含量，因为固体粒子不能在折射仪上反映出它的折射率，含有不溶性固形物的样品，不能用折射仪直接测出总固形物的含量。但对于番茄酱、果酱等个别食品，已通过实验编制了总固形物与可溶性固形物关系表，先用折射仪测出可溶性固形物含量，即可从表中查出总固形物的含量。

3. 测定折射率的方法

(1) 仪器　测定物质折射率的仪器称为折射仪，其种类很多，食品工业中最常用的是阿贝折射仪、手提式折射仪、数字阿贝折射仪等。

以上海光学仪器厂生产的 2W 型阿贝折射仪为例，其构造见图 3-3。该仪器由望远系统和读数系统两部分组成，分别由测量镜筒和读数镜筒进行观察，属于双镜筒折射仪。在测量系统中，主要部件是两块直角棱镜，上面一块表面光滑，为折光棱镜（测量棱镜）；下面一块是磨砂面的，为进光棱镜（辅助棱镜）。两块棱镜可以开启与闭合，当两棱镜对角线平面叠合时，两镜之间有一细缝，将待测溶液注入细缝中，便形成一薄液层。当光由反射镜入射而透过表面粗糙的棱镜时，光在此磨砂面产生漫射，以不同的入射角进入液体层，然后到达表面光滑的棱镜，光线在液体与棱镜界面上发生折射。

另一类阿贝折射仪是将望远系统与读数系统合并在同一个镜筒内，通过同一目镜进行观察，属单镜筒折射仪，例如 2WA-J 型阿贝折射仪，其构造见图 3-4，工作原理与 2W 型阿贝折射仪相似。

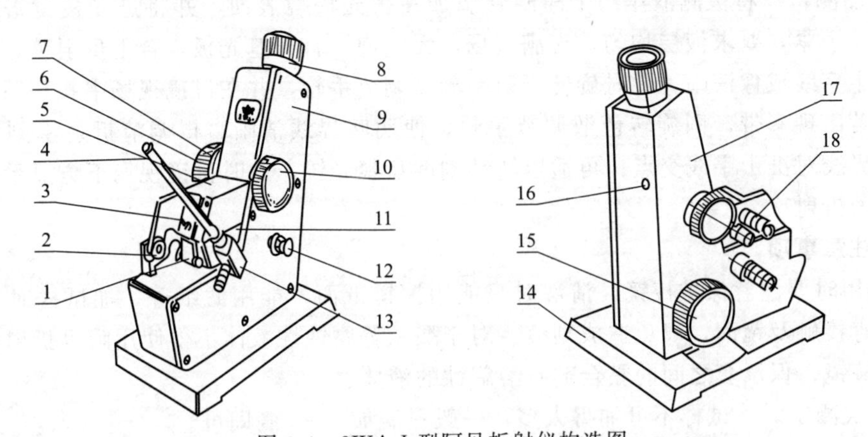

图 3-4 2WA-J 型阿贝折射仪构造图

1—反射镜；2—转轴折光棱镜；3—遮光板；4—温度计；5—进光棱镜；6—色散调节手轮；7—色散值刻度圈；8—目镜；9—盖板；10—棱镜锁紧手轮；11—折射棱镜座；12—照明刻度盘聚光镜；13—温度计座；14—底座；15—折射率刻度调节手轮；16—调节物镜螺丝孔；17—壳体；18—恒温器接头

（2）测定方法

① 以 2W 型阿贝折射仪为例

a. 准备工作　将阿贝折射仪安放在光亮处，但应避免阳光的直接照射，以免液体试样受热迅速蒸发。将折射仪与恒温水浴连接（不必要时，可不用恒温水），调节至所需要的温度［一般恒温选用（20.0±0.1）℃或（25.0±0.1）℃］，同时检查保温套的温度计是否准确；打开直角棱镜，用丝绢或擦镜纸蘸少量 95% 乙醇或丙酮轻轻擦洗上下镜面，注意只可单向擦而不可来回擦，待晾干后方可使用。

b. 仪器校准　使用之前应用重蒸馏水或已知折射率的标准折光玻璃块来校正标尺刻度。如果使用标准折光玻璃块来校正，先拉开下面棱镜，用 1 滴 1-溴代萘把标准玻璃块贴在折光棱镜下，旋转棱镜手轮（在刻度盘罩一侧），使读数镜筒内的刻度值等于标准玻璃块上的折射率，然后用附件方孔调节扳手转动示值调节螺钉（该螺钉处于测量镜筒中部），使明暗界线和十字线交点相合；如果使用重蒸馏水作为标准样品，只要把水滴在下面棱镜的磨砂面上，并合上两棱镜，旋转棱镜手轮，使读数镜筒内刻度值等于水的折射率，然后同上方法操作，使明暗界线和十字线交点相合。

c. 样品测量　测量时，用洁净的长滴管将待测样品液体 2～3 滴均匀地置于下面棱镜的磨砂面上，迅速关紧棱镜；调节反射镜，使光线射入样品；然后轻轻转动棱镜手轮，并在测量镜筒中找到明暗分界线，若出现彩带，则调节阿米西棱镜手轮，消除色散，使明暗界线清晰；再调节棱镜手轮，使明暗分界线对准十字线交点；记录读数及温度，重复测定1～3次。如果是挥发性很强的样品，可将样品液体由棱镜之间的小槽滴入，快速进行测定。

d. 测定完后，立即用95%乙醇或丙酮擦洗上下棱镜，晾干后再关闭。

② 以2WA-J型阿贝折射仪为例

a. 准备工作　同2W型阿贝折射仪的操作方法。

b. 仪器校准　对折光棱镜的抛光面加1～2滴1-溴代萘，把标准玻璃块贴在折光棱镜抛光面上，当读数视场指示于标准玻璃块上的折射率时，观察目镜内明暗分界线是否在十字线交点，若有偏差，则用螺丝刀微量旋转物镜调节螺丝孔中的螺丝，使分界线和十字线交点相合。

c. 样品测量　将被测液体用干净滴管滴加在折光棱镜表面，并将进光棱镜盖上，用棱镜锁紧手轮锁紧，要求液层均匀，充满视场，无气泡。打开遮光板，合上反射镜，调节目镜视度，使十字线成像清晰，此时旋转折射率刻度调节手轮，并在目镜视场中找到明暗分界线的位置；若出现彩带，则旋转色散调节手轮，使明暗界线清晰；再调节折射率刻度调节手轮，使分界线对准十字线交点；再适当转动刻度盘聚光镜，此时目镜视场下方显示的值即为被测液体的折射率。

(3) 注意事项

① 使用时要注意保护棱镜，清洗时只能用擦镜纸而不能用滤纸等。加试样时不能将滴管口尖端直接触及镜面，以免造成划痕。对于酸碱等腐蚀性液体不得使用阿贝折射仪，也不能测定对棱镜、保温套之间的黏合剂有溶解性的液体。

② 每次测定时，试样不可加得太多，一般只需加2～3滴即可。

③ 仪器在使用或贮藏时均不得曝于日光下，不用时应放入木箱内，木箱置于干燥地方。放入前应注意将金属夹套内的水倒干净，管口要封起来。

④ 测量时应注意恒温温度是否正确。如欲测准至±0.0001，则温度变化应控制在±0.1℃的范围内。若测量精度不要求很高，则可放宽温度范围或不使用恒温水。

⑤ 阿贝折射仪不能在较高温度下使用，对于易挥发或易吸水样品测量比较困难，对样品的纯度要求较高。

⑥ 读数时，要将明暗界线调到目镜中十字线的交叉点上，以保证镜筒的轴与入射光线平行。有时在目镜中观察不到清晰的明暗分界线，而是畸形的，这是由于棱镜间未充满液体；若出现弧形光环，则可能是由于光线未经过棱镜而直接照射到聚光透镜上；若待测试样折射率不在1.3～1.7范围内，则阿贝折射仪不能测定，也看不到明暗分界线。

⑦ 常用的阿贝折射仪可读至小数点后的第四位，为了使读数准确，一般应将试样重复测量3次，每次相差不能超过0.0002，然后取平均值。

⑧ 要注意保持仪器清洁，保护刻度盘。在每次使用前应洗净镜面；在使用完毕后，也应用丙酮或95%乙醇洗净镜面，并用擦镜纸擦干，最后用两层擦镜纸夹在两棱镜镜面之间，以免镜面损坏。

⑨ 用毕后将仪器放入有干燥剂的箱内，放置于干燥、空气流通的室内，防止仪器受潮。搬动仪器时应避免强烈震动和撞击，防止光学零件损伤而影响精度。

三、旋光法

1. 旋光度与比旋光度

光是一种电磁波，光波的振动平面与其前进方向互相垂直。自然光具有无数个与光的前进方向互相垂直的光波振动面，见图 3-5(a)，图中双箭头表示光波的振动平面。若使自然光通过尼科耳棱镜，由于振动面与尼科耳棱镜的光轴平行的光波才能通过尼科耳棱镜，所以通过尼科耳棱镜的光，只有一个与光的前进方向互相垂直的光波振动面。这种只在一个平面上振动的光叫作平面偏振光，简称偏振光，见图 3-5(b)、图 3-6。

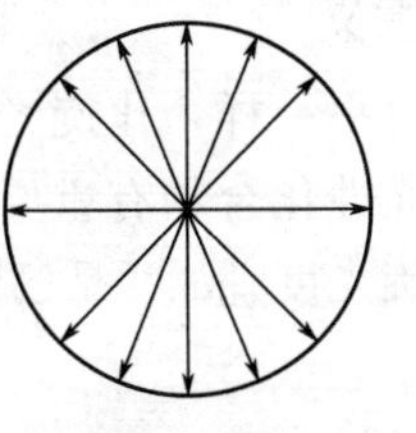
(a) 自然光

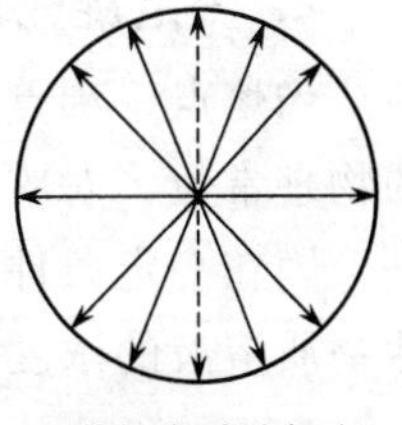
(b) 偏振光(虚线部分)

图 3-5 光波振动平面示意图

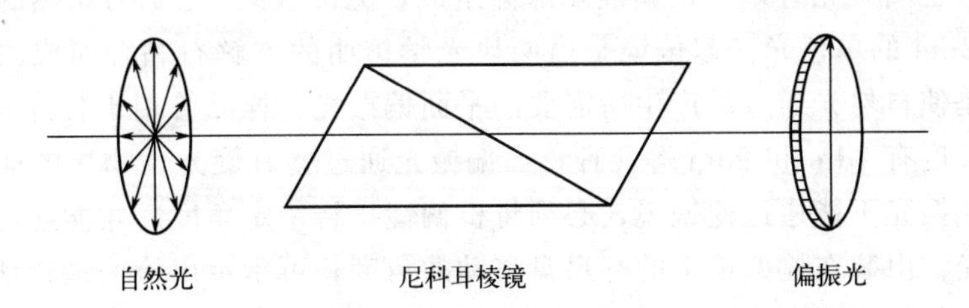

图 3-6 自然光通过尼科耳棱镜后产生的偏振光

（双箭头表示光波的振动平面）

物质能使偏振光的振动平面旋转一定角度的性质，称为旋光性或光学活性。具有旋光性的物质，叫作旋光性物质或光学活性物质。许多食品成分都具有光学活性，如氨基酸、生物碱和碳水化合物等。其中能把偏振光的振动平面向右旋转的，称为“具有右旋性”，以“+”号表示；反之，称为“具有左旋性”，以“-”号表示。

旋光性物质使偏振光的振动平面旋转的角度叫作旋光度，以 α 表示。旋光度的大小与光源的波长、温度、旋光性物质的种类、溶液的浓度及液层的厚度有关。对于特定的光学活性物质，在光源波长和温度一定的情况下，其旋光度 α 与溶液的浓度 c 和液层的厚度 L 成正比，即 $\alpha=KcL$。

当旋光性物质的浓度为 1g/mL，液层厚度为 1dm 时所测得的旋光度称为比旋光度，以 $[\alpha]_\lambda^t$ 表示，所以 $[\alpha]_\lambda^t=K\times1\times1=K$。

即
$$[\alpha]_\lambda^t=\frac{\alpha}{Lc} \quad 或 \quad c=\frac{\alpha}{[\alpha]_\lambda^t L}$$

式中，$[\alpha]_\lambda^t$ 为比旋光度，(°)；t 为温度，℃；λ 为光源波长，nm；α 为旋光度，(°)；L 为液层厚度或旋光管长度，dm；c 为溶液浓度，g/mL。

比旋光度与光的波长及测定温度有关。通常规定用钠光 D 线（波长 589.3nm）在 20℃ 时测定，在此条件下，比旋光度用 $[\alpha]_D^{20}$ 表示。主要糖类的比旋光度见表 3-1。

表 3-1 糖类的比旋光度

糖类	$[\alpha]_D^{20}$	糖类	$[\alpha]_D^{20}$
葡萄糖	+52.5	乳糖	+53.3
果糖	-92.5	麦芽糖	+138.5
转化糖	-20.0	糊糖	+194.8
蔗糖	+66.5	淀粉	+196.4

2. 测定旋光度的意义

像熔点、沸点、折射率一样，比旋光度是一个只与分子结构有关的表征旋光性物质特征的物理常数，对鉴定旋光性化合物有重要意义。

因在一定条件下比旋光度 $[\alpha]_\lambda^t$ 是已知的，L 为定值，故测得旋光度 α 就可计算出旋光性物质溶液的浓度。

3. 测定旋光度的方法

(1) 仪器 测定溶液或液体的旋光度的仪器称为旋光仪。常用的旋光仪主要由光源、起偏镜、样品管（也叫旋光管）和检偏镜几部分组成，见图 3-7。光源为炽热的钠光灯，其发出波长为 589.3nm 的单色光；起偏镜是由两块光学透明的方解石黏合而成的，也叫尼科耳棱镜，其作用是使自然光通过后产生所需要的平面偏振光；样品管用于装待测定的旋光性液体或溶液，其长度有 1dm 和 2dm 等几种；当偏振光通过盛有旋光性物质的样品管后，因物质的旋光性使偏振光不能通过检偏镜，必须将检偏镜扭转一定角度后才能通过，因此要调节检偏镜进行配光；由装在检偏镜上的标尺盘移动的角度，可指示出检偏镜转动的角度，该角度即为待测物质的旋光度。

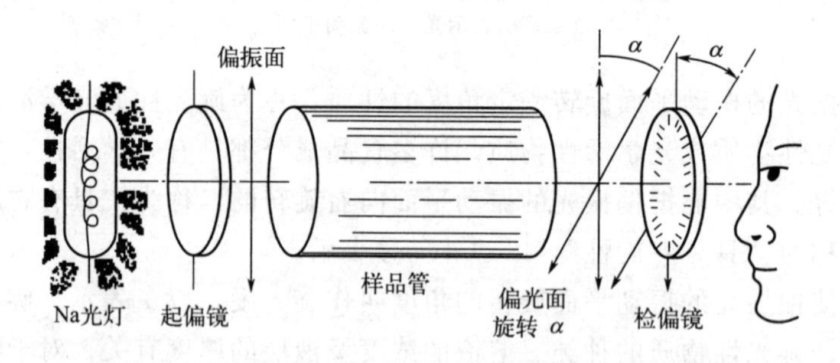

图 3-7 旋光仪的构造图及其工作原理

为了准确判断旋光度的大小，测定时通常在视野中分出“三分视场”，见图 3-8。若检偏镜的偏振面与起偏镜偏振面平行时，可观察到图 3-8(a) 所示，即当中较暗，两旁明亮；当检偏镜的偏振面与通过棱镜的光的偏振面平行时，通过目镜可观察到图 3-8(b) 所示，即当中明亮，两旁较暗；只有当检偏镜的偏振面处于 $1/2\phi$（半暗角）的角度时，视场内明暗相等，如图 3-8(c) 所示，这一位置即作为零度，使游标尺上 0°对准刻度盘 0°。测定时，调节视场内明暗相等，以使观察结果准确。一般在测定时选取较小的半暗角，由于人的眼睛对弱照度的变化比较敏感，视野的照度随半暗角 ϕ 的减小而变弱，所以在测定中通常选几度到十几度的结果。

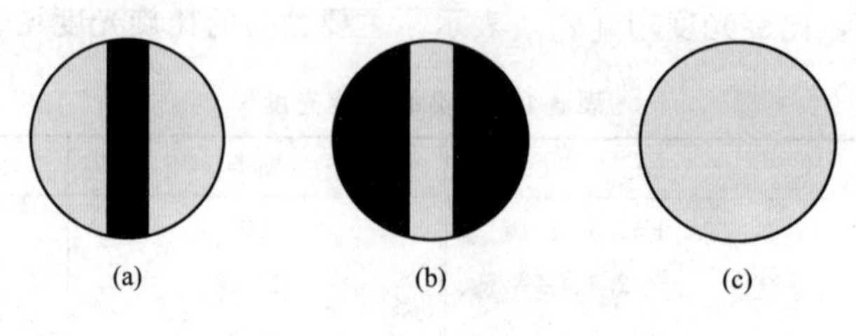

图 3-8 三分视场

上海物理光学仪器厂制造的 WXG-4 型圆盘旋光仪将光源（20W 钠光灯，$\lambda=589.3$nm）

与光学系统安装在同一台基座上，光学系统以倾斜20°安装，操作十分方便。该仪器的光学系统结构见图3-9。光线从光源投射到聚光镜、滤色镜、起偏镜后，变成平面偏振光，再经半波片后，视野中出现了三分视场。旋光性物质盛入样品管，放入镜筒测定，由于溶液具有旋光性，故把平面偏振光旋转了一个角度，通过检偏镜起分析作用，从目镜中观察，就能看到中间亮（或暗）左右暗（或亮）亮度不等的三分视场，转动度盘手轮，带动度盘及检偏镜做粗、细转动，至看到三分视场亮度完全一致时为止，然后从放大镜中读出度盘旋转的角度。

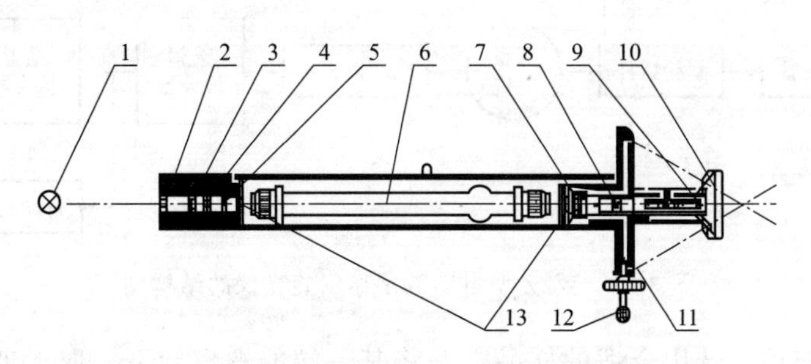

图3-9　WXG-4型圆盘旋光仪的光学系统结构示意图

1—光源（钠光）；2—聚光镜；3—滤色镜；4—起偏镜；5—半波片；6—样品管；7—检偏镜；8—物镜；9—目镜；10—放大镜；11—度盘游标；12—度盘转动手轮；13—保护片

该仪器采用双游标卡尺读数，以消除度盘偏心差。度盘分360格，每格1°，游标卡尺分20格，等于度盘19格，用游标直接读数到0.05°，如图3-10所示，游标0刻度指在度盘9格与10格之间，且游标第6格与度盘某一格完全对齐，故其读数为$\alpha=+(9.00°+0.05°\times6)=9.30°$。仪器游标窗前方装有两块4倍的放大镜，供读数时用。

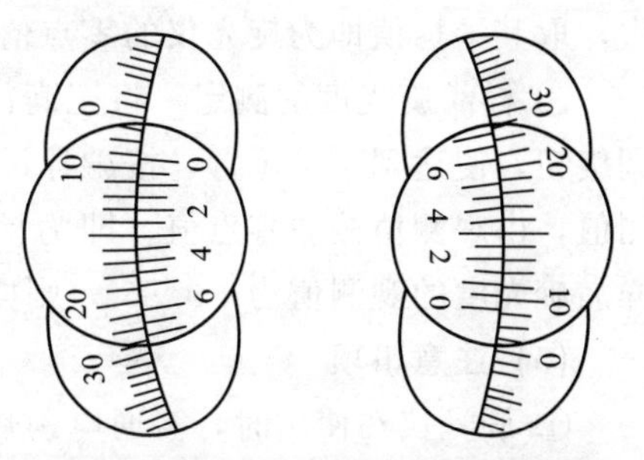

图3-10　WXG-4型圆盘旋光仪的双游标读数

目前国内生产的自动旋光仪采用光电检测器及晶体管自动示数装置，具有体积小、灵敏度高、读数方便、测定迅速、减少人为误差、对弱旋光性物质同样适应等优点，目前在食品分析中应用也十分广泛。WZZ型自动数字显示旋光仪的结构原理如图3-11所示。该仪器用20W钠光灯为光源，并通过可控硅自动触发恒流电源点燃，光线通过聚光镜、小孔光栅和物镜后形成一束平行光，然后经过起偏镜后产生平行偏振光，这束偏振光经过有法拉第效应的磁旋线圈时，其振动面产生50Hz的一定角度的往复振动，该偏振光线通过检偏镜透射到光电倍增管上，产生交变的光电讯号。当检偏镜的透光面与偏振光的振动面正交时，即为仪器的光学零点，此时出现平衡指示。而当偏振光通过一定旋光度的测试样品时，偏振光的振动面转过一个角度α，此时光电讯号就能驱动工作频率为50Hz的伺服电机，并通过蜗轮蜗杆带动检偏镜转动α角而使仪器回到光学零点，此时读数盘上的示值即为所测物质的旋光度。

（2）测定方法

① 接通电源并打开光源开关，5～10min后，钠光灯发光正常（黄光），才能开始测定。

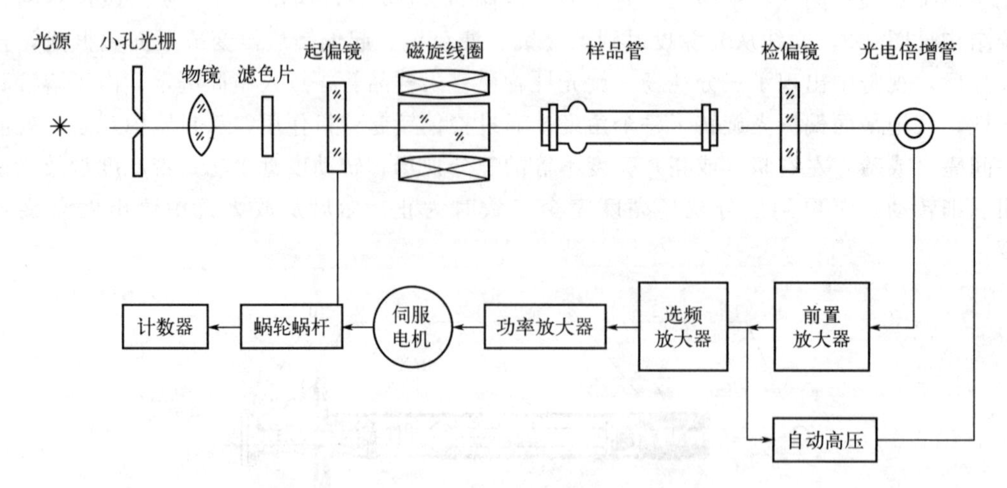

图 3-11　WZZ 型自动数字显示旋光仪的结构图

② 样品管的充填　选用合适的样品管并将其一端的螺帽旋下，取下玻璃盖片，然后将管竖直，管口朝上，用滴管注入待测溶液或蒸馏水至管口，并使溶液的液面凸出管口，小心将玻璃盖片沿管口方向盖上，把多余的溶液挤压溢出，使管内不留气泡，盖上螺帽。管内如有气泡存在，需重新装填。装好后，将样品管外部拭净，以免沾污仪器的样品室。

③ 仪器零点的校正　将充满蒸馏水的样品管放入样品室，旋转粗调钮和微调钮至目镜视野中三分视场的明暗程度完全一致（较暗），再按游标尺原理记下读数，如此重复测定 5 次，取其平均值即为旋光仪的零点值。

④ 样品旋光度的测定　将充满待测样品溶液的样品管放入旋光仪内，旋转粗调钮和微调旋钮，使达到半暗位置，按游标尺原理记下读数，重复 5 次，取平均值，即为旋光度的观测值，由观测值减去零点值，即为该样品真正的旋光度。例如，仪器的零点值为 $-0.05°$，样品旋光度的观测值为 $+9.85°$，则样品真正的旋光度为 $\alpha=+9.85°-(-0.05°)=+9.90°$。

(3) 注意事项

① 旋光仪在使用时，需通电预热几分钟，但钠光灯使用时间不宜过长。

② 旋光仪是比较精密的光学仪器，使用时，仪器金属部分切忌沾污酸碱，防止腐蚀。

③ 光学镜片部分不能与硬物接触，以免损坏镜片。

④ 不能随便拆卸仪器，以免影响精度。

⑤ 样品管螺帽与玻璃盖片之间都附有橡皮垫圈，装卸时要注意，切勿丢失。螺帽以旋到溶液流不出来为度，不宜旋得太紧，以免破盖产生张力，使管内产生空隙，影响测定结果。

⑥ 各种型号旋光仪的游标尺的构造和读数原理都是一样的，但是游标尺刻度有差异，读数时应注意游标尺上最小刻度代表的度数值。游标总长度相当于主尺上最小间隔，以此推算出游标最小间隔代表的度数。

⑦ 具有光学活性的还原糖类（如葡萄糖、果糖、乳糖等）在溶解之后，其旋光度起初迅速变化，然后渐渐变得较缓慢，最后达到恒定值，因此，在用旋光法测定蜂蜜、商品葡萄糖等含有还原糖的样品时，样品配成溶液后，宜放置过夜再测定。若需立即测定，可将中性溶液加热至沸，或加入几滴氨水后再稀释定容，则可加入碳酸钠干粉至石蕊试纸刚显碱性。

在碱性溶液中，变旋光作用迅速，很快达到平衡。但微碱性溶液不宜放置过久，温度也不可过高，以免破坏果糖。

一、啤酒相对密度的测定——密度瓶法（参照 GB 5009.2—2016）

【原理】

在 20℃时分别测定充满同一密度瓶的水及试样的质量即可计算出相对密度，由水的质量可确定密度瓶的容积即试样的体积，根据试样的质量与体积即可计算出试样密度。

【仪器】

带温度计的密度瓶，见图 3-1(b)。

【步骤】

(1) 啤酒试样的制备 用反复注流等方式除去啤酒中的二氧化碳，以消除其在理化分析中的影响。除去啤酒中二氧化碳的方法有两种：

① 预先在冰箱中冷至 10～15℃的啤酒 500～700mL 于清洁、干燥的 1000mL 搪瓷杯中，以细流注入同样体积的另一个搪瓷杯中，注入时两搪瓷杯之间距离 20～30cm。反复注流 50 次（1 个反复为 1 次），以充分除去啤酒中的二氧化碳，静置备用。

② 将预先在冰箱中冷至 10～15℃的啤酒，启盖后快速用滤纸过滤于三角瓶中，稍加振摇，静置，以充分除去啤酒中的二氧化碳。

啤酒除气操作时的室温应不超过 25℃，除气后的啤酒，应用表面皿盖住，其温度应保持在 15～20℃左右备用。

(2) 测定

① 密度瓶质量的测定：将密度瓶洗净、干燥、称重，反复操作，直至恒重。

② 密度瓶和蒸馏水质量的测定：将煮沸冷却至 15℃的蒸馏水注满恒重的密度瓶，插上带有温度计的瓶塞，立即浸于 (20±0.1)℃的高精度恒温水浴中 30min，待内容物温度达到 20℃，盖上瓶盖，用滤纸吸去支管标线以上的水，盖好小帽后取出。用滤纸将密度瓶外擦干，置天平室内 0.5h，称重。

③ 密度瓶和样品质量的测定：将水倒去，用样品反复冲洗密度瓶三次，然后装满制备的样品，按同样操作。重复两次。

(3) 结果计算

$$d_{20}^{20}=\frac{m_2-m_0}{m_1-m_0}$$

式中 m_0——密度瓶的质量，g；

m_1——密度瓶和水的质量，g；

m_2——密度瓶和液体试样的质量，g；

d_{20}^{20}——液体试样在 20℃时的相对密度。

计算结果表示到称量天平的精度的有效数位（精确到 0.001）。

在重复条件下获得的两次独立测定结果的绝对差值不得超过算术平均值的5%。

二、果蔬制品中可溶性固形物含量的测定——折射仪法（参照GB/T 19585—2008）

【原理】

在20℃用折射仪测定试样溶液的折射率，从仪器的刻度尺上直接读出可溶性固形物的含量。

【仪器】

阿贝折射仪，恒温水浴，高速组织捣碎机。

【步骤】

① 调节恒温水浴循环水温度在20℃（上下浮动0.5℃），使水流通过折射仪的恒温器。

② 用蒸馏水校正折射仪的读数，在20℃时将可溶性固形物调整至0%，温度不在20℃时按可溶性固形物温度校正表进行校正。将进光棱镜和折光棱镜擦洗干净，滴加1～2滴样液于进光棱镜的磨砂面上，迅速闭合两棱镜，要求液体均匀无气泡并充满视场。调节两反光镜使二镜筒视场明亮，旋转棱镜调节旋钮使棱镜组转动，在观测镜筒中观察明暗分界线上下移动，同时旋转消色散旋钮使视场中除黑白二色外无其他颜色，当视场中无色且分界线在十字线中心时，观察读数镜筒所指示刻度值，并记录测定时的温度。

三、面粉中淀粉含量的测定——旋光法（参照GB/T 20378—2006）

【原理】

淀粉具有旋光性，在一定的条件下，旋光度的大小与淀粉含量成正比。用氯化钙溶液提取淀粉，再用氯化锡沉淀提取液中的蛋白质，然后测定旋光度，即可计算出淀粉的含量。

【仪器】

旋光仪。

【试剂】

① 氯化钙溶液：溶解546g $CaCl_2 \cdot 2H_2O$于水中，稀释至1000mL，调整至相对密度为1.30（20℃），再用1.6%的醋酸调整pH至2.3～2.5，过滤后备用。

② 氯化锡溶液：溶解2.5g $SnCl_4 \cdot 5H_2O$于75mL上述氯化钙溶液中。

【步骤】

（1）样品的制备 面粉过40目以上的标准筛后，称取2.00g置于烧杯中，加10.0mL水，搅拌，再加入70.0mL氯化钙溶液。盖上表面皿，在5min内加热至沸，并继续加热15min，加热时随时搅拌，以防样品附在烧杯壁上。迅速冷却后，移入100mL容量瓶中，加5mL氯化锡溶液，用氯化钙溶液定容，混匀，过滤，弃初滤液，收集滤液，待用。

（2）测定 用1dm长样品管测定样品溶液的旋光度。

（3）空白试验 不加面粉，按样品制备步骤测提取液的旋光度。

(4) 结果计算

$$w(\%)=[(\alpha-\alpha_0)\times100]/(L\times203\times m)$$

式中 w——淀粉的质量分数，%；

α——样品的旋光度；

α_0——提取剂的旋光度；

L——旋光管的长度，dm；

m——样品的质量，g；

203——淀粉的比旋光度。

【注意事项】

① 配制溶液及测定时，均应调节温度至（20±0.5)℃（或各药品项下规定的温度）。

② 供试的液体或固体物质的溶液应不显浑浊或含有混悬的小粒。如有上述情形时，应预先滤过，并弃去初滤液。

1. 什么是密度、相对密度？测定液态食品的相对密度在食品工业中有何意义？
2. 简述测定液态食品的专用密度计的种类及其适用对象？
3. 简述阿贝折射仪的使用方法。
4. 如何用密度瓶测定溶液的相对密度？
5. 测定旋光度时为什么样品管内不能有气泡存在？

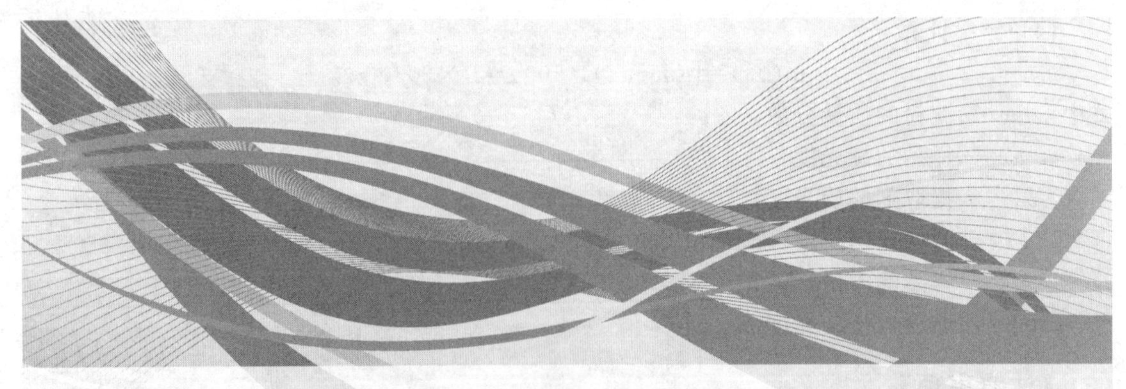

模块四　食品化学分析检验技术——重量分析法

学习与职业素养目标

1. 重点掌握水分、灰分，脂肪测定的操作技能，食品炭化、灰化、恒重的操作技能，天平的使用技能，养成严谨细致的行为习惯。

2. 掌握高温炉、坩埚的使用技能。

3. 了解灰分的概念和知识，样品炭化、灰化、恒重的概念。

必备知识

重量分析法一般是将被测组分与试样中的其他组分分离后，转化为一定的称量形式，然后用称重方法测定该组分的含量。食品中的水分测定、灰分测定、脂肪测定，多属于重量分析法。

一、水分的测定

1. 测定水分的意义

(1) 水分是重要的质量指标之一　水分对保持食品的感官性状、维持食品中其他组分的平衡关系、保证食品的稳定性起重要作用。通常水分含量发生变化时，食品品质会发生变化。例如，水果糖的水分应控制在3.0%，否则会出现返砂和返潮现象；新鲜面包水分含量若低于28%～30%，其外观形态干瘪，失去光泽；乳粉水分含量应控制在2.5%～3.0%以内，可抑制微生物生长繁殖，延长保质期。食品的含水量对食品的新鲜度、口感、流动性、呈味性、保藏性、加工性等许多方面有着至为重要的作用。不同食品的水分含量不同，合格食品的含水量通常稳定在一定范围，如蔬菜85%～91%、水果80%～90%、鱼类67%～81%、蛋类73%～75%、乳类87%～89%、猪肉43%～59%。水分含量的测定可以为评价产品品质提供依据。例如，GB 18394—2020《畜禽肉水分限量》规定新鲜猪肉水分含量应不高于76%，否则该猪肉质量不合格。

(2) 水分是重要的经济指标之一 食品工厂可按原料中的水分含量进行物料衡算。如鲜奶含水量87.5%，每生产1t奶粉（2.5%含水量）需要这种原料奶投料多少，可以根据原料和产品水分含量的变化进行物料衡算。因此，在生产过程中测定原辅料和成品水分含量可以为成本核算、物料平衡提供基础数据，指导生产。

2. 水分在食品中存在的形式

食品中水分存在的形式

根据食品中水与非水物质之间的相互关系，可以把食品中的水分分为自由水和结合水两种类型。

(1) 自由水 又称体相水或游离水，是指食品中与非水成分有较弱作用或基本没有作用的水，可分为滞化水、毛细管水和自由流动水三类。自由水具有水的全部特征，在－40℃以上可以结冰；在食品内可以作为溶剂；可以以液体形式移动，在气候干燥时也可以蒸汽形式逸出，使食品中含水量降低；在潮湿的环境中食品容易吸收一定量的水分，使含水量增加；微生物可以利用自由水繁殖；各种化学反应也可以在其中进行。干燥很容易去除这一部分水。

(2) 结合水 又称束缚水，是指存在于食品中的与非水成分通过氢键结合的水，是食品中与非水成分结合得最牢固的水，包括化合水、单分子层水及几乎全部的多层水。这一部分水在－40℃以上不能结冰，不能作溶剂，不能被微生物所利用，通常的干燥过程很难去除结合水。当结合水被强行去除后，食品的风味和品质会有较大的改变。

3. 水分活度

食品中的水分无论是新鲜的或是干燥的都随环境条件的变动而变化。

如果食品周围环境的空气干燥、湿度低，则水分从食品向空气蒸发，水分逐渐少而食品干燥，反之，如果环境湿度高，则干燥的食品就会吸湿以至水分增多。总之，不管是吸湿还是干燥最终到两者平衡为止。通常，把此时的水分称为平衡水分。也就是说，食品中的水分并不是静止的，应该视为活动的状态，所以，从食品保藏的角度出发，食品的含水量不用绝对含量（%）表示，而应用水分活度（A_W）表示。水分活度是指食品中水的蒸气压 P 与同温度下纯水的饱和蒸气压 P_0 的比值，即：

$$A_W = P/P_0 = R_H/100$$

式中 P——食品中水的蒸气分压，Pa；

P_0——相同温度下纯水的饱和蒸气压，Pa；

R_H——平衡相对湿度。

如果把纯水作为食品来看，其蒸气压 P 和 P_0 值相等，故 $A_w=1$。然而，一般食品不仅含有水，而且含有非水组分，食品的蒸气压比纯水小，即总是 $p \leqslant p_0$，故 $A_w<1$。水分活度反映食品与水的亲和能力程度，表示食品中所含的水分作为微生物化学反应和微生物生长的可用价值。水分活度所量度的是食物中的自由水分子，而这些水分子是微生物繁殖和存活的必需品。大部分生鲜食品的水分活度是0.99，而可以抑制多数细菌增长的水分活度大约是0.91。

食品水分活度的高低是不能按其水分含量来考虑的。例如，金黄色葡萄球菌生长要求的最低水分活度为0.86，而相当于这个水分活度的水分含量则随不同的食品而异，如干肉为23%、乳粉为16%、干燥肉汁为63%，所以按水分含量多少难以判断食品的保藏性，测定和控制水分活度对于食品保藏性具有重要意义。

4. 水分测定的方法

水分测定法通常可分为直接法和间接法两类。利用水分本身的物理性质和化学性质测定水分的方法，叫作直接法，如重量法、蒸馏法和卡尔·费休法。利用食品的相对密度、折射率、电导、介电常数等物理性质测定水分的方法，叫作间接法。测定水分的方法要根据食品的性质和测定目的来选定。

食品中水分的测定方法

（1）直接干燥法（GB 5009.3—2016 第一法）

① 特点　又名常压干燥法，一般是在100～105℃下进行干燥。此法应用最广泛，操作以及设备都简单，而且精确度高。

② 原理　利用食品中水分的物理性质，在101.3kPa、100～105℃下采用挥发方法测定样品中干燥减失的重量，包括吸湿水、部分结晶水和该条件下能挥发的物质，再通过干燥前后的称量数值计算出水分的含量。实际上在此温度下所失去的是挥发性物质的总量，而不完全是水。

③ 必须符合下列条件（对食品而言）　a. 水分是唯一挥发成分，即加热时只有水分挥发。例如，样品中含酒精、香精油、芳香酯等挥发性成分都不能用此法；b. 样品中结合水含量较低，因为结合水很难去除，结合水含量较高时使用常压干燥法测定水分会产生较大的偏差；c. 食品中其他组分在加热过程中由于发生化学反应而引起的重量变化可忽略不计，例如，氨基酸、蛋白质和糖含量高的食品不适用常压干燥法，因为在干燥过程中容易发生美拉德反应，导致样品重量发生变化。只要符合以上三点就可采用常压干燥法。实际工作中应具体问题具体分析。

④ 适用范围　适用于在101～105℃下，蔬菜、谷物及其制品、水产品、豆制品、乳制品、肉制品、卤菜制品、粮食（水分含量低于18%）、油料（水分含量低于13%）、淀粉及茶叶类等食品中水分的测定，不适用于水分含量小于0.5g/100g的样品。

⑤ 操作方法　清洗称量皿→烘至恒重→称取样品→放入调好温度的烘箱（101～105℃）→烘2～4h→于干燥器冷却→称重→再烘0.5h→冷却称重→重复→直至恒重（两次质量差不超过2mg即为恒重）→计算。

⑥ 注意事项　a. 样品的预处理方法对分析结果影响很大，固体样品必须粉碎，液体样品宜先在水浴上浓缩，然后用烘箱干燥。b. 液体或半固体样品，要在称量皿中加入海砂，使样品疏松，扩大蒸发面积。c. 两次恒重值在最后计算中，取质量较小的一次称量值。d. 油脂或高脂肪样品，由于脂肪氧化，而后面一次重量反而增加，应以前一次重量计算。e. 称量瓶从烘箱中取出后，应迅速放入干燥器中进行冷却，否则不易达到恒重。f. 干燥器里面变色硅胶变红时，需及时换出，置135℃左右烘2～3h使其再生后再用。

⑦ 产生误差的原因　a. 样品中含有易挥发性物质（酒精、醋酸、香精油、磷脂等）；b. 样品中的某些成分和水分结合，使测得的结果偏低（如蔗糖水解为二分子单糖）；c. 食品中的脂肪与空气中的氧发生反应，使样品质量增加；d. 在高温条件下物质的分解（果糖对热敏感，果糖大于70℃易受热分解）；e. 被测样品表面产生硬壳，妨碍水分的扩散，尤其是富含糖分和淀粉的样品；f. 烘干结束后样品重新吸水。

（2）减压干燥法（GB 5009.3—2016 第二法）

① 原理　利用在低压下水的沸点降低的原理，将取样后的称量皿置于真空干燥箱内，在较低压力（40～53kPa）和较低加热温度［(60±5)℃］下干燥到恒重，通过烘干前后的称重值计算出水分的含量。减压干燥法测定结果比较接近真正水分。

② 适用范围　适用于高温易分解的样品及水分较多的样品（如糖、味精等食品）中水分的测定，不适用于添加了其他原料的糖果（如奶糖、软糖等食品）中水分的测定，不适用

于水分含量小于0.5g/100g的样品（糖和味精除外）。

③ 操作方法 准确称2.00～5.00g样品→置于烘至恒重的称量皿→置于真空烘箱［40～53kPa，(60±5)℃］烘4h→于干燥器冷却→称重→重复→直至恒重→计算。

(3) 蒸馏法（GB 5009.3—2016第三法）

① 原理 利用食品中水分的物理化学性质，使用水分测定器将食品中的水分与甲苯或二甲苯共同蒸出，蒸汽在冷凝管中冷凝，由于二者互不相溶且密度不同，形成溶剂层与水分层，根据接收的水的体积计算出试样中水分的含量。

② 优缺点 a. 优点：热交换充分；受热后发生化学反应比重量法少；设备简单，管理方便。b. 缺点：水与有机溶剂易发生乳化现象；样品中水分可能完全没有挥发出来；水分有时附在冷凝管壁上，造成读数误差；测定值中除水分外，还有大量挥发性物质，如醚类、芳香油、挥发酸、CO_2等。

③ 适用范围 适用于含水较多又有较多挥发性成分的水果、香辛料及调味品、肉与肉制品等食品中水分的测定，不适用于水分含量小于1g/100g的样品。蒸馏法加热温度比常压干燥法低，氧化分解反应也比常压干燥法少，适用于含较多其他挥发性物质的食品，特别是香料，蒸馏法是其唯一公认的水分测定方法。

④ 操作方法 准确称取样品→于250mL水分测定蒸馏瓶中加入75mL甲苯（或二甲苯）→接蒸馏装置→徐徐加热蒸馏→至水分大部分蒸出后→加快蒸馏速度→至接收管水量不再增加→读数→计算。

(4) 卡尔·费休法（GB 5009.3—2016第四法）

卡尔·费休法是测定各种物质中微量水分的一种方法，这种方法是1935年由卡尔·费休提出的，采用I_2、SO_2、吡啶、无水CH_3OH（含水量在0.05%以下）配制成卡尔·费休试剂，国际标准化组织和我国都将此法定为测微量水分的标准方法。

① 原理 根据碘能与水和二氧化硫发生化学反应，在有吡啶和甲醇共存时，1mol碘只与1mol水作用。卡尔·费休水分测定法又分为库仑法和容量法，其中容量法测定的碘是作为滴定剂加入的，滴定剂中碘的浓度是已知的，根据消耗滴定剂的体积，计算消耗碘的量，从而计量出被测物质中水分的含量。卡尔·费休法不仅可测得样品中的自由水，而且可测出结合水，即此法测得的结果更客观地反映出样品中总水分含量。

② 适用范围 适用于食品中微量水分的测定，不适用于含有氧化剂、还原剂、碱性氧化物、氢氧化物、碳酸盐、硼酸等食品中水分的测定。卡尔·费休容量法适用于水分含量大于1.0×10^{-3}g/100g的样品。

③ 操作方法 卡尔·费休试剂的配制和标定→样品前处理→样品水分的测定→漂移量的测定→计算。

④ 设备 卡尔·费休水分测定仪（图4-1）。

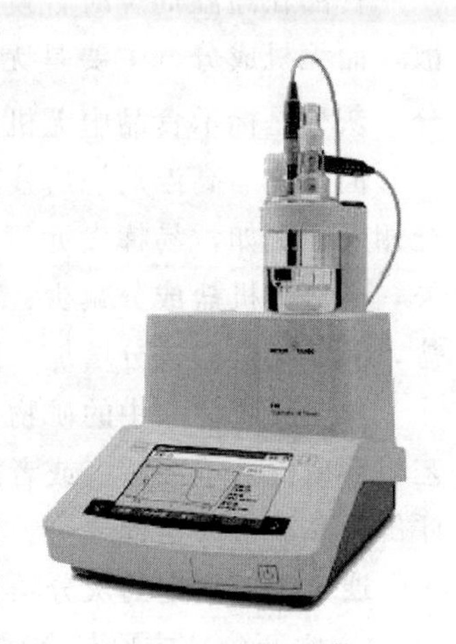

图4-1 卡尔·费休水分测定仪

5. 水分活度值的测定方法

食品中水分活度的检验方法很多，如蒸汽压力法、电湿度计法、附感敏器的湿动仪法、溶剂萃取法、扩散法、水分活度测定仪法和近似计算法等。GB 5009.238—2016《食品安全国家标准 食品水分活度的测定》中使用的是康卫氏皿扩散法和水分活度仪扩散法。

（1）康卫氏皿扩散法（GB 5009.238—2016 第一法）

① 原理　在密封、恒温的康卫氏皿中，试样中的自由水与水分活度（A_w）较高和较低的标准饱和溶液相互扩散，达到平衡后，根据试样质量的变化量，求得样品的水分活度。

② 适用范围　适用食品水分活度的范围为 0.00～0.98。

（2）水分活度仪扩散法（GB 5009.238—2016 第一法）

① 原理　在密闭、恒温的水分活度仪测量舱内，试样中的水分扩散平衡。此时水分活度仪测量舱内的传感器或数字化探头显示出的响应值（相对湿度对应的数值）即为样品的水分活度。

② 适用范围　适用食品水分活度的范围为 0.60～0.90。

6. 其他水分测定方法

（1）化学干燥法　化学干燥法就是将某种对于水蒸气具有强烈吸附作用的化学药品与含水样品同装入一个干燥器（玻璃或真空干燥器），通过等温扩散及吸附作用而使样品达到干燥恒重，然后根据干燥前后样品的失重即可计算出其水分含量，此法在室温下干燥，需要较长时间，几天、几十天甚至几个月。常用干燥剂有五氧化二磷、氧化钡、高氯酸镁、氢氧化锌、硅胶、氧化铝等。

（2）微波法　微波是指频率范围为 $300 \sim 3 \times 10^5$ MHz 的电磁波。微波法水分测定利用微波场干燥样品，加速了干燥过程，具有测量时间短、操作方便、准确度高、适用范围广等特点。

（3）红外吸收光谱法　红外线属于电磁波，为波长 0.75～1000μm 的光。红外波段可分三部分：近红外区 0.75～2.5μm，中红外区 2.5～25μm，远红外区 25～1000μm。根据水分对某一波长红外光的吸收程度与其在样品中含量存在一定关系的事实即建立了红外光谱测定水分的方法。

二、灰分的测定

1. 灰分的概念

灰分概念和测定意义

食品在高温灼烧时，发生一系列物理和化学变化，最后有机成分挥发逸散，而无机成分（主要是无机盐和氧化物）则残留下来，这些残留物称为灰分。灰分是标示食品中无机成分总量的一项指标。

但是食品高温灼烧后残渣中的无机成分与食品中原有的无机成分在数量和组成上并不完全相同。例如，易挥发元素（氯、碘、铅等）将挥发散失，磷、硫以含氧酸的形式挥发散失，部分无机盐成分减少；某些金属氧化物会吸收有机物分解产生的二氧化碳而形成碳酸盐，又使无机盐成分增加。因此，通常将食品经高温灼烧后的残留物称为粗灰分或总灰分。

灰分代表食品中的矿物盐或无机盐类。如果食品中的灰分含量很高，说明该食品生产工艺粗糙或混入了泥沙，或者加入了不合乎安全标准要求的食品添加剂。因此测定食品灰分是评价食品质量的指标之一。

通常人们测定的灰分项目有总灰分、水溶性灰分、水不溶性灰分和酸不溶性灰分。

① 总灰分　主要是金属氧化物和无机盐类，以及一些杂质。

② 水溶性灰分　大部分为钾、钠、钙等氧化物和可溶性盐类。

③ 水不溶性灰分　大部分为铁、铝、镁等氧化物，碱土金属的碱式磷酸盐，以及由于污染混入产品的泥沙等物质。

④ 酸不溶性灰分　大部分为污染掺入的泥沙，另外还包括存在于食品中的微量氧化硅等物质。

2. 测定灰分的意义

① 食品的总灰分含量是控制食品成品或半成品质量的重要依据。例如，牛奶中的总灰分含量是恒定的，一般在0.68%～0.74%，平均值非常接近0.70%，因此可以用测定牛奶中总灰分的方法测定牛奶是否掺假，若掺水，灰分降低，另外还可以判断浓缩比，如果测出牛奶灰分在1.4%左右，说明牛奶浓缩1倍。又如富强粉，小麦麸皮灰分含量高，而胚乳中蛋白质含量高，麸皮中的灰分比胚乳中的含量高20倍，面粉加工精度越高，麸皮含量越少，则灰分含量就越低。

② 评定食品是否卫生，有没有污染。如果灰分含量超过了正常范围，说明食品生产中使用了不合理的安全标准。如果原料中有杂质或加工过程中混入了一些泥沙，则测定灰分时可检出。

③ 判断食品是否掺假。

④ 评价营养的参考指标。

3. 总灰分的测定

食品中灰分的测定

(1) 灰化容器的准备

① 灰化容器的种类　目前常用的灰化容器有石英坩埚、素瓷坩埚、白金坩埚、不锈钢坩埚。素瓷坩埚在实验室较为常用，它的物理性质和化学性质和石英相同，耐高温，内壁光滑，可以用热酸洗涤，价格低，对碱性敏感。

② 灰化容器的处理方法（以素瓷坩埚为例）素瓷坩埚用1∶4盐酸煮沸洗净，降至200℃时，放入干燥室内冷却到室温后称重。

(2) 样品预处理　食品的灰分含量较少，取样量多少应根据样品的种类和性质来决定，一般控制灼烧后灰分为10～100mg。另外，对于不能直接烘干的样品，应先进行预处理才能烘干。

① 浓稠的液体样品（牛奶，果汁）　先在水浴上蒸干湿样。主要是先去水，不能用马弗炉直接烘干，否则样品沸腾会飞溅，使样品损失，影响结果。

② 含水分多的样品（果蔬）　应在烘箱内干燥。

③ 富含脂肪的样品　先提取脂肪，即放到小火上灼烧直到烧完为止。

④ 富含糖类、蛋白质的样品　在灰化前加几滴纯植物油，防止发泡。

(3) 炭化　样品经预处理后，在放入高温炉灼烧灰化之前要先进行炭化处理，样品炭化时要注意热源强度。炭化处理的主要目的是：防止在灼烧时因高温引起试样中的水分急剧蒸发，使试样飞溅；防止糖类、蛋白质等易发泡膨胀的物质在高温下发泡膨胀而逸出坩埚；不经炭化而直接灰化，炭粒易被包裹，灰化不完全。

(4) 灰化温度的选择　灰化的温度因样品不同而有差异，果蔬制品、肉制品、糖制品类不大于525℃；谷物、乳制品（除奶油外）、海产品、酒类不大于550℃。灰化温度选择过高，将引起钾、钠、氯等元素的挥发损失，而且磷酸盐、硅酸盐类也会熔融，将炭粒包藏起来，无法氧化。灰化温度选择过低，则灰化速度慢、时间长，不易灰化完全，也不利于除去过剩的碱（碱性食品）吸收的二氧化碳。在保证灰化完全的前提下，尽可能减少无机成分的挥发损失和缩短灰化时间。

(5) 灰化时间的确定 对于灰化时间一般无规定，针对试样和灰分的颜色，一般灰化到灰白色，无炭粒存在并达到恒量为止，一般需2～5h。灰化的时间过长，损失大，有些样品即使灰化完全，颜色也达不到灰白色，如Fe含量高的样品，残灰呈蓝褐色，Mn、Cu含量高的食品残灰呈蓝绿色，所以应根据样品不同来决定灰化终止的颜色。

(6) 加速灰化的方法 对于一些难灰化的样品（如蛋白质较高的食品），为了缩短灰化周期，采用加速灰化过程，一般可采用4种方法来加速灰化。

① 改变操作方法 样品初步灼烧后取出坩埚→冷却→在灰中加少量热水→搅拌使水溶性盐溶解，使包住的炭粒游离出来→蒸去水分→干燥→灼烧。

② 加氧化剂 加HNO_3（1∶1）、30% H_2O_2等，使未氧化的炭粒充分氧化并且生成CO_2和水，这类物质灼烧时完全消失，不至于增加残留物灰分的质量。

③ 加惰性物质 如MgO、$CaCO_3$等，使炭粒不被覆盖，此法同时做空白试验。

④ 添加助灰化剂 加入乙酸镁、硝酸镁等助灰化剂，镁盐随着灰化的进行而分解，与过剩的磷酸结合，残灰不会发生熔融而呈松散状态，避免炭粒被包裹，可大大缩短灰化时间。此法应做空白试验，以校正加入镁盐灼烧后分解产生氧化镁（MgO）的量。

(7) 测定步骤 在坩埚中称取一定量样品→在电炉中炭化至无烟→在550℃马弗炉中灼烧到灰白色→冷却到200℃→入干燥器冷却到室温→称重→灼烧1h→冷却→称重→重复→直到恒重→计算。

$$灰分(\%)=灰分质量/样品质量\times100\%$$

4. 水溶性灰分和水不溶性灰分的测定

(1) 原理 用热水提取总灰分，经无灰滤纸过滤，干燥、炭化、灰化至恒重，称量残留物，测得水不溶性灰分，由总灰分和水不溶性灰分的质量之差计算水溶性灰分。

(2) 测定步骤 总灰分+25mL水（加盖）→加热，用无灰滤纸过滤→热蒸馏水洗涤残渣（使水溶性灰分进入滤液），直至滤液和洗涤体积约达150mL→使残渣连同滤纸一起放回坩埚中灰化（干燥，灼烧）→称重→得到水不溶性灰分（水不溶性灰分除泥沙外，还有Fe、Al等金属氧化物和碱土金属的碱式磷酸盐）→计算。

$$水溶性灰分(\%)=总灰分(\%)-水不溶性灰分(\%)$$

5. 酸不溶性灰分和酸溶性灰分的测定

(1) 原理 用盐酸溶液处理总灰分，过滤、灼烧、称量残留物。

(2) 测定步骤 取总灰分的残留物，加入25mL 0.1mol/L的HCl，放在小火上轻微煮沸，用无灰滤纸过滤后，再用热水洗涤至不显酸性为止，将残留物连同滤纸置于坩埚中进行干燥、灰化，直到恒重。

$$酸不溶性灰分(\%)=残留物质量/样品质量\times100\%$$

$$酸溶性灰分(\%)=总灰分(\%)-酸不溶性灰分(\%)$$

三、脂肪的测定

1. 脂类的概念

脂类主要包括脂肪（甘油三酯）和类脂化合物（脂肪酸、糖脂、甾醇）。食品中的脂类脂肪是食物中三大营养素之一，食品中脂肪含量是衡量食品营养价值高低的指标之一。在食品加工生产过程中，原料、半成品、成品的脂肪含量对产品的风味、组织结构、品质、外观、口感等都有直接的影响。

2. 脂肪测定的意义

食品的脂肪含量可以用来评价食品的品质，衡量食品的营养价值，而且在实行工艺监督、生产过程的质量管理、研究食品的贮藏方式是否恰当等方面都有重要的意义。

3. 脂肪的测定

食品中的脂肪提取剂选择

食品中脂肪测定

自动脂肪测定仪测定食品中粗脂肪含量

(1) 提取剂选择 食品中脂肪的存在形式有游离态的，也有结合态的。游离态的脂如动物性脂肪和植物性脂肪。结合态的脂如天然存在的磷脂、糖脂、脂蛋白等中的脂肪与蛋白质或碳水化合物等成分形成的结合态。对大多数食品来说，游离态的脂肪是主要的，结合态的脂肪含量较少。脂类的结构比较复杂，提取出的都是粗脂肪。测定脂类大多采用低沸点的有机溶剂。常用的溶剂有乙醚、石油醚、氯仿-甲醇混合溶剂。其中乙醚溶解脂肪的能力强，应用最广泛。

① 乙醚 优点是沸点低（34.6℃），溶解脂肪能力比石油醚强。缺点是能被2%的水饱和，含水的乙醚抽提能力降低，而且乙醚易燃。使用乙醚时，样品不能含水分，必须干燥。而且使用乙醚时室内需空气通畅。乙醚一般贮存在棕色瓶中，放置一段时间后，光照射下就会产生过氧化物，过氧化物也容易爆炸。如果乙醚贮存时间过长，在使用前一定要检查有无过氧化物，如果有，应当除掉。

② 石油醚 石油醚溶解脂肪的能力比乙醚弱些，但吸收水分比乙醚少，并且没有乙醚易燃。使用时允许样品含有微量水分，它没有胶溶现象，不会夹带胶溶淀粉、蛋白质等物质。采用石油醚提取剂，测定值比较接近真实值。

乙醚、石油醚这两种溶剂仅适用于已烘干磨碎样品、不易潮解结块的样品，而且只能提取样品中游离态的脂肪，不能提取结合态的脂肪。对于结合态脂，必须预先用酸或碱破坏脂类。

③ 氯仿-甲醇 氯仿-甲醇对于脂蛋白、磷脂的提取效率较高，特别适用于水产品、家禽、蛋制品等食品脂肪的提取。

(2) 样品预处理 样品的预处理方法决定于样品本身的性质，牛乳预处理非常简单，而植物和动物组织的处理方法较为复杂。

① 粉碎 粉碎的方法很多，不论是切碎、研磨、绞碎还是采用均质等处理方法，应当使样品中脂类物理降解、化学降解以及酶降解减小到最低程度。

② 加海砂 有的样品易结块，用乙醚提取较困难，为了使样品保持散粒状，可以加一些海砂，一般加样品的4～6倍量，目的是使样品疏松，扩大与有机溶剂的接触面积，有利于萃取。

③ 加入无水硫酸钠 乙醚可被2%的水饱和，使乙醚渗入到组织内部抽提脂肪的能力降低，有些样品含水量高时可加入无水硫酸钠，用量以样品呈散粒状为准。

④ 干燥 干燥的目的是为了提高脂肪的提取效率。干燥时要注意温度。温度过高使脂肪氧化，与糖类、蛋白质结合变成复合脂；温度过低时脂肪易降解。

⑤ 酸处理 复合脂不能用非极性溶剂直接抽提，要用酸处理，主要是把结合的脂肪游

离出来。

⑥ 有些样品含有大量的碳水化合物，测定脂肪时应先用水洗掉水溶性碳水化合物再进行干燥、提取。

(3) 测定方法 由于食品的种类不同，其中脂肪含量及其存在形式也不相同，测定脂肪的方法也就不同。常用的测定方法有索氏提取法、酸水解法、碱水解法（罗兹-哥特里法）和盖勃法等。碱水解法、盖勃法主要用于乳及乳制品中脂类的测定。酸水解法测出的脂肪为全部脂类（游离态脂和结合态脂）。

① 索式提取法（经典方法） 索式提取法就是将样品经前处理后，放入圆筒滤纸内，将滤纸筒置于索式提取管中，利用乙醚或石油醚在水浴中加热回流，使样品中的脂肪进入溶剂中，回收溶剂后所得到的残留物，即为脂肪。采用这种方法测出的主要是食品中游离态脂肪含量，而结合态脂肪无法测出，此外还含有磷脂、色素、蜡状物、挥发油、糖脂等物质，所以用索氏提取法测得的脂肪也称之为粗脂肪。索式提取法是测定多种食品脂肪含量的经典方法，是 GB 5009.6—2016 第一法，对大多数样品检测结果比较可靠，但较耗时，且所需溶剂量大。此法适用于脂类含量较高，结合态的脂类含量较少，能烘干磨细，不易吸湿结块的样品的测定。

索式提取法所需仪器为索氏提取器，由 3 部分组成，即回流冷凝管、提取管和提脂瓶（接收瓶），如图 4-2 所示。

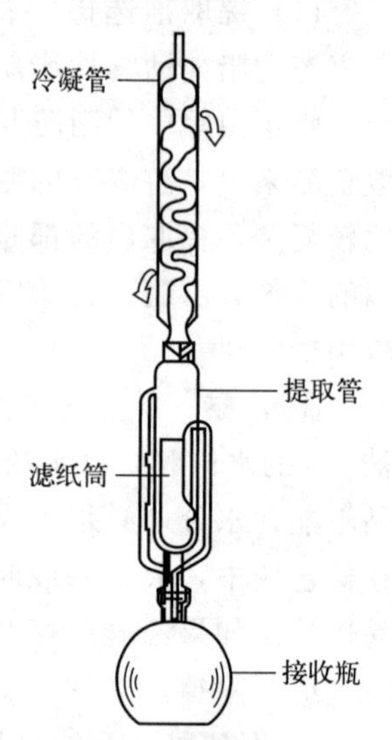

图 4-2 索式提取器

② 酸水解法 酸水解法就是将试样经盐酸水解后用无水乙醚或石油醚提取，除去溶剂即得游离态和结合态脂肪的总含量。本法适用于食品中游离态脂肪及结合态脂肪总量的测定，结合态脂肪就是用强酸使其游离出来的。

③ 碱水解法 牛乳中的脂类并不是以溶解状态存在，而是以脂肪球呈乳浊液状态存在，在它周围有一层膜，这层膜使脂肪球得以在乳中保持乳浊液的稳定状态，这层膜中含蛋白质、磷脂等许多物质。碱水解法就是利用氨-乙醇溶液破坏乳的胶体性状及脂肪球膜，使非脂成分溶解于氨-乙醇溶液中而脂肪游离出来，再用乙醚-石油醚抽提出脂肪，蒸馏去除溶剂后，残留物即为乳脂，此法也称为罗兹-哥特里法。该法适用于各种液状乳、炼乳、奶粉、奶油冰淇淋等含乳食品中脂肪的测定。

④ 盖勃法（Gerber 法） 盖勃法适用于乳及乳制品、婴幼儿配方食品中脂肪的测定，是在乳中加入硫酸破坏乳的胶质性和覆盖在脂肪球上的蛋白质外膜，离心分离脂肪后测量其体积。此法不适用于糖分含量高的样品，如采用此方法样品容易焦化，致使结果误差大。

一、面粉中水分的测定——直接干燥法（参照 GB 5009.3—2016 第一法）

【原理】

利用食品中水分的物理性质，在 101.3kPa、温度 101～105℃下采用挥发方法测定样品中干燥减失的重量，包括吸湿水、部分结晶水和该条件下能挥发的物质的重量，再通过干燥前后的称量数值计算出水分的含量。

【试剂】

海砂。

【仪器】

扁形铝制或玻璃制称量瓶；电热恒温干燥箱；干燥器；分析天平。

【步骤】

① 将称量瓶清洗干净，置于101～105℃干燥箱中，瓶盖斜支于瓶边，加热1h，取出盖好，置干燥器内冷却0.5h，称量，重复操作至恒重。前后两次质量差不超过2mg，即为恒重。

② 准确称取3～5g（精确至0.0001g）面粉于已恒重的称量瓶中，置于101～105℃干燥箱中，瓶盖斜支于瓶边，干燥3h，取出加盖，置于干燥器中冷却0.5h后称量。

③ 再置于101～105℃干燥箱中干燥1h后取出，于干燥器中冷却0.5h后，进行第二次称量。反复操作至最后两次质量相差不超过2mg为止，即为恒重。

【计算】

$$X=(m_1-m_2)/(m_1-m_3)\times 100$$

式中 X——试样中水分的含量，g/100g；

m_1——称量瓶（加海砂、玻璃棒）加面粉的质量，g；

m_2——称量瓶（加海砂、玻璃棒）加面粉干燥后的质量，g；

m_3——称量瓶（加海砂、玻璃棒）的质量，g；

100——单位换算系数。

水分含量≥1g/100g时，计算结果保留三位有效数字；水分含量＜1g/100g时，计算结果保留两位有效数字。

在重复性条件下获得的两次独立测定结果的绝对差值不得超过算术平均值的10%。

二、大米中灰分的测定（参照GB 5009.4—2016第一法）

【原理】

食品经灼烧后所残留的无机物质称为灰分。灰分一般经灼烧、称重后计算得出。

【试剂】

10%盐酸溶液：量取24mL分析纯浓盐酸，用蒸馏水稀释至100mL。

【仪器】

马弗炉、分析天平、石英坩埚或瓷坩埚、干燥器。

【步骤】

① 坩埚预处理　先用沸腾的稀盐酸洗涤，再用大量自来水洗涤，最后用蒸馏水冲洗。将洗净的坩埚置于高温炉内，在（900±25)℃下灼烧30min，并在干燥器内冷却至室温，称重，精确至0.0001g。

② 称样　大米样品粉碎均匀，过筛，准确称量5～6g样品，精确至0.0001g。将样品均匀分布在坩埚内，不要压紧。

③ 测定　将坩埚置于高温炉口或电热板上，半盖坩埚盖，小心加热使样品在通气情况下完全炭化至无烟。即刻将坩埚放入高温炉内，将温度升高至（900±25)℃，保持此温度直至剩余的炭全部消失为止，一般1h可灰化完毕。冷却至200℃左右，取出，放入干燥器中冷却30min。称量前如发现灼烧残渣有炭粒时，应向试样中滴入少许水湿润，使结块松散，蒸干水分后再次灼烧至无炭粒即表示灰化完全，方可称量。重复灼烧至前后两次称量相差不超过0.5mg为恒重。

【计算】

$$X=(m_1-m_2)/(m_3-m_2)\times 100$$

式中　X——样品中灰分的含量，g/100g；

m_1——坩埚和灰分的质量，g；

m_2——坩埚的质量，g；

m_3——坩埚和样品的质量，g；

100——单位换算系数。

试样中灰分含量≥10g/100g时，保留三位有效数字；试样中灰分含量<10g/100g时，保留两位有效数字。

在重复性条件下获得的两次独立测定结果的绝对差值不得超过算术平均值的5%。

【注意事项】

① 操作过程要小心，防止灰分飞散。

② 灰化后的样品可保留，供钙、铁、磷等成分的分析。

三、花生中粗脂肪的测定——索氏提取法（参照GB 5009.6—2016第一法）

【原理】

样品用无水乙醚或石油醚等溶剂抽提后，蒸发除去溶剂，干燥，得到游离态脂肪的含量。

【试剂】

无水乙醚或石油醚。

【仪器】

索氏提取器；恒温水浴锅；分析天平；电热鼓风干燥箱；干燥器；滤纸筒；磨砂玻璃棒

蒸发皿等。

【步骤】

① 准确称取已干燥至恒重的索氏提取器接收瓶。

② 试样处理：准确称取干燥花生仁 2～5g，准确至 0.001g，粉碎后全部移入滤纸筒（筒口放置少量脱脂棉）内。

③ 抽提：将滤纸筒放入索氏提取器的提取管内，连接已干燥至恒重的接收瓶，由提取管冷凝管上端加入无水乙醚或石油醚至瓶内容积的 2/3 处，于水浴上加热，使无水乙醚或石油醚不断回流抽提，回流速度控制在 6～8 次/h，一般抽提 6～10h。提取结束时，用磨砂玻璃棒接取 1 滴提取液，磨砂玻璃棒上无油斑表明提取完毕。

④ 称量：取下接收瓶，回收无水乙醚或石油醚，待接收瓶内溶剂剩余 1～2mL 时在水浴上蒸干，再于（100±5)℃干燥 1h，放干燥器内冷却 0.5h 后称量。重复以上操作直至恒重，即两次称量的差不超过 2mg。

【计算】

$$X=(m_1-m_2)/m_3\times100$$

式中 X——试样中粗脂肪的含量，g/100g；

m_1——恒重后接收瓶和粗脂肪的质量，g；

m_2——接收瓶的质量，g；

m_3——试样的质量，g；

100——换算系数。

计算结果表示到小数点后一位。

在重复性条件下获得的两次独立测定结果的绝对差值不得超过算术平均值的 10%。

【注意事项】

① 滤纸筒的准备：应将滤纸剪成长方形，卷成圆筒，将圆筒底部封好，最好放一些脱脂棉，避免向外漏样。滤纸筒应事先放入烧杯，于 100～105℃烘箱烘至恒重。

② 样品应干燥后研细，最好用测定水分后的样品。

③ 接收瓶在使用前应烘干至恒重，将接收瓶放在烘箱内干燥时，瓶口向一侧倾斜 45°，防止挥发物乙醚与空气形成对流，这样干燥迅速。

④ 所用乙醚必须是无水乙醚，如含有水分则可能将样品中的糖以及无机物提出，造成误差。

⑤ 放入滤纸筒的高度不能超过回流弯管，否则乙醚不易穿透样品，使脂肪不能全部提出，造成误差。

⑥ 冷凝管上端最好连接一个氯化钙干燥管，这样不仅可以防止空气中水分进入，还可以避免乙醚挥发到空气中。这样可防止实验室微小环境空气的污染，如无此装置，塞一团干脱脂棉球亦可。

⑦ 提取时注意水浴的温度不可过高，一般使乙醚刚开始沸腾即可（约 45℃），以每小时回流 6～8 次为宜。冬天和夏天冷凝水温度有差别，故提取温度也有差别。

⑧ 由于提取溶剂为易燃有机溶剂，故应特别注意防火。切忌明火加热，应用恒温水浴

锅等。

⑨ 脂肪测定的恒重概念有所区别，它表示最初达到的最低重量，即溶剂和水分完全挥发时的恒重，此后若继续加热，则因油脂氧化等原因会导致重量增加。

复习题

1. 食品中水分测定常用什么方法？它对被检验物有何要求？
2. 干燥法测定水分时如何判断恒重？
3. 蒸馏法测定水分的基本原理是什么？适用于哪些样品中水分的检测？
4. 下列各种食品的水分测定应采用哪种方法？

谷类食品、味精、香料、蜂蜜、淀粉糖浆、油脂中痕量水分

5. 食品灰分测定时为什么要进行炭化处理？
6. 对于难挥发的样品可采取什么措施加速灰化？
7. 为什么将食品灼烧后的残留物称为粗灰分？粗灰分与无机盐含量之间有什么区别？
8. 为什么用索氏提取法测定脂肪测得的为粗脂肪？测定中需注意哪些问题？

模块五　食品化学分析检验技术——滴定分析法

学习与职业素养目标

1. 重点掌握浓度的表示方法、标准溶液的配制和标定、滴定分析法的各种计算、滴定分析常用仪器的使用方法、滴定分析的误差要求。

2. 掌握滴定分析法的基本概念、具备的条件。

3. 了解滴定分析法的分类和滴定方式，培养精益求精的工匠精神。

必备知识

滴定分析法是定量化学分析中重要的一类分析方法，常用于测定含量≥1%的常量组分。此方法准确度高，一般情况下相对误差在0.2%以下，具有所用仪器简单，操作方便、快速等特点。在食品分析中应用非常广泛。

一、滴定分析法的基本概念、条件及滴定方式

1. 滴定分析法的基本概念

(1) 定义　滴定分析法，又称容量分析法。它是将已知准确浓度的试剂溶液（标准溶液），由滴定管滴加到被测物质的溶液中，直到所加的试剂溶液与被测物质按化学计量关系完全定量反应为止，根据试剂溶液的浓度和消耗的体积，计算被测物质的含量。

若被测物质A与试剂B按下列方程式进行化学反应：

$$aA+bB=\!=\!=cC+dD$$

则它的化学计量关系是：

$$n_A=\frac{a}{b}n_B \text{ 或 } n_B=\frac{b}{a}n_A$$

即A与B反应的摩尔比是$a:b$。式中，n_A为被测物质A的物质的量；n_B为试剂B的物质的量。

(2) 滴定分析中的常用术语

① 滴定剂：已知准确浓度的试剂溶液（标准溶液）。

② 滴定：将滴定剂由滴定管滴加到被测物质溶液中的操作过程。

③ 化学计量点：加入滴定剂的物质的量与被测物的物质的量按化学计量关系定量反应完全时，即反应达到了化学计量点（简称计量点）。

④ 指示剂：在滴定时，常在被测物质的溶液中加入一种辅助试剂，把颜色的变化作为化学计量点到达的信号而终止滴定，这种辅助试剂称为指示剂。

⑤ 滴定终点：在滴定过程中，指示剂恰好发生颜色变化的转变点，简称终点。

⑥ 终点误差：滴定终点与化学计量点不一定一致，由此而引起的分析误差。化学反应越完全，指示剂选择越恰当，终点误差就会越小。

2. 滴定反应的条件

适用于滴定分析法的化学反应，必须具备下列条件：

① 反应必须定量地完成。即反应严格按一定的化学计量关系进行，通常要求完全程度达到 99.9%以上，无副反应发生，这是定量计算的基础，否则不能定量计算。

② 反应速率要快。对于速率较慢的反应，应采取适当的措施（如加热、加催化剂等）来加快反应速率。

③ 能用比较简便的方法确定滴定终点，如加适当指示剂。

3. 滴定方式

常用的滴定方式有以下 4 种。

(1) 直接滴定法 用标准溶液直接滴定被测物质，利用指示剂或仪器测试指示化学计量点到达的滴定方式，称为直接滴定法。直接滴定法是滴定分析中最常用、最基本的滴定方法。凡是能满足滴定分析的上述三个条件的反应，都可以采用直接滴定法。例如，用 NaOH 标准溶液直接滴定 HCl、H_2SO_4 等；用 $AgNO_3$ 标准溶液直接滴定 Cl^- 等；用 $K_2Cr_2O_7$ 标准溶液滴定 Fe^{2+} 等。

如果反应不能完全符合上述滴定反应的条件时，可采用以下方式进行滴定。

(2) 返滴定法（回滴法） 通常是在被测试液中准确加入适当过量的标准溶液，待反应完全后，再用另一种标准溶液返滴定剩余的第一种标准溶液，从而测定被测组分的含量，这种方式叫返滴定法。返滴定法常用于滴定反应速率慢、反应物是固体的反应。例如，用 HCl 标准溶液滴定固体 $CaCO_3$，先加入过量的 HCl 标准溶液，然后用 NaOH 标准溶液返滴定剩余的 HCl，最后可通过计算得到 $CaCO_3$ 的量。此法也适用于没有合适指示剂的情况。例如，在酸性条件下用 $AgNO_3$ 标准溶液滴定 Cl^- 时，没有合适的指示剂，在滴定时可先加入过量的 $AgNO_3$ 标准溶液使 Cl^- 完全沉淀，再以 Fe^{3+} 为指示剂，用 NH_4SCN 标准溶液返滴定过量的 Ag^+，出现 $[Fe(SCN)]^{2+}$ 的淡红色即为滴定终点。

(3) 间接滴定法 某些被测组分不能直接与滴定剂反应，但可通过其他的化学反应，将被测组分转化为一种可被滴定的物质，再用标准溶液滴定，然后利用它们之间的化学计量关系间接测定目标组分含量。例如，用高锰酸钾法测定食品中的钙含量，Ca^{2+} 不会发生氧化还原反应，但可利用它与 $C_2O_4^{2-}$ 作用形成 CaC_2O_4 沉淀，洗涤过滤后，加入 H_2SO_4 使沉淀物溶解，把 $H_2C_2O_4$ 游离出来，用 $KMnO_4$ 标准溶液滴定 $C_2O_4^{2-}$，即采用氧化还原滴定法可间接测定 Ca^{2+} 含量。

(4) 置换滴定法 某些反应不按确定的反应方式进行，但可以先加入适当的试剂与被测物质发生化学反应，得到一种可滴定的物质，再用标准溶液滴定反应产物的滴定方式，称为置换滴定法。例如，用 K_2CrO_4 标定 $Na_2S_2O_3$ 溶液的浓度，因 K_2CrO_4 能把 $S_2O_3^{2-}$ 氧化为 SO_4^{2-} 或 $S_4O_6^{2-}$，故不能用 $Na_2S_2O_3$ 溶液直接滴定。通常采取在一定量的 K_2CrO_4 酸性溶液中加入过量的 KI 反应，析出一定量的 I_2 后，即可以淀粉作为指示剂，用 $Na_2S_2O_3$ 溶液滴定析出的定量的 I_2，通过计算可求出 $Na_2S_2O_3$ 溶液的浓度。

二、滴定分析法的分类

根据化学反应的类型不同，滴定分析法可分为下列 4 类：

1. 酸碱滴定法

酸碱滴定法是以酸碱中和反应为基础的滴定分析方法，如用强碱滴定强酸的基本反应式为：

$$H^+ + OH^- \xlongequal{\quad} H_2O$$

常用 HCl 或 H_2SO_4 标准溶液测定碱或碱性物质，用 NaOH 标准溶液测定酸或酸性物质。例如，测定食品中的蛋白质、氨基酸态氮、总酸度等。

2. 沉淀滴定法

沉淀滴定法是以沉淀反应为基础的滴定分析方法，应用最广泛的是银量法，反应式为：

$$Ag^+ + X^- \xlongequal{\quad} AgX$$

式中 X^- 为 Cl^-、Br^-、I^- 或 SCN^- 等离子。常用 $AgNO_3$、NH_4SCN 为标准溶液测定卤化物、硫氰酸盐、含 Ag^+ 的化合物等物质的含量。例如，食品中 NaCl 含量的测定。

3. 配位滴定法

配位滴定法是以配位反应为基础的滴定分析方法，应用较广泛的是用 EDTA 作标准溶液测定金属离子，反应式为：

$$M + Y \xlongequal{\quad} MY$$

式中：M 代表金属离子，Y 代表 EDTA 配位剂。例如，食品中钙含量的测定。

4. 氧化还原滴定法

氧化还原滴定法是以氧化还原反应为基础的滴定分析方法，可用氧化剂为标准溶液测定还原性物质，也可以用还原剂为标准溶液测定氧化性物质。应用较多的是 $KMnO_4$ 法、碘量法、K_2CrO_4 法等。例如食品中还原糖、维生素 C、H_2O_2 残留等的测定。

三、滴定分析常用仪器及其操作要求

滴定分析常用的仪器主要有滴定管、移液管、吸量管、容量瓶。

1. 滴定管

滴定管是滴定时用于准确测量所消耗的标准溶液体积的玻璃量器。滴定管分为酸式滴定管、碱式滴定管和酸碱两用滴定管三种，如图 5-1 所示。带有玻璃活塞的称为酸式滴定管，用来盛放酸性溶液或氧化性溶液，不能盛放碱性溶液，因其腐蚀玻璃造成活塞难以转动。带有一段橡皮管的称为碱式滴定管，用来盛放碱性溶液，不能盛放酸性或氧化性溶液，否则腐蚀橡皮管。橡皮管内放有一小玻璃珠，用来控制溶液的流量。酸碱两用滴定管，其旋塞是用聚四氟乙烯材料做成的，耐腐蚀、耐酸碱、密封性好，但价格相对较贵。常量分析的滴定管容积有 25mL 和 50mL 两种，最小刻度为 0.1mL，读数可估计到 0.01mL。

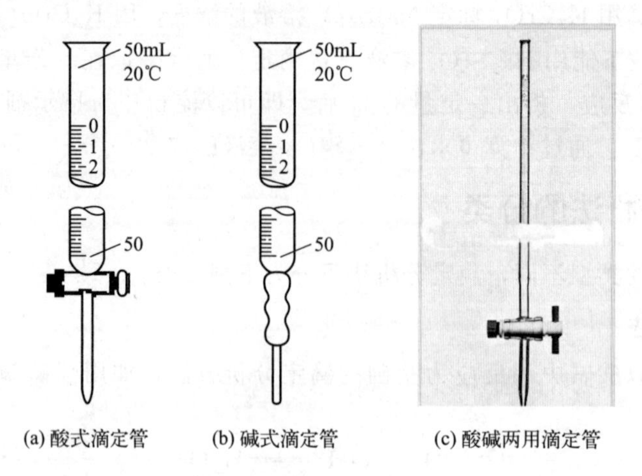

图 5-1 滴定管示意图

(1) 滴定管的准备 酸式滴定管在使用前应检查玻璃活塞是否转动灵活和是否漏水。如果玻璃活塞转动不灵活，应在塞子与塞槽内壁涂少许凡士林。涂凡士林的方法是：将活塞取出，用滤纸将活塞及活塞槽内的水擦干净，用手指蘸少许凡士林在活塞的两端各涂上一薄层，在活塞孔的两旁少涂一些，以免凡士林堵住活塞孔；将活塞正对直接插入活塞槽内，稍向活塞小头部分方向用力并向同一方向转动活塞，直到活塞中油膜均匀透明无气泡为止，如图 5-2 所示。注意不要将活塞小孔堵住，最后用橡皮圈套在活塞的小头沟槽上，以防活塞脱落。试漏的方法是：先将活塞关闭，在滴定管内注满水，擦干滴定管外部，将滴定管夹在滴定管夹上，放置 2min，观察管口及活塞两端是否有水渗出，然后将活塞转动 180°，再观察一次，如果前后两次均不漏水，活塞转动也灵活，即可使用。

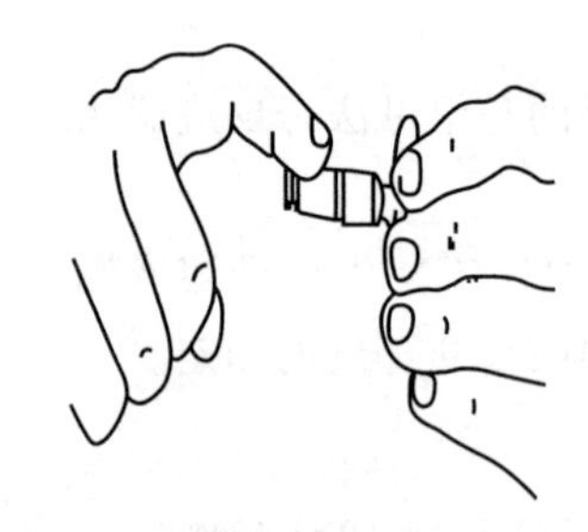

图 5-2 涂凡士林

碱式滴定管使用前应检查橡皮管是否老化、变质，玻璃珠是否适当，玻璃珠过大，操作不灵活；玻璃珠过小，则会漏水。如果有问题，则应更换橡皮管或玻璃珠。

酸碱两用滴定管使用前检查旋塞否灵活和是否漏水，通过调节旋塞的松紧程度到合适位置即可，不用涂凡士林。

(2) 滴定管的洗涤 滴定管先用水冲洗干净，再用蒸馏水润洗 3 次，然后将滴定溶液摇匀，用该溶液润洗 3 次，第一次用量约为 10mL，后两次用量约为 5mL。双手拿住滴定管两端无刻度部位，使之倾斜并慢慢转动，使溶液润湿内壁，然后打开活塞，先从管的上端放出部分溶液，再将溶液自下端全部放出，装入废液缸弃去。

(3) 操作溶液的装入 滴定管在装入溶液前，先将滴定溶液摇匀。装操作溶液时，混匀的溶液应直接倒入滴定管中，不要借助漏斗、烧杯等其他容器来转移，以免污染或影响溶液的浓度。

(4) 管嘴气泡的排出 滴定管装满溶液后，应检查管嘴是否有气泡，如果有气泡应将气泡排出。

酸式滴定管和酸碱两用滴定管排出气泡的方法是：右手拿滴定管上端，并使滴定管倾斜30°，左手迅速打开活塞，使溶液冲出管口，即可排出气泡。

碱式滴定管排出气泡的方法是：右手拿滴定管上端（或夹在滴定管架上），左手将橡皮管向上弯曲，拇指和食指捏住玻璃珠中稍偏上部位（注意防止玻璃珠滑动），挤压橡皮管使溶液从管口喷出，即可排出气泡，如图5-3所示。

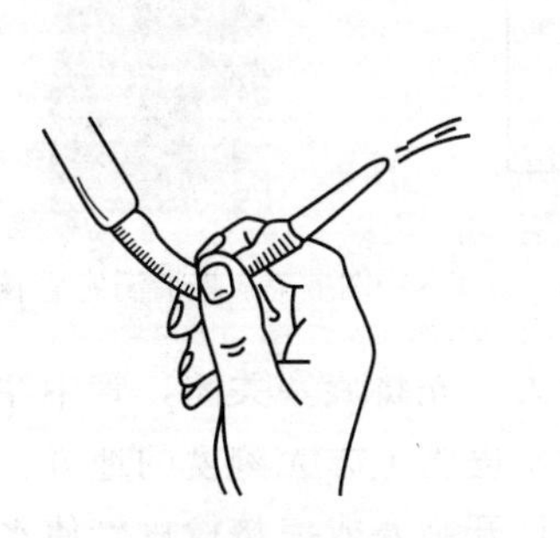

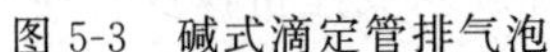

图5-3 碱式滴定管排气泡

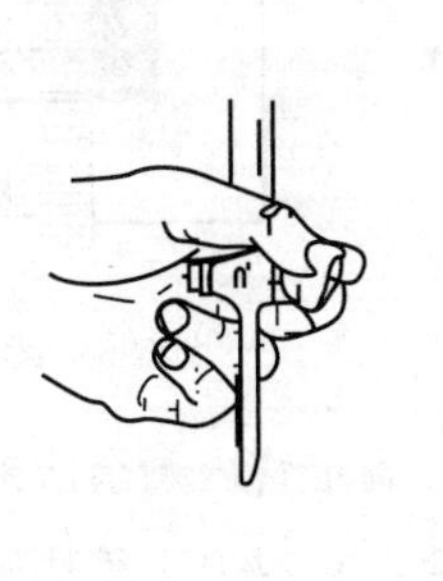

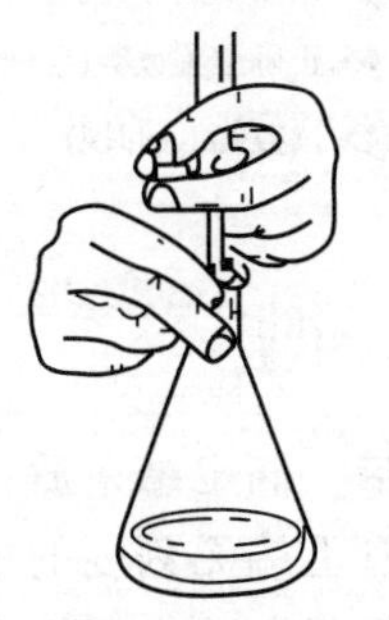

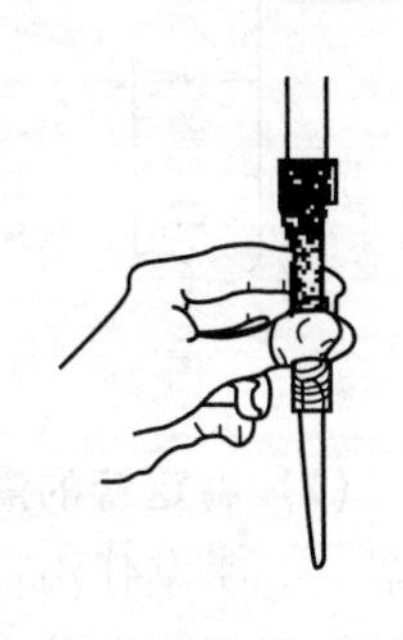

图5-4 滴定操作

(5) 滴定操作和半滴的控制 在每次滴定操作前，调节滴定管溶液在0刻度，或接近0刻度，并做好记录，以避免滴定管溶液不够用以及减小滴定误差。

滴定操作时，用左手拿滴定管，右手拿锥形瓶，如图5-4所示。使用酸式滴定管时，左手无名指和小指向手心弯曲，轻轻贴着出口部分，其他三个手指控制活塞，手心内凹，以免触动活塞而造成漏液。使用碱式滴定管时，左手拇指和食指轻轻捏挤玻璃珠一侧的胶管，使胶管与玻璃珠之间形成一个小缝隙，溶液即可流出。右手用拇指、食指和中指拿住锥形瓶，其余两指辅助在下侧，瓶底离滴定台高约2～3cm，滴定管下端伸入瓶口内约1cm。左手滴加溶液，同时右手不断摇动锥形瓶，使滴下去的溶液尽快混匀，摇瓶时，应微动腕关节，使溶液向同一方向转动。

有些样品宜在烧杯中滴定，将烧杯放在滴定台上，滴定管尖嘴伸入烧杯约1cm，不可靠壁，左手滴加溶液，右手拿玻璃棒向同一方向做圆周运动搅拌溶液，不要碰到烧杯壁，滴定接近终点时所加的半滴溶液可用玻璃棒下端轻轻沾下，再浸入溶液中搅拌，注意玻璃棒不要接触管尖。

滴定过程中左手不要离开活塞而任溶液自流，应控制适当的滴定速度，一般10mL 1min左右，当接近终点时要一滴一滴地加入，直到加最后半滴后溶液转色，15～30s不褪色即为滴定终点。即加一滴摇几下，最后还要加一次半滴溶液直至终点。加入半滴溶液的方法是：轻轻转动活塞或捏挤胶管，使溶液悬挂在出口管嘴上，形成半滴，用锥形瓶内壁将其沾落，再用洗瓶吹洗。

(6) 滴定管的读数 读数时将滴定管从滴定管架上取下，用右手拇指和食指捏住滴定管上部无刻度处，使滴定管保持垂直，然后读数。为了使读数清楚，可在滴定管后面衬一张纸卡作背景。同一实验每次滴定的初读数和末读数必须由一人来读取，以减小读数误差。读数方法是：注入溶液或放出溶液后，需等待1～2min，使附着在内壁上的溶液流下来再读数。滴定管内的液面呈弯月形，无色和浅显溶液读数时，视线应与弯月面下缘实线的最低点相切，即读取与弯月面相切的刻度，如图5-5和图5-6所示；深色溶液如高锰酸钾等的弯月面下缘较难看清，读数时，视线应与液面两侧的最高点相切，即读取与液面两侧的最高点在同一水平线上的刻度。使用蓝带滴定管时，液面呈现三角交叉点，读取交叉点与刻度相交点的读数，如图 5-7 所示。滴定管的读数必须读到毫升小数后第二位，即要求读到 0.01mL。

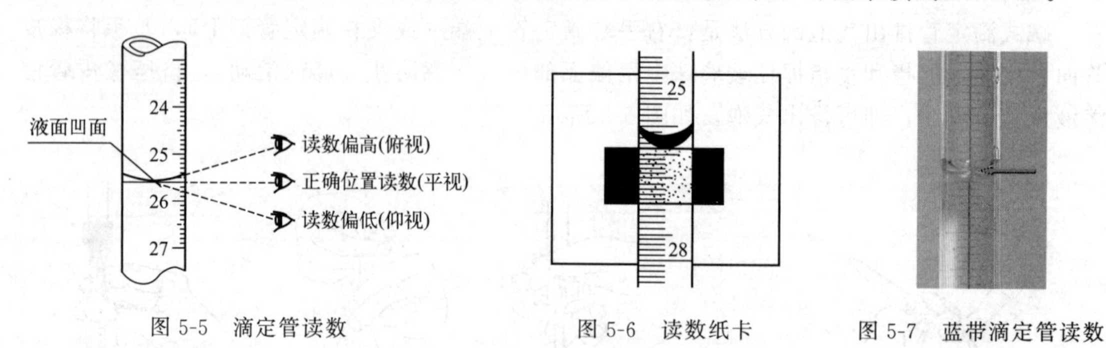

图 5-5　滴定管读数　　图 5-6　读数纸卡　　图 5-7　蓝带滴定管读数

(7) 滴定管的清洁　滴定结束后，滴定管内剩余溶液应弃去。先将旋塞关闭，管中注入水后，一手拿住滴定管上端无刻度的地方，另一手拿住旋塞或橡皮管上方无刻度的地方，边转动滴定管边向管口倾斜，使水浸湿全管。然后直立滴定管，打开旋塞或捏挤橡皮管使水从尖嘴口流出。反复 3～5 次至玻璃管内不挂水珠，夹于滴定管架上备用。

2. 移液管和吸量管

移液管和吸量管都是用于移取一定准确体积溶液的玻璃量器，如图 5-8 所示。移液管又称无分度吸管，是一根两端细长而中间膨大的玻璃管，在管的上端有一环形标线，在膨大部分标有容积和温度，用于移取某一固定体积的溶液。常用的移液管有 10mL、20mL、25mL、50mL 等规格。吸量管又称分度吸管，是具有分刻度的直形玻璃管，用于准确移取非固定体积的溶液，一般只用于量取小体积的溶液。常用的吸量管有 1mL、2mL、5mL、10mL 等规格。

(1) 洗涤　移液管和吸量管都可用自来水洗涤，再用蒸馏水洗净。较脏时或内壁挂水珠时，可用铬酸洗液洗净。其洗涤方法是右手拿移液管或吸量管，管的下口插入洗液中，左手拿洗耳球，先把球内空气压出，右手的拇指和中指捏住移液管或吸量管的上端，然后把洗耳球的尖端接在移液管或吸量管的上口，慢慢松开左手将洗液吸入移液管或吸量管中约 1/3 处时，用右手食指按住管的上口取出，端平移液管或吸量管并慢慢转动，使洗液接触到刻度以上部位，然后将洗液从上管口或下管口倒回原瓶中，沥净洗液，然后用自来水冲洗干净，再用蒸馏水润洗 3 次。移液管或吸量管洗净的标志是内壁不挂水珠，然后将其置于干净的移液管架上，备用。

(2) 待吸溶液润洗　将容量瓶中的待吸溶液倒入小烧杯中少许，用移液管或吸量管吸取溶液至 1/3 体积左右，端平移液管或吸量管并慢慢转动，使待吸溶液接触到刻度以上部位以置换内壁的水分，然后将待吸溶液从移液管或吸量管下管口放出，同时洗涤小烧杯，倒掉小烧杯中的溶液。如此用待吸溶液润洗至少 3 次。

(3) 吸取溶液　将容量瓶中的待吸溶液倒入已润洗的小烧杯中适量，用待吸溶液润洗过的移液管或吸量管吸取溶液至刻度以上，立即用右手食指按住上管口，把移液管或吸量管下端提离液面，并用干净的滤纸把插入液面的移液管或吸量管下管口外壁擦干。

(4) 调节液面　左手拿一洁净的小烧杯，将移液管或吸量管的下管口靠在小烧杯的内壁上，移液管或吸量管保持垂直，使移液管或吸量管与小烧杯保持 45°角。视线与标线水平，然后稍放松食指，并用拇指推动移液管或吸量管使其微微转动，使管内溶液慢慢从下管口流出，直至溶液的弯月面下缘实线的最低处与标线相切为止，立即用食指压紧上管口。

(5) 放液 把准备承接溶液的容器（锥形瓶、容量瓶等）稍倾斜，将移液管管尖靠着容器内壁，使管垂直，松开食指，使溶液沿器壁流下，待溶液流完后再静置15s，取出移液管，如图5-9所示。管上没有刻“吹”字的，切勿用洗耳球把管尖内的溶液吹出，因为在校正移液管时，已经考虑了末端所保留溶液的体积。

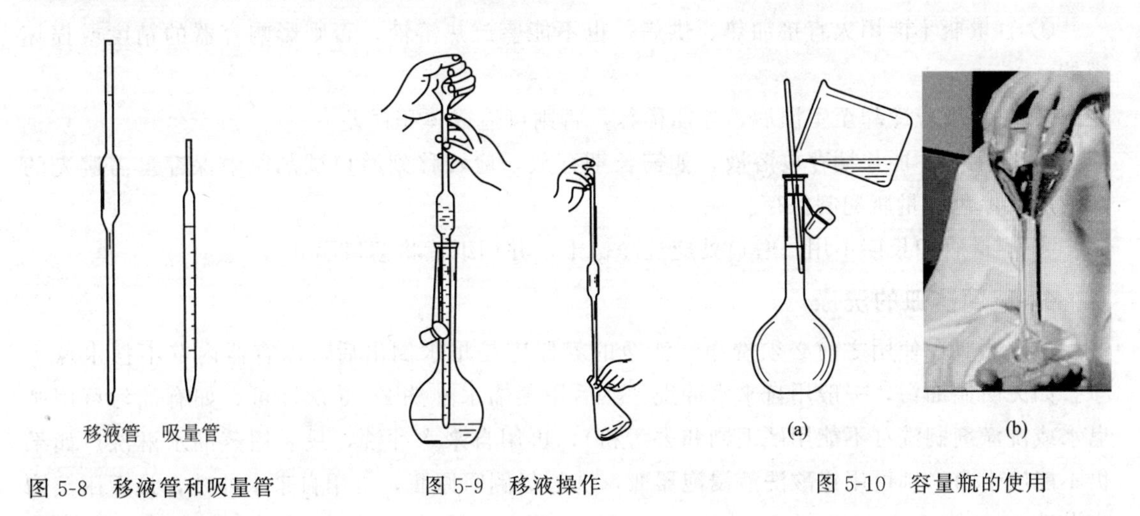

图5-8 移液管和吸量管 图5-9 移液操作 图5-10 容量瓶的使用

3. 容量瓶

容量瓶是用于配制和稀释溶液的容器。它是一种细长颈梨形平底玻璃瓶，由无色或棕色玻璃制成，带有磨口玻璃塞或塑料塞，瓶颈上刻有环形标线，在瓶上刻有温度和体积。常用的容量瓶有50mL、100mL、250mL、500mL、1000mL等规格。

(1) 使用方法

① 试漏 容量瓶在使用之前要检查瓶塞是否密合，检查方法是：将容量瓶装自来水至标线，盖紧瓶塞，用一只手掌心按住瓶塞，另一只手指尖顶住瓶底边沿，将瓶倒置2min，观察瓶口是否有水渗出，如不漏水，将容量瓶直立后把瓶塞转动180°，再检查一次，如不漏水，即可使用，如图5-10(b) 所示。

② 洗涤 容量瓶较脏或内壁挂水珠时，可用铬酸洗液洗净。洗涤时可将容量瓶中的水尽量倒空，然后倒入适量铬酸洗液，盖好瓶塞，边转动容量瓶边向瓶口倾斜至洗液布满全部内壁，放置几分钟，把洗液倒回原瓶。用自来水冲洗干净，再用蒸馏水润洗3次，备用。

③ 转移 如用固体为溶质配制溶液，先将准确称量好的固体物质放在烧杯中，加少量蒸馏水溶解后，再将溶液定量转移至容量瓶中。转移溶液时，用一玻璃棒斜插入容量瓶中，玻璃棒与瓶磨口不接触，下端接触瓶内壁，烧杯嘴紧靠玻璃棒，使溶液沿玻璃棒流入容量瓶中，如图5-9所示。溶液全部流完后，将烧杯沿玻璃棒轻轻上提，同时将烧杯直立，使附在玻璃棒与烧杯嘴之间的溶液流回烧杯中，再将玻璃棒放入烧杯中，用少量蒸馏水冲洗玻璃棒和烧杯内壁3～4次，并将洗液转入容量瓶中。

④ 稀释 溶液转入容量瓶后加蒸馏水稀释至3/4体积时，将容量瓶平摇几次，做初步混匀又可避免混合后体积的改变。然后继续加蒸馏水至标线附近，静置1～2min，用胶头滴

管逐滴加入蒸馏水，直至溶液的弯月面下缘实线的最低处与标线相切，盖紧瓶塞。

⑤ 摇匀　用一只手掌心按住瓶塞，另一只手指尖顶住瓶底边沿，将容量瓶倒转180°，使气泡上升到顶部，来回振荡几次，再倒转回来，如此反复数次。然后转动瓶塞约180°后，再按上述方法摇匀5次后即为混匀。

(2) 注意事项

① 容量瓶不能用火直接加热、烘烤，也不能盛放热溶液，否则影响容器的精度或损坏容器。

② 热溶液应冷却至室温后，才能稀释，否则可造成体积误差。

③ 容量瓶不能长期存放溶液，如需长期存放，应转移到磨口试剂瓶中保存。需避光的溶液应以棕色容量瓶配制保存。

④ 容量瓶如长期不用，磨口处应洗净擦干，并用纸片将磨口隔开。

4. 玻璃器皿的洗涤

玻璃器皿在使用之前必须洗净，洁净的容器应是将水倒出后，以容器内壁不挂水珠为净。如无明显油污，一般用自来水冲洗，然后用蒸馏水淋洗2～3次即可。如有油污可用肥皂水或洗涤剂刷洗（不能用硬毛刷和去污粉），再用自来水冲洗，最后用蒸馏水淋洗。如果仍不能洗干净，则可用铬酸洗液浸泡器皿，洗液仍倒回原瓶，再用自来水冲洗，最后用蒸馏水淋洗2～3次。

容器使用完毕后，应立即用自来水冲洗干净，并将各种容器放在相应的位置（如滴定管倒放在滴定管架上，移液管放在移液管架上），以备下次使用。

复习题

1. 名词解释：滴定分析法、滴定剂、滴定、化学计量点、指示剂、滴定终点、终点误差、基准物质、标定。

2. 基准物质应具备哪些条件？

3. 为什么移液管、滴定管在使用前必须用待装溶液润洗3次方可使用？

4. 为什么热溶液必须冷却后才能稀释定容？

5. 精密称取在220℃干燥至恒重的基准物质 $AgNO_3$ 2.2000g 溶于250mL蒸馏水中，求 $c(AgNO_3)$ 为多少？

6. 称取基准物质无水 Na_2CO_3 0.1352g，标定 HCl 溶液的浓度，消耗 $V(HCl)$ 为23.80mL，空白滴定消耗 $V(HCl)$ 为0.03mL，求 $c(HCl)$ 为多少？

7. 称取草酸钠基准物质多少克可配制500mL 0.1000mol/L 的 $Na_2C_2O_4$ 溶液？再准确移取上述溶液25.00mL用于标定 $KMnO_4$ 溶液的浓度，用去 $V(KMnO_4)$ 为24.86mL，求 $c(KMnO_4)$ 为多少？

8. 已知饱和 NaOH 溶液的密度为1.56g/cm³，质量分数为52%，计算 NaOH 溶液的浓度。配制0.1000mol/L NaOH 溶液1000mL，应取该上清液多少毫升？

模块六　食品化学分析检验技术——酸碱滴定法

学习与职业素养目标

1. 重点掌握食品中的酸度测定方法、凯氏定氮法、氨基酸态氮测定方法的基本原理及操作技术，培养安全实验、规范操作、严谨细致的职业素养。

2. 一般掌握本模块涉及的其他分析方法等。

3. 了解酸碱滴定的基本原理等。

必备知识

一、酸碱滴定的基本原理

酸碱滴定是滴定分析法的一种，是以酸碱中和反应为基础的一种滴定分析方法。酸碱滴定的应用很广，它可以直接测定具有酸性或碱性的物质，也可以间接测定能在反应中定量生成的酸或碱的物质。常用的滴定剂是强酸或强碱，如盐酸（HCl）、硫酸（H_2SO_4）、氢氧化钠（NaOH）、氢氧化钾（KOH）等。酸碱反应的实质是 H^+ 和 OH^- 的反应，其反应式为：

$$H^+ + OH^- \longrightarrow H_2O$$

酸碱滴定的特点是反应机理简单，反应速率快，反应能按一定反应式定量进行，即加入标准溶液的物质的量与被测物质的物质的量恰好是化学计量关系；滴定化学计量点能有较好的方法指示，可以选择恰当的酸碱指示剂确定化学计量点，也可用电位法。该法快速、准确，仪器设备简单、操作简便；此法适于组分含量在1%以上各种物质的测定。

1. 酸碱指示剂

(1) 指示剂的变色原理　酸碱指示剂一般是一类有机弱酸或弱碱。当溶液的 pH 变化时，引起指示剂解离平衡移动，指示剂失去质子或得到质子而引起结构的改变，从而引起颜色的改变。如酚酞，是一种有机弱酸（常用 HIn 表示酸性指示剂），其颜色变化如下：

$$\underset{\text{无色}}{HIn} \rightleftharpoons H^{+} + \underset{\text{红色}}{In^{-}}$$

上式反应是可逆的，当 H^+ 浓度增大时，平衡向左移动，酚酞以酸式结构存在，溶液为无色；当 OH^- 浓度增大时，平衡向右移动，酚酞以碱式结构存在，溶液变成红色。

又如甲基橙，是一种有机弱碱（常用 InOH 表示碱性指示剂），其颜色变化如下：

$$\underset{\text{黄色}}{InOH} \rightleftharpoons OH^{-} + \underset{\text{红色}}{In^{+}}$$

当 H^+ 浓度增大时，平衡向右移动，甲基橙以酸式结构存在，溶液为红色；当 OH^- 浓度增大时，平衡向左移动，甲基橙以碱式结构存在，溶液为黄色。

(2) 指示剂的变色范围 常将指示剂颜色变化的 pH 区间称为变色范围。

现以酸性指示剂为例说明指示剂的颜色变化与 pH 的关系。HIn 的解离平衡如下式：

$$HIn \rightleftharpoons H^{+} + In^{-}$$

则有：

$$K_{HIn} = \frac{[H^+][In^-]}{[HIn]}$$

$$[H^+] = K_{HIn}\frac{[HIn]}{[In^-]}$$

两边取负对数得：

$$pH = pK_{HIn} - \lg\frac{[HIn]}{[In^-]}$$

当 $[HIn]=[In^-]$ 时，溶液表现为酸式色和碱式色的中间颜色，此时 $pH=pK_{HIn}$，称为指示剂的理论变色点。

一般说来，当 $[HIn]/[In^-]\geqslant 10$ 时，观察到的是 HIn 的颜色，此时 $pH=pK_{HIn}-1$；当 $[HIn]/[In^-]\leqslant 1/10$ 时，观察到的是 In^- 的颜色，此时 $pH=pK_{HIn}+1$。由此可知，指示剂的理论变色范围是 $pH=pK_{HIn}\pm 1$，为 2 个 pH 单位。但实际观察到的大多数指示剂的变色范围小于 2 个 pH 单位（见表 6-1），另外，指示剂的变色范围还受到温度、溶剂等的影响。

表 6-1 常用酸碱指示剂

指示剂	酸式色	碱式色	变色范围	pK_{HIn}	配制浓度
百里酚蓝(第一次变色)	红色	黄色	1.2～2.8	1.6	0.1%的 20%乙醇溶液
甲基黄	红色	黄色	2.9～4.0	3.3	0.1%的 90%乙醇溶液
甲基橙	红色	黄色	3.1～4.4	3.4	0.05%的水溶液
溴酚蓝	黄色	紫色	3.1～4.6	4.1	0.1%的 20%乙醇或其钠盐水溶液
溴甲酚绿	黄色	蓝色	3.8～5.4	4.9	0.1%水溶液
甲基红	红色	黄色	4.4～6.2	5.2	0.1%的 60%乙醇或其钠盐水溶液
溴百里酚蓝	黄色	蓝色	6.0～7.6	7.3	0.1%的 20%乙醇或其钠盐水溶液
中性红	红色	黄橙色	6.8～8.0	7.4	0.1%的 60%乙醇溶液
酚红	黄色	红色	6.7～8.4	8.0	0.1%的 60%乙醇或其钠盐水溶液
百里酚蓝(第二次变色)	黄色	蓝色	8.0～9.6	8.9	0.1%的 20%乙醇溶液
酚酞	无色	红色	8.0～9.6	9.1	0.1%的 90%乙醇溶液
百里酚酞	无色	蓝色	9.4～10.6	10.0	0.1%的 90%乙醇溶液

指示剂的变色范围过宽，误差增大，有时为了提高分析结果的准确性，可采用混合指示剂，因混合指示剂具有变色范围窄，变色敏锐的特点。混合指示剂有两类：一类是由两种或两种以上的解离常数较为接近的指示剂按一定比例混合而成；另一类是由惰性染料和一种指示剂混合而成。

2. 酸碱滴定曲线和指示剂的选择

在酸碱滴定过程中，溶液的 pH 值随着滴定剂的加入而不断变化，在化学计量点前后一定范围（相对误差±0.1%）内，溶液 pH 值有一变化范围，指示剂只有在这一范围内发生颜色改变，才能准确指示滴定终点。

现以强碱滴定强酸为例讨论酸碱滴定过程中 pH 值的变化规律和指示剂的选择原则。

(1) 滴定曲线 用 0.1000mol/L NaOH 滴定 20.00mL 0.1000mol/L HCl，整个滴定过程可分四个阶段加以叙述。

① 滴定开始前。溶液的 pH 值取决于 HCl 的原始浓度，由于盐酸是强酸，$c(H^+)=0.1000mol/L$，pH=1.00。

② 滴定至化学计量点前。溶液的 pH 由剩余 HCl 的浓度决定。

$$[H^+]=\frac{c(HCl)\times 剩余\ HCl\ 溶液的体积}{溶液的总体积}$$

如加入 NaOH 溶液 19.98mL，溶液中 99.90% 的酸被中和（−0.1%相对误差）时，

$$[H^+]=0.1000\times\frac{20.00-19.98}{20.00+19.98}=5.0\times10^{-5}(mol/L) \qquad pH=4.30$$

③ 化学计量点时。NaOH 与 HCl 恰好完全中和，溶液呈中性，

$$[H^+]=[OH^-]=1.0\times10^{-7}mol/L \qquad pH=7.00$$

④ 化学计量点后。溶液的 pH 决定于过量的 NaOH 浓度。

$$[OH^-]=c(NaOH)\times\frac{过量\ NaOH\ 溶液的体积}{溶液总体积}$$

如加入 NaOH 溶液 20.02mL（+0.1%相对误差）时，

$$[OH^-]=0.1000\times\frac{20.02-20.00}{20.02+20.00}=5.0\times10^{-5}mol/L \qquad pOH=4.30$$

用上述方法可计算出滴定过程中各点的 pH 值，并将其结果以 NaOH 的加入量为横坐标，溶液的 pH 值为纵坐标，绘制 pH-V 关系曲线，称为滴定曲线，如图 6-1 所示。

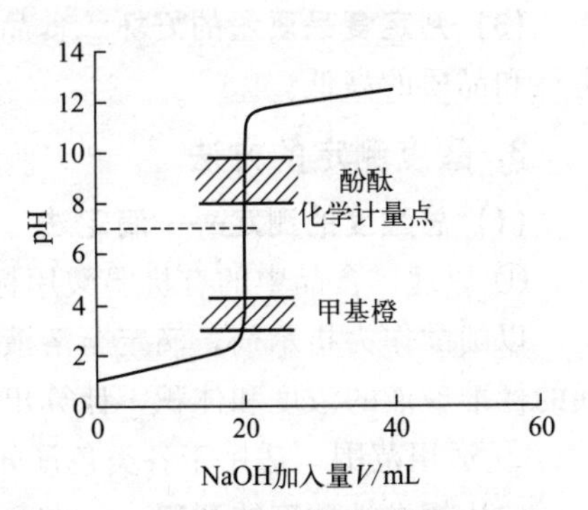

图 6-1 0.1mol/L NaOH 滴定 20mL 0.1mol/L HCl 的滴定曲线

由图 6-1 可以看出，从滴定开始到滴入 NaOH 溶液 19.98mL，曲线比较平坦，溶液的 pH 仅变化 3.30 个 pH 单位。但当滴入 NaOH 溶液从 19.98mL 至 20.02mL，约 1 滴时，溶液的 pH 由 4.30 急剧上升到 9.70，变化了 5.40 个 pH 单位。这种在化学计量点前后相对误差为±0.1%范围内的溶液 pH 的突变，称为滴定突跃，其所对应的 pH 值范围称为滴定突跃范围。突跃后继续滴入 NaOH，曲线又较为平坦。

(2) 指示剂的选择和酸碱滴定的判据

滴定突跃是指示剂选择的依据，也是酸碱滴定能否进行的依据。凡是变色范围全部或部分落在滴定突跃范围内的指示剂，都可用来指示滴定终点。由图 6-1 可看出，甲基橙、甲基红、酚酞、溴酚蓝、溴百里酚蓝等均可作为滴定的指示剂。由此可见，滴定突跃范围越小，可供选择的指示剂就越少。影响滴定突跃范围的原因有酸（碱）溶液的浓度和强度。滴定突跃范围小于 0.3pH 单位，人眼不能辨别指示剂颜色的变化，滴定不能进行。弱酸（弱碱）能被强碱（强酸）直接准确滴定的判据是 cK_a（或 cK_b）$\geqslant 10^{-8}$，对于多元酸（多元碱）的滴定，同时满足 K_{a1}/K_{a2}（或 K_{b1}/K_{b2}）$\geqslant 10^4$ 条件，则有两个滴定突跃，可分步滴定。

二、酸度的测定

食品中酸性物质和酸度

1. 酸度的概念

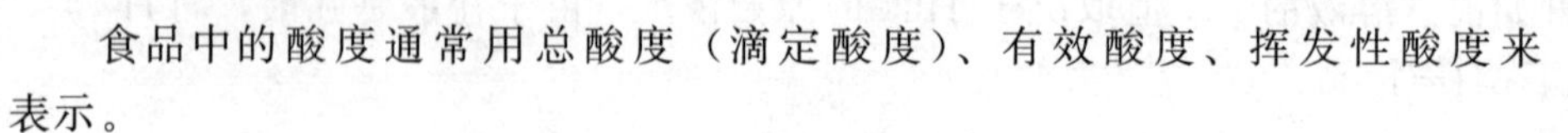

食品中的酸度通常用总酸度（滴定酸度）、有效酸度、挥发性酸度来表示。

(1) 总酸度 总酸度是指食品中所有酸性物质的总量，包括已离解的酸浓度和未离解的酸浓度，采用标准碱液来滴定，并以样品中主要代表酸的含量表示。

(2) 有效酸度 有效酸度指样品中呈离子状态的氢离子的浓度（严格地讲是活度），用 pH 计进行测定，用 pH 值表示。

(3) 挥发性酸度 挥发性酸度指食品中易挥发的有机酸。如乙酸、甲酸及丁酸等，可用直接或间接法进行测定。

2. 酸度测定的意义

(1) 判断果蔬的成熟程度 不同种类的水果和蔬菜，酸的含量因成熟度、生长条件而异，一般成熟度越高，酸的含量越低。例如，番茄在成熟过程中，总酸度从绿熟期的 0.94%下降到完熟期的 0.64%，同时糖的含量增加，糖酸比增大，具有良好的口感。

(2) 判断食品的新鲜程度 例如，新鲜牛奶中的乳酸含量过高，表明牛奶已腐败变质；番茄制品和啤酒制品中乳酸含量高时，说明已由乳酸菌引起腐败；水果制品中有游离的半乳糖醛酸，说明受到霉烂水果的污染。

(3) 判定食品质量的好坏 食品中有机酸含量的多少，直接影响食品的风味、色泽、稳定性和品质的高低。

3. 酸度测定的方法

食品酸度测定方法

(1) 总酸度的测定——滴定法

① 原理 食品中的有机弱酸用标准碱液进行滴定时，被中和生成盐类。以酚酞作为指示剂，滴定至溶液显淡红色，30s 不褪色为终点。根据所消耗的标准碱液的浓度和体积，计算出样品中酸的含量。

② 适用范围 适用于各类色泽较浅的食品中总酸度的测定。

(2) 挥发性酸度的测定——水蒸馏法 食品中的挥发酸主要是指乙酸和痕量的甲酸、丁酸等一些低碳链的直链脂肪酸。原料本身也含有一定的挥发酸。正常生产的食品中，挥发酸的含量较为稳定，如若在生产中使用了不合格的原料或违反正常的工艺操作或罐装前放置过久，都将会由于糖的发酵而使挥发酸含量增加，从而降低食品的品质。因此，挥发酸的含量是某些食品的一项主要的控制指标。

挥发酸的测定可用直接法和间接法。直接法是通过水蒸气蒸馏或溶剂萃取把挥发酸分离出来，再用标准碱液进行滴定；间接法是将挥发酸蒸发除去后，用标准碱液滴定不挥发酸，最后从总酸度中减去不挥发酸的含量，便是挥发酸的含量。直接法操作方便，较常用，适用于挥发酸含量比较高的样品。若蒸馏液有所损失或被污染，或样品中挥发酸含量较低时，适于选用间接法。

下面介绍在食品分析中常用的水蒸馏法。

① 原理 挥发酸可用水蒸气蒸馏使之分离，加入磷酸可以使结合的挥发酸离析。经冷凝收集后，可用标准碱液滴定。根据所消耗的标准碱液的浓度和体积，计算挥发酸的含量。

② 适用范围 适用于各类饮料、果蔬及其制品（如发酵制品等）中挥发酸含量的测定。

③ 水蒸气蒸馏装置 见图 6-2 所示。

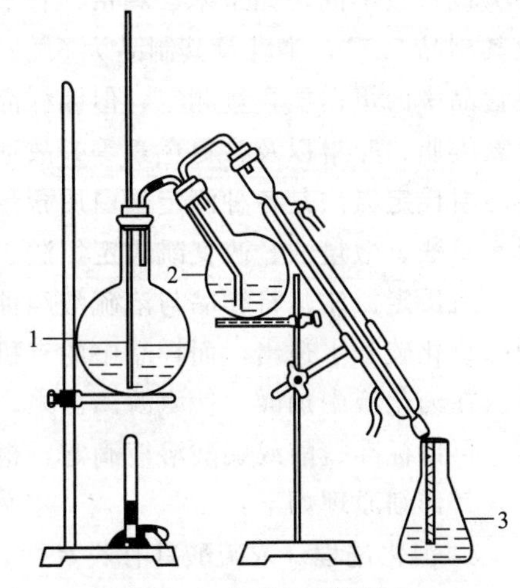

图 6-2 水蒸气蒸馏装置
1—蒸汽发生器；2—样品瓶；3—接收瓶

(3) 有效酸度的测定方法——电位法 常用的测定溶液 pH 的方法有比色法和电位法两种。比色法是利用不同的酸碱指示剂比较来判断有效酸度，具有简便、经济、快速等优点，但结果不甚准确，仅能粗略地估计各类样液的有效酸度。电位法适用于各类饮料、果蔬及其制品以及肉、蛋类等食品中 pH 的测定，具有准确度较高（可精确到 0.01）、操作简便、不受试样本身颜色的影响等优点，在食品检验中得到广泛的应用。下面介绍在食品分析中常用的电位法。

① 原理 将玻璃电极（指示电极）和甘汞电极（参比电极）插入被测溶液中组成一个电池，其电动势与溶液的 pH 值有关，通过对电池电动势的测量即可测定溶液的 pH。

② 仪器 酸度计。酸度计是由电极和电位计两部分组成的。电极与被测液组成工作电池，电池的电动势用电位计测量。目前各种酸度计的结构越来越简单、紧凑，并趋向数字显示式。常见的酸度计如 pHS-3C 型等。

三、蛋白质的测定

1. 蛋白质测定的意义

食品中的蛋白质和测定意义

蛋白质是食品营养价值的重要指标。蛋白质的含量因食品的不同而不同，通常动物性食品的蛋白质含量高于植物性食品。测定食品中蛋白质的含量对于评价食品的营养价值、合理开发利用食品资源、指导生产、优化食品配方、提高产品质量具有重要的意义。

2. 蛋白质测定的方法

蛋白质测定最常用的方法是凯氏定氮法，它是测定总有机氮的最准确和操作较简便的方法之一，应用普遍。此外，双缩脲分光光度比色法、染料结合分光光度比色法、酚试剂法等也常用于蛋白质含量测定，由于方法简便快速，多用于生产单位质量控制分析。近年来，国外采用红外检测仪对蛋白质进行快速定量分析。

由于食品中氨基酸成分复杂多样，因此在一般的常规检验中，对食品中氨基酸含量的测定多测定样品中的氨基酸总量，通常采用酸碱滴定法来完成。这里主要介绍凯氏定氮法、分光光度比色法。

(1) 凯氏定氮法 (GB 5009.5—2016 第一法)

① 原理　新鲜的食品中含氮化合物主要是蛋白质，所以检验食品中的蛋白质时往往测定总氮含量，然后乘以蛋白质的换算系数即可得到蛋白质含量。含氮是蛋白质的共性，是区别于其他有机化合物的标志，不同食品蛋白质中氨基酸的比例不同，故含氮量也不同，一般蛋白质含氮量为16%，也就是1份氮相当于6.25份蛋白质。此值为蛋白质系数，不同食品种类该系数不同，如玉米、鸡蛋、青豆、荞麦等为6.25，花生为5.46，大米为5.95，大豆及其制品5.71，牛乳及其制品为6.38，小麦为5.70。凯氏定氮法可用于所有动物性、植物性食品中的蛋白质含量测定，但因样品中常含有非蛋白质的含氮化合物，如核酸、生物碱、含氮类脂、卟啉以及含氮色素等，故通常将测定结果称为粗蛋白含量。

凯氏定氮法是各种测定蛋白质含量方法的基础，经过长期应用和不断改进，至今已演变成常量法、微量法、改良凯氏定氮法、自动定氮仪法、半微量法等多种方法。

凯氏定氮法是将样品与浓硫酸和催化剂共同加热，使蛋白质分解，其中的碳和氢被氧化为二氧化碳和水逸出，而样品中的有机氮转化为氨，并与硫酸结合成硫酸铵，此过程称为消化。在消化液中加碱，使氨游离出来，再通过水蒸气蒸馏，使氨蒸出，用硼酸吸收形成硼酸铵，再以标准盐酸或硫酸溶液滴定，根据标准酸液消耗量可计算出蛋白质的含量。

其详细原理如下：

a. 消化过程。浓硫酸具有脱水性，使蛋白质分解，其中碳和氢被氧化为二氧化碳和水逸出，同时有机氮转化为氨，氨随之与硫酸作用生成硫酸铵留在酸性溶液中。

在消化过程中，为了缩短消化时间，加速蛋白质的分解，常加入催化剂硫酸钾和硫酸铜。加入硫酸钾的目的是为了提高溶液的沸点，加快有机物分解。硫酸钾与硫酸作用生成的硫酸氢钾可提高反应温度，一般纯硫酸的沸点在340℃左右，而添加硫酸钾后，可使温度提高至400℃以上，而且随着消化过程中硫酸不断地被分解，水分不断逸出使硫酸氢钾的浓度逐渐增大，故沸点不断升高。

硫酸钾的加入量也不能太多，否则消化体系温度过高，又会引起已生成的铁盐发生热分解析出氨而造成损失。

除硫酸钾外，也可以加入硫酸钠、氯化钾等盐类来提高沸点，但效果不如硫酸钾。

硫酸铜起催化剂的作用。凯氏定氮法中可用的催化剂种类很多，除硫酸铜外，还有氧化汞、汞、硒粉等，但考虑到效果、价格及环境污染等多种因素，应用最广泛的是硫酸铜，使用时常加入少量过氧化氢、次氯酸钾等作为氧化剂以加速有机物的氧化分解，此反应不断进行，待有机物全部被消化完后，不再有硫酸亚铜（Cu_2SO_4 褐色）生成，溶液呈现清澈的二价铜的蓝绿色。故硫酸铜除了起催化剂的作用外，还可指示消化终点的到达，以及下一步蒸馏中作为碱性反应的指示剂。

b. 蒸馏。在消化完全的样品消化液中加入浓氢氧化钠溶液使其呈碱性，此时氨游离出来，加热蒸馏即可释放出氨气。

c. 吸收与滴定。蒸馏所释放出来的氨，用硼酸溶液进行吸收。硼酸呈微弱酸性（$K_{a1}=5.8\times10^{-10}$），与氨反应生成盐，待吸收完全后，再用盐酸标准溶液滴定，计算总氮含量。

② 适用范围　可应用于各类食品中蛋白质含量的测定，不适用于加无机含氮物质或有

机非蛋白含氮物质的食品测定。

③ 特点　凯氏定氮法是各种测定蛋白质含量方法的基础，具有应用范围广、灵敏度较高、回收率较好以及可以不用昂贵仪器等优点。但操作费时，对于高脂肪、高蛋白质的样品消化需要5h以上，且在操作中会产生大量有害气体而污染工作环境，影响操作人员健康。

④ 仪器设备　微量凯氏定氮装置见图6-3。

(2) 分光光度测定法（GB 5009.5—2016第二法）

① 原理　食品与硫酸和催化剂一同加热消化，使蛋白质分解，分解的氨与硫酸结合生成硫酸铵。然后在pH4.8的乙酸钠-乙酸缓冲溶液中，硫酸铵与乙酰丙酮和甲醛反应生成黄色的3,5-二乙酰-2,6-二甲基-1,4-二氢化吡啶化合物。在波长400nm处测定吸光度，与标准系列比较定量，结果乘以换算系数，即为蛋白质含量。

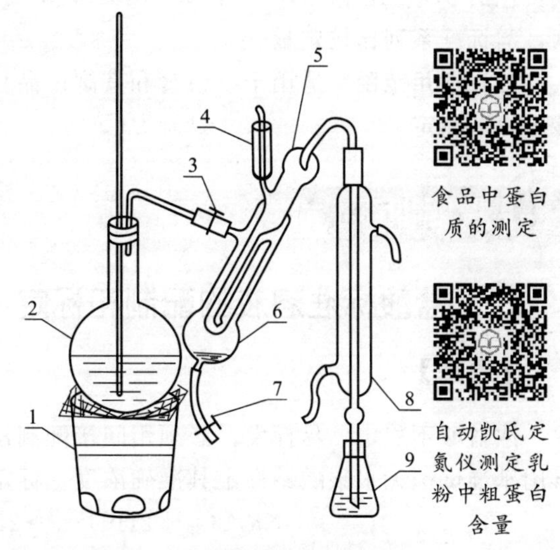

图6-3　微量凯氏定氮装置

1—电炉；2—蒸汽发生器（2L平底烧瓶）；3—螺旋夹；4—小漏斗及棒状玻璃塞；5—反应室；6—反应室外层；7—橡胶管及螺旋夹；8—冷凝管；9—蒸馏液接收瓶

② 适用范围　可应用于各类食品中蛋白质含量的测定，不适用于加无机含氮物质或有机非蛋白含氮物质的食品测定。

③ 特点　满足对工艺过程的快速控制分析的要求，具有环境污染少、操作简便、省时等特点。

四、氨基酸态氮的测定

氨基酸含量一直是某些发酵产品如调味品的质量指标，也是目前许多保健食品的质量指标之一。与蛋白质中的氨基酸结合状态不同，呈游离状态的氨基酸，其含氮量可直接测定，故称氨基酸态氮。

食品中氨基酸态氮的含量常用酸度计法和比色法测定。

1. 酸度计法（GB 5009.235—2016第一法）

(1) 原理　氨基酸具有酸性的羧基（—COOH）及碱性的氨基（$—NH_2$），根据氨基酸的两性作用，加入甲醛时与碱性的氨基（$—NH_2$）结合，使碱性消失，羧基显示出酸性。将酸度计的玻璃电极及甘汞电极同时插入被测液中构成电池，再用氢氧化钠标准溶液滴定羧基，根据酸度计指示的pH判断和控制滴定终点。

(2) 适用范围　适用于以粮食和其副产品豆饼、麸皮等为原料酿造或配制的酱油，以粮食为原料酿造的酱类，以黄豆、小麦粉为原料酿造的豆酱类食品中氨基酸态氮的测定。

(3) 特点　准确快速，浑浊和色深样液可不经处理直接测定。

2. 比色法（GB 5009.235—2016第二法）

(1) 原理　在pH4.8的乙酸钠-乙酸缓冲溶液中，氨基酸态氮与乙酰丙酮和甲醛反应生成黄色的3,5-二乙酰-2,6-二甲基-1,4-二氢化吡啶氨基酸衍生物。在波长400nm处测定吸光度，与标准系列比较定量。

(2) 适用范围 适用于以粮食和其副产品豆饼、麸皮等为原料酿造或配制的酱油中氨基酸态氮的测定。

一、盐酸标准溶液的配制和标定（参照GB/T 5009.1—2003）

【原理】

浓盐酸不稳定，易挥发，必须用间接配制法配制标准溶液。先将盐酸配制成近似浓度，再用基准试剂无水碳酸钠标定其准确浓度。标定反应原理：

$$Na_2CO_3+2HCl \longrightarrow 2NaCl+CO_2\uparrow+H_2O$$

标定时为缩小指示剂的变色范围，用溴甲酚绿-甲基红混合指示剂，该混合指示剂的碱式色为暗绿，它的变色点pH值为5.1，其酸式色为暗红色，使颜色变化更加明显，终点更容易判断。

【试剂】

浓盐酸；无水碳酸钠（基准试剂）；溴甲酚绿；甲基红；乙醇。

【仪器】

分析天平；酸式滴定管50mL；三角烧瓶250mL；瓷坩埚；称量瓶；容量瓶；量筒；标签；研钵等。

【步骤】

(1) 配制

① 0.05mol/L盐酸标准溶液：量取4.5mL浓盐酸，加适量水并稀释至1000mL。

② 0.1mol/L盐酸标准溶液：量取9mL浓盐酸，加适量水并稀释至1000mL。

③ 1.0mol/L盐酸标准溶液：量取90mL浓盐酸，加适量水并稀释至1000mL。

④ 溴甲酚绿-甲基红混合指示剂 量取30mL溴甲酚绿的乙醇溶液（2g/L），加入20mL甲基红乙醇溶液（1g/L），混匀备用。

(2) 标定

① 基准物质处理 取预先在玛瑙研钵中研细的无水碳酸钠适量，置入洁净的瓷坩埚中，在沙浴上加热，注意使坩埚中的无水碳酸钠面低于沙浴面，坩埚用瓷盖半掩之。沙浴中插一支360℃温度计，温度计的水银球与坩埚底平，开始加热，保持270～300℃ 1h，加热期间缓缓加以搅拌，防止无水碳酸钠结块。加热完毕后，稍冷，将碳酸钠移入干燥好的称量瓶中，于干燥器中冷却后称量至恒重。

② 0.5mol/L盐酸标准溶液的标定 准确称取约1.5g在270～300℃干燥至恒重的基准无水碳酸钠，加入50mL水使之溶解，加10滴溴甲酚绿-甲基红混合指示剂，用待标定溶液滴定至溶液由绿色转变为紫红色，煮沸2min，冷却至室温，继续滴定至溶液由绿色变为暗

紫色。做3个平行试验，并同时做空白试验。

③ 0.1mol/L盐酸标准溶液的标定　按上述方法操作，但基准无水碳酸钠的量改为约0.15g。

④ 1.0mol/L盐酸标准溶液的标定　按上述方法操作，但基准无水碳酸钠的量改为约1.5g。

(3) 计算　盐酸标准溶液的浓度按下式计算：

$$c=\frac{m}{(V_1-V_2)\times 0.0530}$$

式中　c——盐酸标准溶液的浓度，mol/L；

m——基准无水碳酸钠的质量，g；

V_1——盐酸标准溶液用量，mL；

V_2——试剂空白试验中盐酸标准溶液用量，mL；

0.0530——与1.00mL盐酸标准溶液（1mol/L）相当的基准无水碳酸钠的质量，g。

【注意事项】

① 在良好保存条件下溶液有效期2个月。

② 如发现溶液产生沉淀或者有霉菌应进行复查。

③ 溶液中有二氧化碳存在，终点变色不够敏锐，因此在滴定临近终点时，要加热煮沸，以除去CO_2，冷却后再滴定。

④ 0.01mol/L、0.02mol/L盐酸标准溶液可以临用前取用0.05mol/L或0.1mol/L的盐酸标准溶液，加水稀释制成，必要时其浓度要重新标定。

⑤ 各项记录要准确、及时，标准溶液标定完后，应盖紧瓶塞，填写并贴好标签。

二、氢氧化钠标准溶液的配制和标定（参照GB/T 5009.1—2003）

【原理】

氢氧化钠是最常用的碱溶液，常作为标准溶液测定酸或酸性物质，如测定食品中的总酸度等。固体NaOH具有很强的吸湿性，还易吸收空气中的CO_2生成Na_2CO_3，且含有少量的硅酸盐、硫酸盐和氯化物等，因此不能直接配制成标准溶液，只能用间接法配制，再用基准物质标定其浓度。常用的基准物质是邻苯二甲酸氢钾，其分子式为$C_8H_4O_4HK$，摩尔质量为204.2g/mol，属有机弱酸盐，因此可用NaOH溶液滴定，用酚酞作指示剂。

【试剂】

氢氧化钠；邻苯二甲酸氢钾（基准试剂）；1%酚酞指示剂。

【仪器】

分析天平；托盘天平0.1g；塑料试剂瓶；碱式滴定管50mL；三角烧瓶250mL；移液管；称量瓶；量杯。

【步骤】

(1) 0.1mol/L NaOH标准溶液的配制　用托盘天平称取NaOH固体120g，加蒸馏水溶解后稀释至100mL，制成NaOH饱和溶液，待溶液冷却后，倒入塑料瓶中，盖上橡胶塞，贴上标签，静置数日。取其上清液5.6mL，置于1000mL量杯中，用新煮沸放冷不含CO_2的蒸馏水稀释至刻度，搅拌均匀，倒入塑料瓶中，贴上标签，密闭保存备用。

(2) 标定 精密称取2～3份在105～110℃干燥至恒重的邻苯二甲酸氢钾0.4～0.6g，分别置于锥形瓶中，用新煮沸放冷的蒸馏水20mL使其溶解，以酚酞作指示剂，用待标定的NaOH标准溶液滴定至溶液出现淡红色时为终点，记录消耗NaOH的体积V。用新煮沸放冷的蒸馏水20mL作空白试验，记录消耗的NaOH体积V_0。用下面公式计算NaOH标准溶液的浓度：

$$c=\frac{m}{M(V-V_0)}\times 10^3$$

式中 c——NaOH标准溶液的浓度，mol/L；

m——邻苯二甲酸氢钾的质量，g；

M——邻苯二甲酸氢钾的摩尔质量，g/mol；

V——滴定邻苯二甲酸氢钾消耗NaOH的体积，mL；

V_0——空白试验消耗NaOH的体积，mL。

平行测定2～3次，最后取平均值作为标准溶液的浓度。计算相对平均偏差。

【注意事项】

① 为使标定的浓度准确，标定后可用相应浓度的HCl对标。

② 溶液有效期为2个月。

③ NaOH饱和溶液要静置7天以上，使Na_2CO_3完全沉淀，方可取其上清液使用。测定其上清液有无Na_2CO_3的方法是：取少许上清液加水稀释，加氢氧化钡饱和溶液1mL，10min内不产生浑浊表示Na_2CO_3已完全沉淀。

三、果汁饮料中总酸度及pH的测定（参照GB 12456—2021、GB 5009.157—2016）

【原理】

(1) 总酸度的测定原理 除去CO_2的果汁饮料中的有机酸，用NaOH标准溶液滴定时，被中和成盐类。以酚酞为指示剂，滴定至溶液呈现淡红色，0.5min不褪色为终点。根据所消耗标准碱液的浓度和体积，即可计算出样品中酸的含量。

(2) 有效酸度的测定原理 利用pH计测定果汁饮料中的有效酸度（pH），是将玻璃电极和甘汞电极插入除去CO_2的果汁饮料中，组成一个电化学原电池，其电动势的大小与溶液的pH有关。即在25℃时，每相差一个pH单位，就产生59.1mV的电极电位，从而可通过对原电池电动势的测量，在pH计上直接读出果汁饮料的pH。

【试剂】

0.1mol/L NaOH标准溶液，酚酞指示剂，pH4.01标准缓冲溶液。

【仪器】

水浴锅，酸度计，玻璃电极，甘汞电极。

【步骤】

(1) 样品的制备 取果汁饮料 100mL，置锥形瓶中，放入水浴锅中加热煮沸 10min（逐出 CO_2），取出，自然冷却至室温，并用蒸馏水补足至 100mL，待用。

(2) 总酸度的测定 用移液管吸取上述制备液 10mL 于 25mL 锥形瓶中，加 50mL 蒸馏水，置电炉上加热至沸，取下待冷却后加入 2 滴酚酞指示剂摇匀，用 0.1mol/L NaOH 标准溶液滴定至终点，记录 NaOH 体积（mL）。

(3) 有效酸度（pH）的测定

① 酸度计的校正 开启酸度计电源，预热 30min，连接玻璃电极及甘汞电极，在读数开关放开的情况下调零。测量标准缓冲溶液的温度，调节酸度计温度补偿旋钮。将两电极浸入缓冲溶液中，按下读数开关，调节定位旋钮使酸度计指针落在缓冲溶液的 pH 上，放开读数开关，指针回零。如此重复操作 2 次。

② 果汁饮料 pH 的测定 用无 CO_2 的蒸馏水淋洗电极，并用滤纸吸干，再用制备好的果汁饮料冲洗两电极。根据果汁饮料温度调节酸度计温度补偿旋钮，将两电极插入果汁饮料中，按下读数开关，稳定 1min，酸度计指针所指 pH 即为果汁饮料的 pH。

(4) 结果计算

总酸的含量按下式计算。

$$X=\frac{c(V_1-V_2)kF}{m}\times 1000$$

式中 X——试样中总酸的含量，g/kg 或 g/L；

c——氢氧化钠标准滴定溶液的浓度，mol/L；

V_1——滴定试液时消耗氢氧化钠标准滴定溶液的体积，mL；

V_2——空白试验时消耗氢氧化钠标准滴定溶液的体积，mL；

k——酸的换算系数：苹果酸，0.067；乙酸，0.060，酒石酸，0.075；柠檬酸，0.064；柠檬酸（含一分子结晶水），0.070；乳酸，0.090；盐酸，0.036；硫酸，0.049；磷酸，0.049；

F——试液的稀释倍数；

m——试样的质量，g 或吸取试样的体积，mL；

1000——换算系数。

计算结果以重复性条件下获得的两次独立测定结果的算术平均值表示，结果保留到小数点后两位。

【注意事项】

① 样品稀释溶液的颜色过深时，影响测定结果，应进行脱色处理后测定。取 25mL 样液，置于 100mL 容量瓶中，加水至刻度，混合均匀。取出约 50～60mL，加入活性炭 1～2g 脱色，放水浴上加热至 50～60℃微温过滤，即可脱色。取此滤液 10mL 置于锥形瓶中，加入水 50mL 后，测定方法同上（计算时换算为原样品体积）。

② 也可采用电位滴定法进行测定。

四、大豆中蛋白质含量的测定（参照 GB 20371—2016）

【原理】

蛋白质为含氮有机物。食品与硫酸和催化剂一同加热消化，使蛋白质分解，其中 C、H 形成 CO_2 及 H_2O 逸去，分解产生的氨与硫酸结合成硫酸铵，然后碱化蒸馏使氨游离，用硼酸吸收后，再以硫酸或盐酸标准溶液滴定，根据酸的消耗量乘以换算系数，即为蛋白质的含量。

【试剂】

① 硫酸铜。

② 硫酸钾。

③ 硫酸。

④ 氢氧化钠溶液（400g/L）。

⑤ 硼酸溶液（20g/L）。

⑥ 硫酸标准滴定溶液 $c(1/2H_2SO_4)=0.0500mol/L$ 或盐酸标准滴定溶液 $c(HCl)=0.0500mol/L$。

⑦ 甲基红指示液

⑧ 混合指示剂：1 份 1g/L 甲基红乙醇溶液与 5 份 1g/L 溴甲酚绿乙醇溶液临用时混合；也可用 2 份 1g/L 甲基红乙醇溶液与 1 份 1g/L 亚甲蓝乙醇溶液，临用时混合。

【仪器】

凯氏定氮装置；酸式滴定管；分析天平。

【步骤】

准确称取固体样品 0.2～2g，小心移入已干燥的 500mL 定氮瓶中，加入 0.5g 硫酸铜、10g 硫酸钾及 20mL 硫酸。轻轻摇匀后，在瓶口放一小漏斗，将瓶以 45°斜支于有小圆孔的石棉网上，小心加热，到瓶内容物全部炭化，泡沫完全停止后，加强火力，并保持瓶内液体沸腾（微沸）。至液体呈蓝色澄清透明后，再继续加热 30min，放冷，小心加入 20mL 水，再放冷，加入数粒玻璃珠，防止蒸馏时暴沸。

将消化完全的消化液冷却后，完全移入 100mL 容量瓶中，并用少量水洗涤定氮瓶，洗液并入容量瓶中加蒸馏水至刻度，摇匀备用。同时做空白试验。按图 6-3 装好微量定氮装置，于蒸汽发生器内装水至 2/3 处，加入数粒玻璃珠，加甲基红指示液数滴及数毫升硫酸以保持水呈酸性。用调压器控制，加热煮沸蒸汽发生器内的水。

向接收瓶内加入 10mL 20g/L 硼酸溶液及混合指示剂 1～2 滴，并使冷凝管下端插入接收瓶液面下。准确吸取 10mL 样品处理液由小漏斗流入反应室，并以 10mL 水洗涤小烧杯使其流入反应室内，塞紧玻璃塞。将 10mL 400g/L 氢氧化钠溶液倒入小烧杯，提起玻璃塞使其缓缓流入反应室，立即将玻璃塞塞紧，并加水于小烧杯中以防漏气。夹紧螺旋夹，蒸馏至吸收液中所加的混合指示剂变为绿色开始计时，继续蒸馏 5min 后，将冷凝管尖端提离液面再蒸馏 1min，用蒸馏水冲洗冷凝管下端外面后停止蒸馏，馏出液用 0.0500mol/L 盐酸标准滴定溶液（或 0.0250mol/L 的硫酸标准滴定溶液）滴定至灰色或蓝紫色为终点。

同时做一空白试验。

【计算】

(1) 数据记录

盐酸标准溶液浓度/(mol/L)	样品滴定耗盐酸量/mL			空白滴定耗盐酸量/mL		
	1	2	平均	1	2	平均

(2) 结果计算 按下式计算：

$$X=\frac{c(V_1-V_2)\times 0.0140}{m\times \frac{10}{100}}\times F\times 100$$

式中 X——样品中蛋白质的含量，g/100g（或 g/100mL）。

c——$1/2H_2SO_4$ 或 HCl 标准溶液的浓度，mol/L。

V_1——滴定样品吸收液时消耗硫酸或盐酸标准溶液体积，mL。

V_2——滴定空白吸收液时消耗硫酸或盐酸标准溶液体积，mL。

m——样品质量（或体积），g（或 mL）。

0.0140——1.00mL 盐酸（1.000mol/L）或硫酸（0.500mol/L）标准溶液相当于氮的质量，g；

F——氮换算为蛋白质的系数，肉及肉制品、鸡蛋、青豆、荞麦等为 6.25；玉米、高粱为 6.24；花生为 5.46；大米为 5.95；大豆及其制品 5.71；牛乳及其制品为 6.38；小麦、面粉为 5.70；大麦、小米、燕麦为 5.83、芝麻、向日葵为 5.30。

计算结果保留 2 位有效数字。在重复条件下获得 2 次独立测定结果的绝对差值不得超过算术平均值的 10%。

【注意事项】

① 混合指示剂在碱性溶液中呈绿色，在中性溶液中呈灰色，在酸性溶液中呈红色。

② 样品中若含脂肪或糖较多时，消化过程中易产生大量泡沫，为防止泡沫溢出，在开始消化时应用小火加热，并不断摇动；也可以加入少量辛醇、液体石蜡或硅油消泡剂，并同时注意控制热源强度。

③ 消化时不要用强火，应保持缓和沸腾，过程中注意不断转动定氮瓶，以利用冷凝酸液将附在瓶壁上的固体残渣洗下并促使其消化完全。

④ 当样品消化液不易澄清透明时，可将定氮瓶冷却，加入 30%（体积分数）过氧化氢 2～3mL 后再继续加热消化。

⑤ 若取样量较大，如干试样超过 5g，可按每克试样 5mL 的比例增加硫酸用量。

⑥ 一般消化至透明后，继续消化 30min 即可，但对于含有特别难以消化的含氮化合物的样品，如含赖氨酸、组氨酸、色氨酸、酪氨酸或脯氨酸等时，需适当延长消化时间。有机物若分解完全，消化液呈蓝色或浅绿色，但含铁量多时，呈较深绿色。

⑦ 硼酸吸收液的温度不应超过 40℃，否则对氨的吸收作用减弱而造成损失，此时可置

于冷水浴中使用。

⑧ 蒸馏装置不能漏气。

⑨ 蒸馏前若加碱量不足，消化液呈蓝色，不生成氢氧化铜沉淀，此时需增加氢氧化钠的用量。

⑩ 蒸馏完毕后，应先将冷凝管下端提离液面清洗管口，再蒸 1min 后关掉热源，防止造成吸收液倒吸。

五、酱油中氨基酸态氮的测定（参照 GB 5009.235—2016）

【原理】

氨基酸含有羧基和氨基，利用氨基酸的两性作用，加入甲醛固定氨基的碱性，使羧基显示出酸性，用氢氧化钠标准溶液滴定后进行定量，以酸度计测定终点。

【试剂】

甲醛（36%～38%），应不含有聚合物，没有沉淀且溶液不分层；0.050mol/L 氢氧化钠标准滴定溶液。

【仪器】

酸度计（附磁力搅拌器）；10mL 微量碱式滴定管；分析天平（感量 0.1mg）。

【步骤】

称量 5.0g（或吸取 5.0mL）酱油试样于 50mL 的烧杯中，用水分数次洗入 100mL 容量瓶中，加水至刻度。混匀后吸取 20.0mL 置于 200mL 烧杯中，加 60mL 水，开动磁力搅拌器，用氢氧化钠标准滴定溶液［$c(NaOH)=0.050mol/L$］滴定至酸度计指示 pH 为 8.2，记下消耗氢氧化钠标准滴定溶液的体积，可计算总酸度。加入 10.0mL 甲醛溶液，混匀。再用氢氧化钠标准滴定溶液继续滴定至 pH 为 9.2，记下消耗氢氧化钠标准滴定溶液的体积。同时取 80mL 水，先用氢氧化钠标准滴定溶液［$c(NaOH)=0.050mol/L$］调节至 pH 为 8.2，再加入 10.0mL 甲醛溶液，用氢氧化钠标准滴定溶液滴定至 pH 为 9.2，做试剂空白试验。

试样中氨基酸态氮的含量按下式进行计算：

$$X_1=\frac{(V_1-V_2)c\times0.014}{mV_3/V_4}\times100$$

$$X_2=\frac{(V_1-V_2)c\times0.014}{VV_3/V_4}\times100$$

式中　X_1——试样中氨基酸态氮的含量，g/100g；

X_2——试样中氨基酸态氮的含量，g/100mL；

V_1——测定用试样稀释液加入甲醛后消耗氢氧化钠标准滴定溶液的体积，mL；

V_2——试剂空白实验加入甲醛后消耗氢氧化钠标准滴定溶液的体积，mL；

c——氢氧化钠标准滴定溶液的浓度，mol/L；

0.014——与 1.00mL 氢氧化钠标准滴定溶液［$c(NaOH)=1.000mol/L$］相当的氮的质

量，g；

m——称取试样的质量，g；

V——吸取试样的体积，mL；

V_3——试样稀释液的取用量，mL；

V_4——试样稀释液的定容体积，mL；

100——单位换算系数。

计算结果保留1位有效数字。在重复性条件下获得的两次独立测定结果的绝对差值不得超过算术平均值的10%。

复习题

1. 对于颜色较深的样品，在测定其总酸度时应如何保证测定结果的准确度？

2. 食品的总酸度、有效酸度、挥发性酸度之间有什么关系？食品中酸度的测定有何意义？

3. 测定食品酸度时，如何消除二氧化碳对测定的影响？

4. 简述测定蛋白质的意义。

5. 为什么说用凯氏定氮法测定出食品中的蛋白质含量为粗蛋白含量？

6. 凯氏定氮法中的消化，其作用和原理是什么？

模块七　食品化学分析检验技术——配位滴定法

学习与职业素养目标

1. 重点掌握水的硬度测定的原理和方法；掌握配位滴定法对水质监测的重要应用。养成安全规范操作、严谨细致的工作作风。

2. 掌握金属指示剂的作用原理和具备的条件，提高配位滴定选择性的方法。

3. 了解 EDTA 的特性。

必备知识

一、配位滴定法的基本原理

配位滴定法是以配位反应为基础的一种滴定分析方法，它是用配位剂作为标准溶液直接或间接滴定被测物质，并选用适当指示剂确定滴定终点。能够用于配位滴定的主要是氨羧配位剂。它是一类以氨基二乙酸基团［$—N(CH_2COOH)_2$］为基体的有机配位剂，其分子中含有配位能力很强的氨基氮和羧基氧两种配位原子，能与大多数金属离子形成稳定的配合物。氨羧配位剂的种类很多，在配位滴定中，应用最广的是乙二胺四乙酸（简称 EDTA）。

1. 乙二胺四乙酸（EDTA）及其配合物的特性

(1) 乙二胺四乙酸及二钠盐性质　乙二胺四乙酸是一种四元酸，常用 H_4Y 表示。它在水中的溶解度很小（在 22℃时，每 100mL 水中只能溶解 0.02g），其二钠盐 $Na_2H_2Y \cdot 2H_2O$（一般也简称为 EDTA）溶解度较大（在 22℃时，每 100mL 水中能溶解 11.1g），其饱和水溶液的浓度约为 0.3mol/L。因此，EDTA 标准溶液常用 $Na_2H_2Y \cdot 2H_2O$ 配制。

EDTA 在水溶液中具有双偶极离子结构，其结构式为：

$$\begin{matrix} HOOCCH_2 \diagdown & + & & & + & \diagup CH_2COO^- \\ & N—CH_2—CH_2—N & & & & \\ {}^-OOCCH_2 \diagup & H & & & H & \diagdown CH_2COOH \end{matrix}$$

在水溶液中 EDTA 存在 H_6Y^{2+}、H_5Y^+、H_4Y、H_3Y^-、H_2Y^{2-}、HY^{3-}、Y^{4-} 7 种

形式，只有 Y^{4-} 形式能与金属离子直接配位。EDTA 的存在形式与酸度有关，溶液的酸度越低，Y^{4-} 的浓度越大，当 pH＞10.3 时，EDTA 主要以 Y^{4-} 形式存在。因此，在碱性溶液中，EDTA 的配位能力最强。

(2) EDTA 与金属离子形成配合物的特点

① 反应十分普遍　EDTA 结构中的氮原子和氧原子都有孤对电子，能和金属离子形成配价键，所以它几乎能与所有金属离子配位。

② 计量关系简单　EDTA 与大多数金属离子均形成 1∶1 型的配合物，只有锆和钼等例外。简写反应方程式为：

$$M+Y \rightleftharpoons MY$$

③ 配合物十分稳定　EDTA 与金属离子形成的配合物都非常稳定，所以配位反应进行很完全。

④ 水溶性非常好　EDTA 与金属离子都形成可溶性的配合物。配合物的颜色与金属离子有关，无色的金属离子与 EDTA 配位时，形成无色的螯合物，有色的金属离子与 EDTA 配位时，则形成颜色较深的配合物，这有利于指示剂确定终点。

(3) 配位平衡的影响因素　在配位滴定中，金属离子 M 和配位剂 Y 配位生成 MY 配合物，称为主反应。

$$M+Y \rightleftharpoons MY \qquad K_{MY}=\frac{[MY]}{[M][Y]}$$

K_{MY} 称为配合物的稳定常数（又称绝对稳定常数），K_{MY} 值越大，说明配合物越稳定。常见金属离子与 EDTA 所形成的配合物的稳定常数见表 7-1。

反应物 M、Y 和生成物 MY 与溶液中其他组分发生的反应称为副反应。当有副反应时，K_{MY} 变成 K'_{MY}，K'_{MY} 称为条件稳定常数。凡是有副反应的发生，都不利于配位滴定分析，因此，必须消除副反应。

表 7-1　EDTA 与一些常见金属离子形成的配合物的稳定常数

阳离子	$\lg K_{MY}$	阳离子	$\lg K_{MY}$	阳离子	$\lg K_{MY}$
Na^+	1.66	Ce^{3+}	15.98	Cu^{2+}	18.80
Li^+	2.79	Al^{3+}	16.30	Hg^{2+}	21.80
Ba^{2+}	7.86	Co^{2+}	16.31	Th^{4+}	23.20
Sr^{2+}	8.73	Cd^{2+}	16.46	Cr^{3+}	23.40
Mg^{2+}	8.69	Zn^{2+}	16.50	Fe^{3+}	25.10
Ca^{2+}	10.69	Pb^{2+}	18.04	U^{4+}	25.80
Mn^{2+}	13.87	Y^{3+}	18.09	Bi^{3+}	27.94
Fe^{2+}	14.32	Ni^{2+}	18.62		

对配位平衡影响较大的副反应主要是酸效应和配位效应。

① 酸效应　由于 H^+ 与 Y 之间发生副反应，因此 EDTA 参加主反应的能力下降，这种现象称为酸效应。酸度越大，酸效应越严重，配位滴定的误差就越大。只有当 pH＞12 时，Y 才完全没有副反应，配位能力最强。但值得注意的是，如果溶液的 pH 过大，许多金属离子将水解生成氢氧化物沉淀，使金属离子的浓度降低，配位反应不完全，反而影响金属离子的测定，所以选择适当的 pH 是进行配位滴定的重要条件。

② 配位效应　由于溶液中其他配体（L）的存在金属离子参加主反应的能力下降的现象称为配位效应。其他配体能否影响 EDTA 对金属离子的测定，可从两个方面来考虑：a. 比较 $\lg K_{mL}$ 与 $\lg K_{MY}$ 的大小；b. 考虑配体 L 的浓度。如果其他配体的浓度不是太大，且 $\lg K_{MY} \gg \lg K_{mL}$，则其他配体 L 的存在对金属离子的测定无影响。如果 $\lg K_{mL}$ 和 $\lg K_{MY}$ 两者的稳定常数相差不是很大，L 的浓度又较大时，则应考虑配体 L 的影响。

在配位滴定分析中，配位效应较小，而酸效应较大，因此在滴定分析时，主要考虑酸度影响。

2. 配位滴定的条件

配位滴定法与酸碱滴定法相似，随着 EDTA 的加入，金属离子浓度逐渐降低，到达化学计量点附近（±0.1%相对误差），溶液中的金属离子浓度发生突变，形成滴定突跃。滴定突跃是判断滴定能否进行的依据，滴定突跃范围大，有利于准确滴定。

(1) 影响滴定突跃范围的因素　在配位滴定中，金属离子浓度一定时，K'_{MY} 值越大，滴定突跃范围越大；当 K'_{MY} 值一定时，金属离子浓度越大，滴定突跃范围越大。因此，K'_{MY} 值越大，越有利于准确滴定。

(2) 配位滴定允许的最低 pH 值　在配位滴定中，当目测终点与化学计量点二者 pM（$pM=-\lg[M]$）的差值 ΔpM 为±0.2（允许的终点误差为±0.1%）时，则必须满足条件：

$$\lg(cK'_{MY}) \geqslant 6$$

c 为金属离子的浓度，如果金属离子的浓度为一定（一般为 10^{-2} mol/L）时，则上式可写成

$$\lg K'_{MY} \geqslant 8$$

如果只考虑酸效应，不考虑其他副效应时，则 K'_{MY} 值主要由溶液的酸度来决定，通过计算，可求出满足上述条件的各种金属离子的最小允许 pH 值（如表 7-2 所示）。配位滴定时，如果溶液的 pH 低于最小允许 pH 值，则不能进行滴定分析。例如测定 Ca^{2+} 时，如果溶液的 pH≥7.5，可以进行滴定，如果 pH<7.5，就不能保证准确滴定，pH=7.5 即为滴定 10^{-2} mol/L Ca^{2+} 溶液的最小允许 pH 值。

表 7-2　EDTA 滴定金属离子的近似最小允许 pH 值

（金属离子浓度为 10^{-2} mol/L，允许测定的相对误差为±0.1%）

金属离子	pH(近似值)	金属离子	pH(近似值)	金属离子	pH(近似值)
Mg^{2+}	9.7	Co^{2+}	4.0	Cu^{2+}	2.9
Ca^{2+}	7.5	Zn^{2+}	3.9	Hg^{2+}	1.9
Mn^{2+}	5.2	Cd^{2+}	3.9	Sn^{2+}	1.7
Fe^{2+}	5.1	Pb^{2+}	3.2	Fe^{3+}	1.0
Al^{3+}	4.2	Ni^{2+}	3.0	Bi^{3+}	0.7

3. 金属指示剂的选择

在配位滴定中，指示剂是指示被滴定溶液中金属离子浓度变化的，所以称为金属指示剂或 pM 指示剂。

(1) 金属指示剂的变色原理　金属指示剂多为有机配位剂，能与金属离子 M 反应，生成有色配合物，其颜色与指示剂本身颜色有显著差别，从而指示滴定终点。现以铬黑 T（以

In 表示指示剂）为例，说明金属指示剂的变色原理。

$$M+In \rightleftharpoons MIn$$

颜色Ⅰ　颜色Ⅱ

铬黑 T 在 pH7～11 时呈蓝色，与金属离子（Ca^{2+}、Mg^{2+}、Zn^{2+}）形成红色配合物，两者颜色有显著差别，可以用来作为指示剂。但应注意在 pH＜6 时呈红色或在 pH＞12 时呈橙色与配合物的红色没有显著差别，因此选用金属指示剂时，必须选择合适的 pH 值范围。

滴定时，在含有上述金属离子的溶液中，加入少量铬黑 T 指示剂，溶液呈红色，然后逐滴加入 EDTA 形成配合物 MY，当游离的金属离子形成配合物后，继续滴加 EDTA 时，由于配合物 MY 的条件稳定常数大于配合物 MIn 的条件稳定常数，稍过量的 EDTA 就夺取 MIn 中的 M，使指示剂游离出来，红色溶液突然转变为蓝色溶液，指示滴定终点的到达。终点时的化学反应为：

$$MIn+Y \rightleftharpoons MY+In$$

红色　　　　蓝色

(2) 金属指示剂应具备的条件　金属离子的显色剂很多，但并不是每种显色剂都能用作金属指示剂。金属指示剂应具备以下几个条件。

① 在滴定的 pH 值范围内，游离指示剂 In 的颜色与配合物 MIn 的颜色应有显著的差别，以借助颜色的明显变化来判断终点的到达。

② 配合物 MIn 应有适当的稳定性。如果 MIn 稳定性太低，会过早将金属离子释放出来，使终点提前，变色不敏锐，造成较大的误差。一般要求 $\lg K_{MIn}>4$。如果 MIn 稳定性过高（K_{MIn} 太大），则在化学计量点附近 Y 不易与 MIn 中的 M 结合，终点推迟，甚至不变色，达不到终点。

③ 金属指示剂与金属离子之间的反应要迅速，变色可逆，以便于滴定。

④ 金属指示剂应易溶于水，不易变质，便于使用和保存。

常见的金属指示剂有铬黑 T（简称 EBT）、钙指示剂（简称 NN）、二甲酚橙（简称 XO）、酸性铬蓝 K、PAN 等。

4. 金属指示剂的封闭、僵化与消除

(1) 指示剂的封闭现象　指示剂与金属离子形成更稳定的配合物而不能被 EDTA 置换，当加入过量 EDTA 时也达不到终点的现象，称为指示剂的封闭。例如 EBT 与 Al^{3+}、Fe^{3+}、Cu^{2+} 等生成的配合物非常稳定，若用 EDTA 滴定这些离子，过量较多的 EDTA 也无法将 EBT 从 MIn 中置换出来。故此类滴定不能用 EBT 作为指示剂。

消除指示剂封闭现象的方法：加入适当的配位剂掩蔽封闭指示剂的离子。如 Al^{3+}、Fe^{3+} 对 EBT 的封闭，可加三乙醇胺加以消除；Co^{2+}、Ni^{2+}、Cu^{2+} 可用 KCN 掩蔽。

(2) 指示剂的僵化现象　指示剂或金属离子与指示剂的配合物在水中的溶解度太小，使滴定剂与金属-指示剂配合物（MIn）交换缓慢，终点拖长的现象，称为指示剂的僵化。如 PAN 作指示剂测定 Cu^{2+} 时，它与 Cu^{2+} 形成的配合物在水中的溶解度小，会生成胶体溶液或沉淀，以致终点时 Cu^{2+} 不能很快地被释放出来，产生了僵化现象。

消除指示剂僵化现象的方法：有加入合适的有机溶剂、加热或接近终点时放慢滴定速度并剧烈振荡。

(3) 指示剂的氧化变质现象　金属指示剂大多为含双键的有色化合物，在水中不稳定，且易被日光、氧化剂、空气等分解。如 EBT 溶液在 pH=10 的碱性条件下在空气中易被氧化成没有配位作用的组分，造成滴定终点不明显。

消除指示剂氧化变质现象的方法：配制指示剂时，在其中加入盐酸羟胺、抗坏血酸等还原剂，以防止 EBT 氧化。或都将指示剂配制成固体混合物，以便长期保存。常用固体 NaCl 或 KCl 作稀释剂来配制。

5. 提高配位滴定选择性的方法

由于 EDTA 能与大多数金属离子形成稳定的配合物，而在滴定的溶液中往往同时存在多种金属离子，在滴定时可能相互干扰，因此，在配位滴定时，首先要消除其他金属离子的干扰。

(1) 控制溶液的酸度 不同的金属离子与 EDTA 形成配合物的稳定常数是不同的，配合物的 $\lg K_{MY}$ 越大，则滴定时的最低 pH 值越小。若溶液中同时有两种或两种以上的金属离子，且它们与 EDTA 所形成的配合物的稳定常数又相差足够大（要求 $\Delta\lg K_{MY} \geqslant 5$）时，可通过调节溶液的 pH 值，使其只有一种金属离子与 EDTA 形成稳定的配合物，而其他离子与 EDTA 不发生配合反应，从而达到滴定某种金属离子或进行连续滴定的目的。

例如，当溶液中 Fe^{3+} 和 Ca^{2+} 的浓度皆为 10^{-2} mol/L 时，能否分别滴定，可通过计算得知。从表 7-1 可知，$\lg K_{FeY}=25.10$，$\lg K_{CaY}=10.69$，$\Delta\lg K=25.10-10.69=14.41$，故可分别滴定。根据表 7-2 可知，滴定 Fe^{3+} 允许的最小 pH 值约为 1.0，滴定 Ca^{2+} 允许的最小 pH 值约为 7.5，因此，先调节溶液的 pH≥1.0 呈酸性，用 EDTA 滴定 Fe^{3+}，此时 Ca^{2+} 不与 EDTA 发生配位反应，而 Fe^{3+} 能与 EDTA 形成稳定的配合物。当 Fe^{3+} 滴定完后，再调节溶液 pH≥7.5 呈碱性，继续用 EDTA 滴定 Ca^{2+}。

如果不能满足 $\Delta\lg K_{MY} \geqslant 5$ 的条件，就不能采用调节酸度的方法来消除离子的干扰。例如，当溶液中有 Ca^{2+} 和 Mn^{2+} 时，要选择滴定 Ca^{2+}，从表 7-1 计算可知，$\Delta\lg K=3.18 \leqslant 5$，要消除 Mn^{2+} 的干扰，提高滴定的选择性，就必须采用其他措施。

酸度不但影响 EDTA 与金属离子的配位反应，而且在配位滴定中指示剂也要求在一定的 pH 范围内使用。在配位滴定过程中，溶液的酸度也会随着滴定而变化，还需在滴定时加入一定量的缓冲溶液。因此，进行 EDTA 滴定时应特别注意控制溶液的酸度。

(2) 掩蔽的方法 在配位滴定中，常使用掩蔽剂来消除其他离子的干扰，常用的掩蔽方法按反应的类型不同，可分为配位掩蔽法、沉淀掩蔽法和氧化还原掩蔽法。最常用的是配位掩蔽法。

① 配位掩蔽法 就是利用配位反应降低干扰离子浓度以消除干扰的方法。例如，用 EDTA 滴定水中的 Ca^{2+}、Mg^{2+} 来测定水的硬度时，Fe^{3+}、Al^{3+}、Ni^{2+} 和 Co^{2+} 等离子的存在干扰测定，加入少量的三乙醇胺掩蔽 Fe^{3+}、Al^{3+} 和加入 KCN 掩蔽 Ni^{2+} 和 Co^{2+} 以消除干扰。

配位掩蔽剂应具备下列条件：

a. 掩蔽剂与干扰离子形成配合物的稳定性，必须大于 EDTA 与该离子形成配合物的稳定性，而且这些配合物应为无色或浅色，不影响终点的观察。

b. 掩蔽剂不与被测金属离子配位或与被测离子形成配合物的稳定性要比被测离子与 EDTA 形成配合物的稳定性小得多，不影响滴定。

c. 掩蔽剂所需的 pH 值范围要与滴定时所要求的 pH 值范围相一致。

常用的配位掩蔽剂有 KCN、NH_4F、三乙醇胺、酒石酸、柠檬酸钠、草酸等。

② 沉淀掩蔽法　就是利用干扰离子与掩蔽剂形成沉淀以降低其浓度来消除干扰的方法。例如，在 Ca^{2+}、Mg^{2+} 溶液水加入 NaOH 溶液，使 pH>12 时，则 Mg^{2+} 生成 $Mg(OH)_2$ 沉淀，可以用 EDTA 滴定 Ca^{2+}。沉淀掩蔽法要求所生成的沉淀溶解度要小，无色或浅色，且吸附作用小，否则将影响终点的观察和测定结果。

③ 氧化还原掩蔽法　就是利用氧化还原反应，改变干扰离子价态以消除干扰的方法。例如，用 EDTA 滴定 Bi^{3+} 时，如果溶液中存在 Fe^{3+}，则 Fe^{3+} 干扰测定，可加入抗坏血酸或盐酸羟胺，将 Fe^{3+} 还原为 Fe^{2+}，由于 Fe^{2+} 与 EDTA 形成配合物的稳定性比 Fe^{3+} 与 EDTA 形成配合物的稳定性小得多，所以能掩蔽 Fe^{3+} 的干扰。

二、配位滴定法的应用

1. 水的总硬度的测定

水的硬度用溶解于水中的钙盐和镁盐的含量来表示。水的总硬度包括暂时硬度和永久硬度。在水中以碳酸盐、酸式碳酸盐形式存在的钙盐、镁盐，加热能分解、析出沉淀而除去，这类盐形成的硬度称为暂时硬度。在水中以硫酸盐、氯化盐等形式存在的钙、镁盐所形成的硬度称为永久硬度。

锅炉用水常用软水，否则易形成锅垢影响传热，这是由于水中钙、镁的碳酸盐、酸式碳酸盐、硫酸盐、氯化物等所致。硬度过大的水不适宜作食品加工用水，因为钙盐与果蔬中的果胶酸结合生成的果胶酸钙使果肉变硬，钙、镁盐与果蔬中的酸化合生成溶解度小的有机酸盐，与蛋白质生成不溶性物质，引起汁液浑浊与沉淀。可见，工业用水对硬度有严格的要求，不同水质对食品加工的品质影响很大。因此，经常要对水进行硬度分析，为水处理提供依据。

测定水中的总硬度就是先测定 Ca^{2+}、Mg^{2+} 的总量，再将其量折算成 $CaCO_3$ 的质量，然后以每升水中所含 $CaCO_3$ 的毫克数表示，单位为 mg/L。也有用含 $CaCO_3$ 的物质的量浓度来表示的，单位为 mmol/L。

一般采用配位滴定法来测定。先精密称取一定量的水样，加氨-氯化铵缓冲溶液调节 pH10，以铬黑 T 为指示剂，用 EDTA 标准溶液直接滴定，直至溶液由紫红色变为蓝色时即为终点。根据 EDTA 的消耗量，即可计算出水的总硬度。滴定时，用三乙醇胺来掩蔽 Fe^{3+}、Al^{3+} 等离子的干扰，用 KCN 来掩蔽 Cu^{2+}、Pb^{2+} 等离子的干扰。

计算公式为：

$$水的总硬度(CaCO_3,mg/L)=\frac{c(EDTA)V(EDTA)M(CaCO_3)}{V(水样)}\times 1000$$

2. 钙的测定

钙是人体所需的重要矿质元素，是构成骨骼和牙齿的主要成分，还参与和维持调节机体内许多生理生化过程。缺钙容易引起软骨病，我国推荐每日膳食中钙的供给量为 800～1000mg。钙主要存在于奶制品、豆制品、骨头、虾米以及各种蔬菜等食品中。在食品加工中钙常作为营养强化剂和食品品质改良剂应用，因此了解食品中钙的含量是很重要的。钙的测定常用高锰酸钾法和 EDTA 配位滴定法。这里介绍配位滴定法。

在 pH12～14 时，Ca^{2+} 可与 EDTA 作用生成稳定的配合物 EDTA-Ca^{2+}，Mg^{2+} 生成

$Mg(OH)_2$ 沉淀而被掩蔽，以钙指示剂（简称 NN）为指示剂。NN 在 pH>11 时为纯蓝色，与 Ca^{2+} 生成的配合物 NN-Ca^{2+} 为酒红色，其稳定性小于 EDTA-Ca^{2+}，用 EDTA 标准溶液直接滴定。当接近终点时，EDTA 夺取 NN-Ca^{2+} 中的 Ca^{2+} 而使 NN 游离出来，溶液从酒红色变成纯蓝色，即为滴定终点。记录 EDTA 的消耗量，即可计算出钙的含量。滴定时，用 KCN 或 Na_2S 来掩蔽 Cu、Zn、Co、Ni、Pb 等离子，用三乙醇胺或柠檬酸钠来掩蔽 Fe、Al 等离子的干扰。

水的总硬度的测定（参照 GB/T 5750.4—2023）

工业用水对硬度有严格的要求，尤其是锅炉用水，硬度较高的水需要经过软化处理并达到一定标准后才能输入锅炉。另外，我国的生活用水和饮料用水的水质指标中都对水的总硬度有一个明确的要求，因此测定水的总硬度，对维持人体健康与确保产品质量等具有重要意义。

【原理】

水样中的钙、镁离子与铬黑 T 指示剂形成紫红色的螯合物，这些螯合物的不稳定常数大于乙二胺四乙酸钙和镁螯合物的不稳定常数。在 pH10 时，乙二胺四乙酸二钠先与钙离子，再与镁离子形成螯合物，滴定至终点时，溶液呈现出铬黑 T 指示剂的纯蓝色。

【试剂】

① 铬黑 T 指示剂：称取 0.5g 铬黑 T，用 95%乙醇溶解并稀释至 100mL，置于冰箱中保存，可稳定 1 个月。

② 缓冲溶液（pH10）：a. A 液，称取 16.9g 氯化铵，溶于 143mL 氨水（$\rho_{20}=0.88g/mL$）中。b. B 液，称取 0.780g 硫酸镁（$MgSO_4 \cdot 7H_2O$）及 1.178g 乙二胺四乙酸二钠（$Na_2H_2Y \cdot 2H_2O$），溶于 50mL 纯水中，加 2mL 氯化氨-氨水溶液（A 液）和 5 滴铬黑 T 指示剂（此时溶液应呈紫红色。若为纯蓝色，应再加入极少量的硫酸镁使呈紫红色），用 0.01mol/L Na_2H_2Y 标准溶液滴定至溶液由紫红色变为纯蓝色。c. 合并 A 液和 B 液，用纯水稀释至 250mL。合并后如溶液又变为紫红色，在计算结果时应扣除试剂空白。

③ 硫化钠溶液（50g/L）：称取 5.0g 硫化钠（$Na_2S \cdot 9H_2O$）溶于纯水中，并稀释至 100mL。

④ 盐酸羟胺溶液（10g/L）：称取盐酸羟胺 1.0g，溶于纯水中，并稀释至 100mL。

⑤ 盐酸溶液（1+1）：50mL 浓盐酸与 50mL 纯水混合。

⑥ 锌标准溶液：准确称取 0.6～0.7g 纯锌粒，溶于盐酸溶液（1+1）中。置于水浴上温热至完全溶解，移入容量瓶中，定容至 1000mL，并按下式计算锌标准溶液的浓度。

$$c(Zn)=m/65.39$$

式中 $c(Zn)$——锌标准溶液的浓度，mol/L；

m——锌的质量，g；

65.39——1mol 锌的质量，g/mol。

⑦ 0.01mol/L Na_2H_2Y 标准溶液的配制与标定：a. 配制，称取 3.72g 乙二胺四乙酸二

钠溶解于1000mL纯水中，摇匀，贮存于聚乙烯瓶中待标定。b. 标定，用移液管准确移取25.00mL锌标准溶液到150mL锥形瓶中，加入25mL纯水，加入几滴氨水调节溶液至近中性，再加入5mL缓冲溶液（pH＝10）和5滴铬黑T指示剂，在不断振荡下，用Na_2H_2Y标准溶液滴定至溶液由酒红色转变成纯蓝色即为滴定终点。记录消耗Na_2H_2Y的体积V_1。平行测定3次。计算公式：

$$c(Na_2H_2Y)=\frac{c(Zn)\times V_2}{V_1}$$

式中 $c(Na_2H_2Y)$——Na_2H_2Y标准溶液的浓度，mol/L；

$c(Zn)$——锌标准溶液的浓度，mol/L；

V_1——消耗Na_2H_2Y溶液的体积，mL；

V_2——所取锌标准溶液的体积，mL。

【步骤】

准确吸取50.00mL水样（硬度过高的水样，可取适量的水样，用纯水稀释至50mL；硬度过低的水样，可取100mL）置于150mL锥形瓶中。加入0.5mL盐酸羟胺溶液（10g/L）和1mL硫化钠溶液（50g/L），混匀，再加入1～2mL缓冲溶液（pH＝10）和5滴铬黑T指示剂，立即用Na_2H_2Y标准溶液滴定至溶液由紫红色变为纯蓝色即为终点。记录消耗Na_2H_2Y标准溶液的体积。平行测定3次。同时做空白试验。

【计算】

$$\rho(CaCO_3)=\frac{(V_1-V_0)\times c\times 100.09\times 1000}{V}$$

式中 $\rho(CaCO_3)$——总硬度（以$CaCO_3$计），mg/L；

V_0——空白滴定所消耗Na_2H_2Y溶液的体积，mL；

V_1——水样滴定所消耗Na_2H_2Y溶液的体积，mL；

c——Na_2H_2Y标准溶液的浓度，mol/L；

V——水样体积，mL；

100.09——与1.00mL Na_2H_2Y标准溶液［$c(Na_2H_2Y)=1.000mol/L$］相当的以毫克表示的总硬度（以$CaCO_3$计）。

【注意事项】

① 用钙标准溶液标定EDTA，以钙指示剂为指示剂时，滴定的溶液应用NaOH调节pH到12～14。

② 滴定样品水样时，需先加入三乙醇胺和KCN，以消除Fe^{3+}、Al^{3+}、Cu^{2+}等离子的干扰，然后加入缓冲溶液调节pH值至10，再加入铬黑T。

③ 滴定的水温过低时，应将水加热到30～40℃再进行滴定。

复习题

1. 在配位滴定中，为什么常用乙二胺四乙酸的二钠盐作配位滴定剂而不是乙二胺四乙酸？

2. EDTA 与金属离子形成的配合物有哪些特点？

3. 金属指示剂应具备哪些条件？

4. 欲标定 0.01mol/L EDTA 溶液，并且消耗此溶液 25mL，应称取基准物质 ZnO 多少克？

5. 精确称取基准物质 $CaCO_3$ 10g，预处理后定容为 1000mL，取此溶液 25mL，用 EDTA 滴定至终点，消耗 EDTA 的体积为 26.78mL，求 EDTA 的浓度。

6. 精确移取水样 100mL，测定水的总硬度，用 0.005mol/L EDTA 滴定至终点消耗体积 10.68mL，求水样的总硬度。

7. 已知 EDTA 的浓度为 0.05mol/L，试计算该溶液分别对 $CaCO_3$、ZnO、Fe_2O_3 的滴定度。

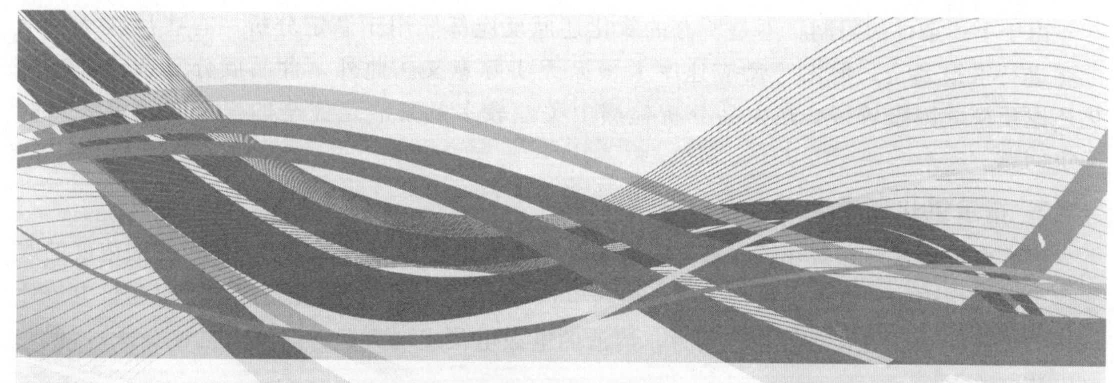

模块八　食品化学分析检验技术——氧化还原滴定法

学习与职业素养目标

1. 重点掌握食品中还原糖、维生素 C、二氧化硫测定等氧化还原测定技术。

2. 掌握高锰酸钾法、重铬酸钾法、碘量法、斐林试剂法及靛酚法的原理、方法和应用；掌握实验室废水的处理方法，养成注重环保的理念。

3. 了解氧化还原滴定技术的基本原理。

必备知识

一、氧化还原滴定法概述

1. 氧化还原滴定分析原理

氧化还原滴定法是利用氧化还原反应进行滴定分析的一种方法。氧化还原滴定法不仅能直接测定许多具有氧化性或还原性的物质的含量，还可以间接测定不具有氧化性或还原性的物质的含量。在食品分析检验中，既可以用氧化还原滴定法测定食品中还原糖、总糖、淀粉、维生素 C、二氧化硫总量、过氧化氢残留量，也可以测定动植物油脂碘值、过氧化值以及食品添加剂抗坏血酸、*D*-异抗坏血酸及其盐含量等，其应用十分广泛。

2. 氧化还原滴定分析的前提条件

氧化还原反应机理往往很复杂，许多反应的历程也不够清楚。还有许多反应速率慢，而且副反应多，不能满足滴定分析的要求。能够用于氧化还原滴定分析的化学反应必须具备下列条件：

① 反应能够定量进行。一般认为滴定剂和被滴定物质对应电对的条件电极电位差大于 0.40V，反应就能定量进行。

② 有足够快的反应速率。

③ 有适当的方法或指示剂指示反应的终点。

由于上述条件的限制，不是所有的氧化还原反应都能用于滴定分析。有些反应从理论上看进行得很完全，但由于反应速率太慢而无实际意义。此外，食品成分复杂，影响氧化还原反应的因素较多，在食品分析检测中关注较多的是滴定完全的程度和滴定终点的确定问题。

3. 指示氧化还原滴定终点的方法

(1) 电位计法 在氧化还原滴定过程中，随着滴定剂的加入，氧化剂或还原剂浓度的改变将引起被滴定溶液电极电位的改变。电极电位随滴定剂加入的变化情况，可以通过电位计（pH 计）来观察。在化学计量点附近，溶液的电极电位出现突跃性改变（电位突跃），据此判定滴定终点。

(2) 指示剂法 在氧化还原滴定中，除了用电位计法确定终点外，通常用指示剂确定终点。常用的指示剂有三类，即自身指示剂、特殊指示剂（或称显色指示剂）、氧化还原指示剂。

① 自身指示剂 某些标准溶液本身有特殊颜色（如 $KMnO_4$、2,6-二氯靛酚），在计量点附近被测溶液颜色由无色或浅色，变为因过量 1 滴标准溶液而显示的特殊颜色，借助此颜色变化来指示滴定终点到达，滴定时无需另外加入指示剂。

② 特殊指示剂 有的物质（如淀粉）本身不具有氧化还原性，本身无特征颜色，但它可以与具有氧化还原性的物质结合生成有色化合物，从而引起溶液颜色的改变，指示滴定终点。例如可溶性淀粉与 I_2 生成蓝色配合物，当 I_2 被还原为 I^- 时，蓝色消失，当 I^- 被氧化为 I_2，蓝色出现，因此，淀粉是碘量法常用的特殊指示剂。

国内开发了一种粮油检验仪器——自动滴定分析仪，用淀粉作指示剂，自动滴定、自动判定滴定终点和自动计算，可用于测定动植物油脂的过氧化值，是间接碘量法的自动化应用范例（LS/T 6106—2012《动植物油脂 过氧化值测定 自动滴定分析仪法》）。

③ 氧化还原指示剂 氧化还原指示剂本身是有氧化还原性质的有机化合物，可以参与氧化还原反应，它的氧化型和还原型具有不同颜色，指示剂的变色电位范围应在滴定突跃范围之内。在化学计量点附近，通过指示剂的氧化还原反应，当氧化型变为还原型，或由还原型变为氧化型时，其颜色发生突变来指示滴定终点。

不同的氧化还原指示剂其变色范围不同，表 8-1 列出常用的几种氧化还原指示剂的颜色变化。

表 8-1 常用的几种氧化还原指示剂的颜色变化

指示剂	$E_{In(O)/In(R)}[c(H^+)=1mol/L]/V$	颜色变化	
		氧化型	还原型
亚甲蓝	0.36	蓝色	无色
二苯胺	0.76	紫色	无色
二苯胺磺酸钠	0.84	红紫色	无色
邻苯氨基苯甲酸	0.89	红紫色	无色
邻二氮菲亚铁	1.06	浅蓝色	红色

4. 常用的氧化还原滴定法

氧化还原滴定法通常根据氧化剂的名称来命名，如高锰酸钾法、重铬酸钾法、碘量法、铈量法、溴酸钾法、斐林试剂法、铁氰化钾法、2,6-二氯靛酚滴定法等。各种方法都有其自身的特点和应用范围。本小节只介绍食品分析与检验中常用的几种方法。

(1) 高锰酸钾法

① 概述　高锰酸钾法是以高锰酸钾作为氧化剂进行滴定分析的氧化还原滴定法。$KMnO_4$ 是一种强氧化剂，其氧化能力及还原产物与溶液的酸度有关。在强酸条件下，$KMnO_4$ 具有更强的氧化能力。

为防止 Cl^-（具有还原性）和 NO_3^-（酸性条件下具有氧化性）的干扰，其酸性介质不能用 HCl 或 HNO_3，通常是用 $c(H^+)=1\sim2mol/L$ 的 H_2SO_4 溶液。

高锰酸钾法的优点是：$KMnO_4$ 氧化能力强，应用广泛，许多还原性物质如 Fe^{2+}、H_2O_2、$C_2O_4^{2-}$、有机物等可用 $KMnO_4$ 标准溶液直接滴定；$KMnO_4$ 自身有颜色，$2\times10^{-6}mol/L$ $KMnO_4$ 溶液就可以显粉红色，具有指示剂作用。主要缺点是：$KMnO_4$ 试剂常含有少量杂质，只能用间接法配制 $KMnO_4$ 标准溶液，且溶液的稳定性不够高；$KMnO_4$ 的氧化能力太强，能与许多还原性物质发生作用，所以干扰比较多，反应的选择性差。

② $KMnO_4$ 溶液的配制　$KMnO_4$ 中常含有二氧化锰、硫酸盐、氯化物和硝酸盐等少量杂质，同时蒸馏水中也常含有微量还原性物质，能与 $KMnO_4$ 作用，使 $KMnO_4$ 浓度改变。因此，配制 $KMnO_4$ 溶液时，先称取稍多于理论量的 $KMnO_4$ 固体，溶于一定体积的蒸馏水中，加热煮沸一定时间，再放置足够长时间，使溶液中可能存在的还原性物质完全氧化。$KMnO_4$ 溶液在加热及放置时，均应盖上表面皿。过滤除去沉淀（过滤时用 G4 玻璃滤埚或玻璃砂芯漏斗，不能用滤纸），滤液贮存于棕色试剂瓶中，并置于暗处。

③ $KMnO_4$ 溶液浓度的标定　标定 $KMnO_4$ 溶液的基准物质相当多，如 $Na_2C_2O_4$、$H_2C_2O_4\cdot2H_2O$、As_2O_3 和纯铁丝等，其中因 $Na_2C_2O_4$ 性质稳定、易于提纯而最为常用。

高锰酸钾标准滴定溶液的标定方法（GB/T 601—2016）：准确称取一定质量已干燥至恒重的草酸钠（$Na_2C_2O_4$）基准物质，溶于适量稀硫酸溶液中，用 $KMnO_4$ 溶液滴定，反应式为：

$$2MnO_4^- + 5C_2O_4^{2-} + 16H^+ = 2Mn^{2+} + 10CO_2\uparrow + 8H_2O$$

根据终点时所消耗 $KMnO_4$ 的体积及所称取 $Na_2C_2O_4$ 质量计算出 $KMnO_4$ 的准确浓度[$c(1/5KMnO_4)$，mol/L]。

$$c(1/5KMnO_4)=\frac{m(Na_2C_2O_4)\times1000}{M(1/2Na_2C_2O_4)V(KMnO_4)}$$

为了使反应定量、快速进行，必须控制好以下滴定条件：

a. 酸度　开始滴定时溶液的酸度一般控制在 $c(H^+)$ 为 $1\sim1.5mol/L$，滴定终点时溶液的 $c(H^+)$ 约 1mol/L。若酸度过低，易生成 MnO_2 或其他产物，酸度过高则会促使 $H_2C_2O_4$ 分解。

b. 温度　该滴定反应在室温下进行非常缓慢，按 GB/T 601 方法完成一次滴定操作大约需要 30min。可以通过提前加热的方法来提高反应速率，缩短滴定过程，即先将溶液加热至 70～85℃（锥形瓶口冒热气），并趁热进行滴定，滴定结束时溶液温度不应低于 60℃。但若加热温度超过 90℃，则易引起 $C_2O_4^{2-}$ 部分分解，造成较大误差。

c. 滴定速度　开始滴定时，滴定速度宜慢不宜快，须待前一滴 $KMnO_4$ 紫红色完全褪去后再滴加第二滴溶液，否则滴入的 $KMnO_4$ 来不及与 $C_2O_4^{2-}$ 反应，却在热的酸溶液中分解，影响标定结果的准确度。

随着滴定的进行，反应生成的 Mn^{2+} 对滴定反应产生自催化作用，使反应速率逐渐加快，因此滴定速度可随之加快。临近滴定终点时，反应物 $C_2O_4^{2-}$ 已经很少，反应速率明显降低，$KMnO_4$ 紫红色褪去很慢，此时滴定速度也须相应减慢。

如果在滴定前加入少量 $MnSO_4$ 作催化剂，则一开始就可以按正常速度进行滴定。

d. 终点判定　该滴定用 $KMnO_4$ 作自身指示剂，终点时溶液呈现稍微过量的 $KMnO_4$ 的颜色（粉红色）。终点过后溶液的粉红色会逐渐消失，原因是空气中的还原性气体和粉尘可与 MnO_4^- 缓慢作用，使 MnO_4^- 还原褪色。所以，滴定至溶液由无色变粉红色，经 30s 不褪色即为到达终点。

标定过的 $KMnO_4$ 溶液不宜长期存放，因存放时会产生 $MnO(OH)_2$ 沉淀。使用久置的 $KMnO_4$ 溶液时，应将其过滤并重新标定浓度。

④ $KMnO_4$ 法的应用

a. 食品中还原糖的测定　GB 5009.7—2016《食品安全国家标准 食品中还原糖的测定》中第二法即为高锰酸钾滴定法。

b. 食品添加剂过氧化氢的测定　食品添加剂过氧化氢（俗称食品级双氧水）主要用作防腐剂和食品工业用加工助剂。过氧化氢添加食品中可分解放出氧，起漂白、防腐和除臭等作用。部分商家在一些需要增白的食品，如水发食品牛百叶和海蜇、鱼翅、虾仁、带鱼、鱿鱼、水果罐头等的生产过程中违禁浸泡双氧水，以提高产品的外观。少数食品加工单位将发霉水产干品经浸泡双氧水处理漂白重新出售，或为消除病死鸡、鸭或猪肉表面的发黑、淤血和霉斑，将这些原料浸泡高浓度双氧水漂白，再添加人工色素或亚硝酸盐发色出售。GB 22216—2020《食品安全国家标准 食品添加剂 过氧化氢》规定高锰酸钾法为过氧化氢含量测定方法。GB 5009.226—2016《食品安全国家标准 食品中过氧化氢残留量的测定》中第二法“钛盐比色法”使用的过氧化氢标准储备液即是用高锰酸钾法标定的。

(2) 碘量法

① 原理　以 I_2 作氧化剂或利用 I^- 的还原性进行滴定的分析方法称为碘量法。其滴定半反应为：

$$I_2 + 2e^- = 2I^- \qquad E^\ominus = 0.545V$$

固体 I_2 在水中溶解度很小，且易挥发，通常将 I_2 溶解在 KI 的溶液中，这时 I_2 以 I_3^- 形式存在：

$$I_2 + I^- = I_3^-$$

因此，滴定分析中所用的碘液是 I_3^- 溶液，为简便起见，一般仍将 I_3^- 简写为 I_2。

由 $E^\ominus(I_2/I^-) = 0.545V$ 可知，I_2 的氧化能力较弱，它只能氧化一些还原性较强的物质，如维生素 C；而 I^- 作为中等强度的还原剂，可被许多氧化剂氧化为 I_2。因此，碘量法又可分为直接碘量法和间接碘量法。

a. 直接碘量法　$E^\ominus$ 比 $E^\ominus(I_2/I^-)$ 低的还原性物质，能被 I_2 氧化。用 I_2 标准溶液直接滴定还原剂溶液的分析方法，称为直接碘量法或碘滴定法。该法以淀粉为指示剂，终点时溶液由无色恰好变为蓝色。

b. 间接碘量法　$E^\ominus$ 比 $E^\ominus(I_2/I^-)$ 高的氧化性物质，能将 I^- 氧化。反应析出的 I_2 用 $Na_2S_2O_3$ 标准溶液进行滴定，以此计算待测组分的含量，这种方法叫间接碘量法或滴定碘法。

间接碘量法仍以淀粉为指示剂，溶液蓝色恰好褪尽即为滴定终点。但淀粉应在大部分

I_2 已被 $Na_2S_2O_3$ 还原、溶液由深褐色变为浅黄色时才加入。若加得过早，生成的 I_2 与淀粉形成复合物难于被 $Na_2S_2O_3$ 还原，给测定带来误差。

由于 I^- 能与许多氧化剂作用，间接碘量法的应用较直接碘量法更为广泛。

② 特点　碘量法既可以测定还原性物质，也可以测定氧化性物质，副反应少，反应介质可以是酸性、中性或弱碱性。但应用碘量法也要注意防止 I_2 挥发和 I^- 被空气氧化，并注意控制介质的酸碱度，以减少测定误差。

③ 注意事项

a. 加入过量的 KI，使 I_2 生成 I_3^-，减少 I_2 的挥发。

b. 析出 I_2 分子的反应应在碘量瓶中进行，避免阳光照射，远离热源，反应完成后立即滴定（滴定一般在室温下进行）。

c. 滴定时避免剧烈摇动溶液，滴定速度要快。

d. 光照及 Cu^{2+}、NO_2^- 等对空气氧化 I^- 的反应有催化作用，故在测定前须消除 Cu^{2+}、NO_2^- 等干扰离子，将溶液置于暗处，避光保存。

e. 反应介质酸度不能太高，否则副反应程度将会明显增加。

f. 直接碘量法测定不能在碱液中进行，间接碘量法的反应需在中性、弱酸或弱碱性介质中进行。如果溶液的 pH 过高，I_2 将发生歧化反应。

④ $Na_2S_2O_3$ 和 I_2 溶液的配制和标定

a. $Na_2S_2O_3$ 溶液的配制和标定　$Na_2S_2O_3$ 晶体中一般含有 S、Na_2SO_3 和 NaCl 等杂质，且本身不稳定，空气中的二氧化碳、氧气以及水中的微生物等都易分解 $Na_2S_2O_3$ 而使其溶液出现浑浊。

因此，配制 0.1mol/L $Na_2S_2O_3$ 溶液一般采用如下步骤：称取 26g 五水合硫代硫酸钠（$Na_2S_2O_3 \cdot 5H_2O$）或 16g 无水硫代硫酸钠（$Na_2S_2O_3$），加入适量新煮沸过（以除去水中溶解的 CO_2 和 O_2 等）的冷水使之溶解，并稀释至 1000mL。同时加入少量（0.2g）Na_2CO_3 使溶液呈微碱性，抑制微生物生长，防止 $Na_2S_2O_3$ 分解。配制的 $Na_2S_2O_3$ 溶液应贮存于棕色瓶内，避光保存 1 个月，使其稳定后再过滤、标定。也可以称取需要量的硫代硫酸钠和碳酸钠，溶于 1000mL 水中，缓缓煮沸 10min，冷却，放置 2 周后用 4 号玻璃滤埚过滤。

标定 $Na_2S_2O_3$ 溶液浓度时，常以 $K_2Cr_2O_7$ 作基准物质。步骤是：准确称取一定量的分析纯 $K_2Cr_2O_7$，在酸性条件下与过量 KI 作用，析出相当化学计量的 I_2，然后用淀粉作指示剂，以 $Na_2S_2O_3$ 溶液滴定 I_2。

根据所称的 $K_2Cr_2O_7$ 质量（m）及滴定所消耗 $Na_2S_2O_3$ 溶液的体积（l）计算 $Na_2S_2O_3$ 溶液的准确浓度（mol/L）。

化学反应计量关系：$K_2Cr_2O_7 \sim 3I_2 \sim 6Na_2S_2O_3$

$$c(Na_2S_2O_3)=\frac{6m(K_2Cr_2O_7)}{M(K_2Cr_2O_7)V(Na_2S_2O_3)}\times 1000$$

需要注意的是，为避免定量反应生成的 I_2 挥发，反应要在碘量瓶中进行，而且碘量瓶容量应足够大（≥400mL），以便于后续的加水稀释和滴定操作顺利进行。同时反应液及稀释用水的温度不应高于 20℃。为减少操作误差，需同时做空白试验。

b. I_2 溶液的配制和浓度标定　由于 I_2 挥发性强，准确称量有一定困难。所以一般不用

直接法配制 I_2 标准溶液，而是用市售的碘配制近似浓度的溶液，再进行标定。配制 I_2 溶液时，先称取需要量的碘晶体和过量 KI 晶体，一起置于研钵中，加少量水研磨，待溶解后稀释到一定体积，置于棕色试剂瓶中，避光保存。

碘溶液的准确浓度（mol/L）可以用 $Na_2S_2O_3$ 标准溶液滴定而求得，滴定反应为：

$$I_2+2S_2O_3^{2-} = 2I^- +S_4O_6^{2-}$$

碘溶液浓度 $c(I_2)$ 计算公式：

$$c(I_2)=\frac{c(Na_2S_2O_3)V(Na_2S_2O_3)}{2V(I_2)}$$

⑤ 碘量法的应用

a. 食品中二氧化硫的测定——直接碘量法　GB 5009.34—2016《食品安全国家标准 食品中二氧化硫的测定》规定了直接法配制重铬酸钾标准溶液、间接法配制和标定硫代硫酸钠和碘标准溶液，以及碘量法的全部操作。该标准规定了果脯、干菜、米粉类、粉条、砂糖、食用菌和葡萄酒等食品中总二氧化硫的测定方法。食品中二氧化硫的测定方法原理：在密闭容器中对样品进行酸化、蒸馏，蒸馏物（二氧化硫）用乙酸铅溶液吸收；吸收液用盐酸酸化，碘标准溶液滴定，根据所消耗的碘标准溶液量计算出样品中的二氧化硫含量。

b. 食品添加剂抗坏血酸、D-异抗坏血酸及其盐含量的测定——直接碘量法　以 D-葡萄糖或山梨醇为起始原料经发酵后化学合成制得的食用添加剂抗坏血酸，或者以葡萄糖为原料，经发酵制得 2-酮基-D-葡萄糖酸，再经酯化、转化、酸化、精制等步骤生产的食品添加剂 D-异抗坏血酸，以及抗坏血酸、D-异抗坏血酸的钙盐、钠盐和酯类食品添加剂，它们共同的检测分析方法都是采用直接碘量法（GB 14754—2010《食品添加剂 维生素 C（抗坏血酸)》、GB 1886.28—2016《食品安全国家标准 食品添加剂 D-异抗坏血酸钠》、GB 1886.43—2015《食品安全国家标准 食品添加剂 抗坏血酸钙》、GB 1886.44—2016《食品安全国家标准 食品添加剂 抗坏血酸钠》、GB 1886.49—2016《食品安全国家标准 食品添加剂 D-异抗坏血酸》、GB 1886.230—2016《食品安全国家标准 食品添加剂 抗坏血酸棕榈酸酯》)。抗坏血酸和 D-异抗坏血酸及其盐在结构上都含有烯二醇式结构，因此具有强还原性，可被碘定量氧化为双酮式结构，同时使碘还原生成碘化氢（HI），因此它们含量的测定是以淀粉为指示剂，用碘标准溶液滴定样品水溶液，根据碘标准溶液的用量，计算测试品含量。

c. 小麦粉、甜菜块根中还原糖的测定——间接碘量法　GB 5009.7—2016《食品安全国家标准 食品中还原糖的测定》中第三法“铁氰化钾法”和第四法“奥氏试剂滴定法”都是间接碘量法测定还原糖的应用。虽然方法名称看似与碘量法无关，但其方法完全符合“将 I^- 氧化，反应析出的 I_2，用 $Na_2S_2O_3$ 标准溶液进行滴定”的间接碘量法操作特征。

d. 动植物油脂中碘值的测定——间接碘量法　100g 油脂所能吸收的氯化碘或溴化碘换算成碘的质量，称为碘值。碘值是油脂性质的重要参数，也是油脂分析的重要特征指标，在一定范围内反映油脂的不饱和程度，双键越多越不饱和，油脂越易氧化和分解。GB/T 5532—2008 规定了动植物油脂中碘值的测定方法，其原理是在溶剂中溶解试样，加入韦氏（Wijs）试剂反应一定时间后，加入碘化钾和水，用硫代硫酸钠溶液滴定析出的碘。

e. 动植物油脂中过氧化值的测定——间接碘量法　过氧化值是指 1000g 油脂（香料）中含有活性氧的物质的量，以毫摩尔每千克表示。过氧化值是油脂、香料等食品原辅料质量的一个重要指标，反映了油脂是否新鲜及酸败的程度。GB/T 1534—2017《花生油》、GB/T 1535—2017《大豆油》、GB/T 10464—2017《葵花籽油》、GB/T 8233—2018《芝麻油》等国家标准对过氧化值均有限量值要求。现行有效的过氧化值测定标准主要有 GB 5009.227—2016《食品安全国家标准 食品中过氧化值的测定》、GB/T 33918—2017《香料过氧化值的测定》、LS/T 6106—2012《动植物油脂过氧化值测定 自动滴定分析仪法》。其中，GB 5009.227—2016 规定了食品中过氧化值的两种测定方法：滴定法和电位滴定法。滴定法和电位滴定法原理基本上是一致的：制备的油脂试样在三氯甲烷（或异辛烷)-冰醋酸混合液中溶解，其中的过氧化物与碘化钾反应生成碘，用硫代硫酸钠标准溶液滴定析出的碘，用过氧化物相当于碘的质量分数或 1kg 样品中活性氧的毫摩尔数表示过氧化值的量。两种测定方法的差异是电位滴定法由专用的电位滴定仪确定滴定终点。

f. 食品中过氧化氢残留量的测定——间接碘量法 GB 5009.226—2016《食品安全国家标准 食品中过氧化氢残留量的测定》中第一法“碘量法”即是间接碘量法。该法的原理是：食品中的强氧化物在稀硫酸中使碘化钾氧化，产生定量的碘，生成的碘以淀粉作指示剂，用硫代硫酸钠标准溶液滴定得到强氧化物总量；加入过氧化氢酶分解去除试样中的过氧化氢，用硫代硫酸钠标准溶液滴定去除过氧化氢后的其他氧化物含量；两次滴定结果之差可计算得到样品中过氧化氢的含量。

(3) 斐林试剂法 GB 5009.7—2016《食品安全国家标准 食品中还原糖的测定》中第一法“直接滴定法”就是斐林试剂法，这是一种在碱性条件下利用糖的还原性进行测定的氧化还原滴定法。与上述 3 种方法不同的是，斐林试剂是一种较弱的氧化剂，氧化还原反应较为复杂，计量关系往往不是由反应方程式确定，而是通过实验来确定。此外，该法操作条件也比较特殊，存在相当大的变数，从而影响分析结果的精密度。

斐林试剂法的原理、测定方法步骤及注意事项详见本模块“二、食品中碳水化合物的测定”之“还原糖的测定”。

(4) 2,6-二氯靛酚滴定法 在食品分析中，对某些特定成分（例如维生素 C）的测定会采用特殊的分析方法，2,6-二氯靛酚滴定法（简称靛酚法）就是其中的一种。

维生素 C 广泛存在于新鲜瓜果、蔬菜中，有抗坏血病的作用，故被称作抗坏血酸。抗坏血酸主要有还原型及脱氢型两种，维生素 C 通常指还原型抗坏血酸。维生素 C 极易被氧化为脱氢抗坏血酸，所以它是一个较强的还原剂，可用作食品抗氧剂。

GB 5009.86—2016《食品安全国家标准 食品中抗坏血酸的测定》有 3 种方法：高效液相色谱法、荧光法和 2,6-二氯靛酚滴定法。其中 2,6-二氯靛酚滴定法（第三法）是基于氧化还原反应的滴定分析法。该方法原理如下：2,6-二氯靛酚染料的颜色反应表现两种特性：一是取决于其氧化还原状态，氧化态为深蓝色，还原态变为无色；二是受溶液的酸度影响，2,6-二氯靛酚在碱性溶液中呈深蓝色，在酸性溶液中则呈浅红色。用 2,6-二氯靛酚碱性溶液对还原性物质的酸性浸出液进行氧化还原滴定，2,6-二氯靛酚被还原为无色，当到达滴定终点时，多余的 2,6-二氯靛酚在酸性溶液中则显现浅红色。根据 2,6-二氯靛酚这一氧化还原特性，抗坏血酸的测定方可分为标定和测定两个步骤，即先用抗坏血酸标准溶液标定 2,6-二氯靛酚染料溶液，再用此染料溶液对试样中的抗坏血酸进行氧化还原滴定。还原型抗坏血酸被氧化成脱氢抗坏血酸，2,6-二氯靛酚在酸性溶液中被抗坏血酸还原为无色。当还原型抗坏血酸完全被氧化时，过量 1 滴 2,6-二氯靛酚即使溶液呈现浅红色，以示滴定终点。在无杂质干扰时，所消耗 2,6-二氯靛酚溶液量与样品中抗坏血酸含量成正比，依此定量。

2,6-二氯靛酚滴定法测定的是还原型抗坏血酸，方法简便，较灵敏，但特异性差，样品中的其他还原性物质（如 Fe^{2+}、Sn^{2+} 等）会干扰测定，使测定结果偏高。

二、食品中碳水化合物的测定

碳水化合物的测定在食品工业中具有特别重要的意义。碳水化合物是食品工业的主要原辅材料，是大多数食品的重要组成成分，是能量的主要来源，它影响着食品的物理性质和人类的生理代谢。它在各种食品中的存在形式和含量各不相同，碳水化合物包括单糖、低聚糖和多糖，它的含量是食品营养价值高低的重要标志，也是某些食品重要的质量指标。碳水化合物的测定是食品主要分析项目之一。

食品中碳水化合物的测定方法很多，测定单糖和低聚糖的方法有物理法、化学法、色谱法和酶法等。物理法包括相对密度法、折光法和旋光法等，这些方法比较简便。对一些特定的样品，或生产过程中进行监控，采用物理法较为方便。化学法是一种广泛采用的常规分析法，它包括还原糖法（斐林试剂法、高锰酸钾法、铁氰化钾法、奥氏试剂滴定法等）、缩合反应法等。化学法测得的多为糖的总量，不能确定糖的种类及每种糖的含量。利用色谱法可以对样品中的各种糖类进行分离定量。目前利用气相色谱和高效液相色谱分离和定量食品中的各种糖类已得到广泛应用。近年来发展起来的离子交换色谱具有灵敏度高、选择性好等优点，也已成为一种卓有成效的糖类的色谱分析法。用酶法测定糖类也有一定的应用，如 β-半乳糖脱氢酶测定半乳糖、乳糖，葡萄糖氧化酶测定葡萄糖等。

本小节将着重介绍碳水化合物测定方法中的标准分析方法。

1. 可溶性糖类的测定

食品中的可溶性糖通常是指葡萄糖、果糖等游离单糖及蔗糖等低聚糖。

（1）可溶性糖类的提取和澄清 测定可溶性糖时，一般须选择适当的溶剂提取样品，并对提取液进行纯化，除去干扰物质，然后才能测定。

① 提取液的制备 常用的提取剂有水和乙醇，对于含脂肪的食品，如乳酪、巧克力、蛋黄酱等，通常首先用石油醚处理样品一次或几次，用于脱脂，再用水进行提取，必要时可加热。对含有大量淀粉和糊精的食品，如粮谷制品、某些蔬菜、调味品，用水提取会使部分淀粉、糊精溶出，影响测定，同时增加了过滤困难，因此，宜采用乙醇溶液提取，通常用70%～75%的乙醇溶液。用乙醇溶液作提取剂时，待提取液不用除蛋白质，因为蛋白质不会溶解出来。对含酒精和二氧化碳的液体样品，通常蒸发至原体积的1/4～1/3，以除去酒精和二氧化碳。但酸性食品，在加热前应预先用氢氧化钠调节样品溶液至中性，以防止低聚糖部分水解。

② 提取液的澄清 初步得到的提取液中，除含有单糖和低聚糖等可溶性糖类外，还不同程度地含有一些影响测定的杂质，如色素、蛋白质、可溶性果胶、可溶性淀粉、有机酸、氨基酸、单宁等，这些物质的存在常会使提取液带有颜色，或呈现浑浊，影响测定终点的观察，也可能在测定过程中与被测成分或分析试剂发生化学反应，影响分析结果的准确性。胶态杂质的存在还会给过滤操作带来困难，因此必须把这些干扰物质除去。常用的方法是加入澄清剂沉淀这些干扰物质。

常用澄清剂有中性醋酸铅［$Pb(CH_3COO)_2 \cdot 3H_2O$］、乙酸锌-亚铁氰化钾溶液、酒石酸铜-氢氧化钠溶液、活性炭等。应根据样品的特性和采用的分析方法来选择澄清剂，例如：

用直接滴定法测定还原糖时不能用酒石酸铜-氢氧化钠溶液澄清样品，以免样液中引入 Cu^{2+}；用高锰酸钾滴定法测定还原糖时，不能用乙酸锌-亚铁氰化钾溶液澄清样液，以免样液中引入 Fe^{2+}。

(2) 还原糖的测定 还原糖是指具有还原性的糖类。葡萄糖分子中含有游离醛基，果糖分子中含有游离酮基，乳糖和麦芽糖分子中含有游离的半缩醛羟基，因而它们都具有还原性，都是还原糖。其他非还原性糖类，如蔗糖、糊精、淀粉等，本身不具有还原性，但可以通过水解而生成具有还原性的单糖，再进行测定，然后换算成样品中相应糖类的含量。所以糖类的测定是以还原糖的测定为基础的。GB 5009.7—2016《食品安全国家标准 食品中还原糖的测定》规定的测定方法有 4 种，即直接滴定法、高锰酸钾滴定法、铁氰化钾法和奥氏试剂滴定法，现分别介绍如下。

① 直接滴定法（GB 5009.7—2016 第一法）

直接滴定法是目前最常用的还原糖测定方法，该法又称斐林试剂法、快速法。

a. 原理 一定量的碱性酒石酸铜甲液、乙液等体积混合后，先生成天蓝色的氢氧化铜沉淀，沉淀很快与酒石酸钾钠反应，生成深蓝色的碱性酒石酸铜溶液。以葡萄糖（或其他还原糖）标准溶液标定该碱性酒石酸铜溶液，计算一定量碱性酒石酸铜溶液相当于葡萄糖（或其他还原糖）的质量。碱性酒石酸铜甲液、乙液也称斐林试剂甲液、乙液（或斐林试剂 A 液、B 液）。

试样经除去蛋白质后制成试样溶液，在加热条件下，以亚甲蓝作为指示剂，用试样溶液直接滴定碱性酒石酸铜溶液，还原糖将二价铜还原为氧化亚铜。待二价铜全部被还原后，稍过量的还原糖将亚甲蓝还原，溶液由蓝色变为无色即为终点。根据最终所消耗的试样溶液体积，即可计算出还原糖的含量。

1mol 葡萄糖可以将 2mol 的 Cu^{2+} 还原为 Cu_2O，而实际上，还原糖在碱性溶液中与酒石酸铜的反应并不完全符合以上计量关系。在碱性及加热条件下还原糖将形成某些差向异构体的平衡体系，并且在此反应条件下将产生降解，形成多种活性降解产物，其反应过程极为复杂。实验结果表明，1mol 的葡萄糖只能还原不足 2mol 的 Cu^{2+}，且随反应条件的变化而变化。因此，不能直接计算出还原糖含量，而是要用已知浓度的葡萄糖标准溶液标定的方法，或利用通过实验编制出来的还原糖检索表来计算。

b. 特点 直接滴定法具有试剂用量少，操作简单、快速，滴定终点明显等特点。

c. 适用范围 此法适用于各类食品中还原糖的测定。但对于深色样品（如酱油、深色果汁等），因色素干扰使终点难以判断，从而影响其准确性。

d. 注意事项 测定还原糖时，碱性酒石酸铜溶液必须是新配制的，且在滴定前才能将甲液和乙液进行混合。滴定时要控制好加热速度，即 2min 内必须煮沸试液，但不得过快煮沸。快速滴定时，溶液必须保持沸腾，使试剂反应迅速充分，不得离开热源摇动锥形瓶，以免使溶液变色异常。加热温度过高也会使终点显色出现异常。

② 高锰酸钾滴定法（GB 5009.7—2016 第二法）

a. 原理 试样经除去蛋白质后，与足量的碱性酒石酸铜溶液反应，其中还原糖把铜盐还原为氧化亚铜，加硫酸铁后，氧化亚铜被氧化为铜盐，而三价铁被定量地还原成亚铁盐，经高锰酸钾溶液滴定生成的亚铁盐，根据高锰酸钾消耗量，计算氧化亚铜含量，再查表得还原糖含量。

b. 特点 此法的主要特点是准确度高、重现性好，这两方面都优于直接滴定法；操作步骤不多，但需查特制的还原糖质量换算表。

c. 适用范围　此法适用于各类食品中还原糖的测定，对于深色样液也同样适用。

d. 说明　操作过程必须严格按规定执行，加入碱性酒石酸铜甲、乙液后，务必控制在4min内加热至沸，沸腾时间2min也要准确，否则会引起较大的误差。该法所用的碱性酒石酸铜溶液是过量的，即保证把所有的还原糖全部氧化后，还有过剩的Cu^{2+}存在。所以，经煮沸后的反应液应显蓝色。如不显蓝色，说明样液含糖浓度过高，应调整样液浓度，或减少样液取用体积，重新操作，而不能增加碱性酒石酸铜甲、乙液的用量。样品中的还原糖既有单糖也有麦芽糖或乳糖等双糖时，还原糖的测定结果会偏低，这主要是因为双糖的分子中仅含有一个还原基所致。在抽滤和洗涤时，要操作迅速，防止氧化亚铜沉淀长时间暴露在空气中，避免其氧化。

③ 铁氰化钾法（GB 5009.7—2016 第三法）

a. 原理　还原糖在碱性溶液中将铁氰化钾还原为亚铁氰化钾，还原糖本身被氧化为相应的糖酸。

过量的铁氰化钾在乙酸的存在下，与碘化钾作用析出碘，析出的碘以硫代硫酸钠标准溶液滴定，临近终点再加淀粉指示液，继续滴定直至溶液蓝色消失即为终点，记下消耗硫代硫酸钠标准溶液的体积（V_1）。

铁氰化钾与硫代硫酸钠的计量关系为1∶1，即滴定消耗硫代硫酸钠标准溶液（浓度为c）的量在数值上等于铁氰化钾的量（cV_1）。用与试样还原糖测定同样的方法做试样空白测定（消耗硫代硫酸钠标准溶液体积V_0），就得到铁氰化钾的反应总量（cV_0），则氧化还原糖时所用的铁氰化钾的量$n=c(V_0-V_1)$，换算为0.1mol/L铁氰化钾溶液的体积（V）则为

$$V=\frac{c(V_0-V_1)}{0.1}$$

通过计算氧化还原糖时所用铁氰化钾的量，查铁氰化钾与还原糖含量对照表可得试样中还原糖的含量。

b. 特点　此法是间接碘量法测定还原糖含量。此法与直接滴定法（斐林试剂法）相似之处都是在碱性条件下加热一定时间，使还原糖氧化为相应的糖酸。不同的是此法的氧化剂是铁氰化钾，氧化剂及其还原产物均为配合物，还原产物亚铁氰化钾是无色的，在反应前后不存在吸附和色泽的干扰，且以淀粉作指示剂，滴定终点变化清晰。

c. 适用范围　适用于小麦粉中还原糖含量的测定。

④ 奥氏试剂滴定法（GB 5009.7—2016 第四法）

a. 原理　在沸腾条件下，还原糖与过量奥氏试剂反应生成相当量的Cu_2O沉淀，冷却后加入盐酸使溶液呈酸性，并使Cu_2O沉淀溶解。然后加入过量碘溶液进行氧化，用硫代硫酸钠溶液滴定过量的碘。

硫代硫酸钠标准溶液空白试验滴定量减去其样品试验滴定量得到一个差值，由此差值便可计算出还原糖的量。

b. 特点　此法与直接滴定法高度相似，但此法是间接测定还原糖含量，较直接滴定法多了一个间接碘量法的操作过程。此法测定与铁氰化钾法相似，但不需查表求还原糖含量，而是可直接计算还原糖含量。

c. 适用范围　适用于甜菜块根中还原糖含量的测定。

(3) 蔗糖的测定 在食品生产中，为判断原料的成熟度，鉴别白糖、蜂蜜等食品原料的品质，以及控制糖果、果脯、加糖乳制品等产品的质量指标，常需要测定蔗糖的含量。

蔗糖是非还原性双糖，不能用测定还原糖的方法直接进行测定，但蔗糖经酸水解后可生成具有还原性的葡萄糖和果糖，再按测定还原糖的方法进行测定。对于纯度较高的蔗糖溶液，可用相对密度法、折光法、旋光法等物理检验法进行测定。GB 5009.8—2016《食品安全国家标准 食品中果糖、葡萄糖、蔗糖、麦芽糖、乳糖的测定》中的第二法"酸水解-莱因-埃农氏法"适用于各类食品中蔗糖的测定。

① 原理 样品除去蛋白质等杂质后，用稀盐酸水解样液，使蔗糖转化为还原糖，按还原糖测定的方法，分别测定水解前后样液中还原糖的含量，两者的差值即为由蔗糖水解产生的还原糖的量，再乘以换算系数 0.95 即为蔗糖的含量。

② 说明 a. 蔗糖在本法规定的水解条件下，可以完全水解，而其他双糖和淀粉等的水解作用很小，可忽略不计。所以必须严格控制水解条件，以确保结果的准确性与重现性。此外果糖在酸性溶液中易分解，故水解结束后应立即取出并迅速冷却、中和。b. 用还原糖法测定蔗糖时，为减少误差，测得的还原糖应以转化糖表示，故用直接法滴定时，碱性酒石酸铜溶液的标定需采用蔗糖标准溶液按测定条件水解后进行标定。c. 若选用高锰酸钾滴定时，查附表时应查转化糖项。

(4) 总糖的测定 许多食品中含有多种糖类，包括具有还原性的葡萄糖、果糖、麦芽糖、乳糖等，以及非还原性的蔗糖、棉子糖等。这些糖有的来自原料，有的是因生产需要而加入的，有的是在生产过程中形成的（如蔗糖水解为葡萄糖和果糖）。许多食品通常只需测定其总量，即所谓的"总糖"。食品中的总糖通常是指食品中存在的具有还原性的或在测定条件下能水解为还原性单糖的碳水化合物总和，但不包括淀粉，因为在该测定条件下，淀粉的水解作用很微弱。应当注意这里所讲的总糖与营养学上所指的总糖是有区别的，营养学上的总糖是指被人体消化、吸收利用的糖类物质的总和，包括淀粉。

总糖是许多食品（如麦乳精、果蔬罐头、巧克力、软饮料等）的重要质量指标，是食品生产中常规的检验项目，总糖含量直接影响食品的质量及成本。所以，在食品分析中总糖的测定具有十分重要的意义。总糖的测定通常采用直接滴定法，也可用蒽酮比色法、苯酚-硫酸比色法、3,5-二硝基水杨酸分光光度法等光度分析法测定。如 GB/T 9695.31—2008《肉制品总糖含量测定》中第二法就是采用直接滴定法，即将样品先除去蛋白质等杂质，经稀盐酸水解转化为还原糖，再以直接滴定法测定水解后样品中还原糖的总量。

2. 淀粉的测定

淀粉在植物性食品中分布很广，广泛存在于植物的根、茎、叶、种子及水果中。它是一种多糖，是供给人体热量的主要来源。在食品工业中的用途也非常广泛，常作为食品的原辅料。制造面包、糕点、饼干用的面粉，通过掺和纯淀粉，调节面筋浓度和胀润度；在糖果生产中不仅使用大量由淀粉制造的糖浆，也使用原淀粉和变性淀粉；在冷饮中作为稳定剂，在肉类罐头中作为增稠剂，在其他食品中还可作为胶体生成剂、保湿剂、乳化剂、黏合剂等。淀粉含量是某些食品主要的质量指标，也是食品生产管理中的一个常检项目。

淀粉是由葡萄糖单位构成的聚合体，按聚合形式不同可形成两种不同的淀粉分子，即直链淀粉和支链淀粉。淀粉的主要性质有：①水溶性：直链淀粉不溶于冷水，可溶于热水；支链淀粉常压下不溶于水，只有在加热并加压时才能溶解于水。②醇溶性：不溶于浓度在30%以上的乙醇溶液。③水解性：在酸或酶的作用下可以水解，最终产物是葡萄糖。④旋光性：淀粉水溶液具有右旋性，旋光度为+201.5°～+205°。

GB 5009.9—2016《食品安全国家标准 食品中淀粉的测定》中规定淀粉测定可采用3种方法：第一法为酶水解法，第二法为酸水解法，这两个方法适用于除肉制品外食品中淀粉的测定，是将淀粉在酶或酸的作用下水解为葡萄糖后，再按还原糖测定方法进行定量测定；第三法适用于肉制品中淀粉的测定，是将样品预处理后用碘量法测定并计算淀粉含量。此外，利用淀粉具有旋光性这一性质，还可采用旋光法测定其含量，如GB/T 20378—2006《原淀粉 淀粉含量的测定 旋光法》和GB/T 20194—2018。

(1) 酶水解法 (GB 5009.9—2016 第一法)

① 原理　试样经去除脂肪及可溶性糖后，淀粉用淀粉酶水解成小分子糖，再用盐酸水解成单糖，最后按还原糖测定方法测定，并折算（乘换算系数0.9）成淀粉含量。

② 特点　因为淀粉酶有严格的选择性，淀粉酶只水解淀粉而不会水解其他多糖，水解后通过过滤可除去其他多糖。所以该法不受半纤维素、多缩戊糖、果胶质等多糖的干扰，适合于这类多糖含量高的样品，分析结果准确可靠，但操作复杂、费时。

(2) 酸水解法 (GB 5009.9—2016 第二法)

① 原理　试样经除去脂肪及可溶性糖后，其中淀粉用酸水解成具有还原性的单糖，然后按还原糖测定方法测定，并折算成淀粉含量。

② 特点　酸水解法不仅淀粉水解，其他多糖如半纤维素和多缩戊糖等也会被水解为具有还原性的木糖、阿拉伯糖等，使得测定结果偏高。因此，对于淀粉含量较低而半纤维素、多缩戊糖和果胶含量较高的样品不适宜用该法。该法操作简单、应用广泛，但选择性和准确性不如酶水解法。

(3) 间接碘量法 (GB 5009.9—2016 第三法)

① 原理　肉制品试样中加入氢氧化钾-乙醇溶液，在沸水浴上加热后，滤去上清液，用热乙醇洗涤沉淀除去脂肪和可溶性糖，沉淀经盐酸水解后，用碘量法测定形成的葡萄糖并计算淀粉含量。

② 特点　由于肉制品样品的复杂性，淀粉的分离、水解操作复杂、费时。间接碘量法是用一定量的碱性铜试剂与试样溶液加热回流，使水解生成的葡萄糖充分氧化，过剩的碱性铜试剂与足量碘化钾反应，在酸性条件下用硫代硫酸钠滴定析出的I_2，同时做空白试验。

一、硫代硫酸钠标准滴定溶液的配制和标定（参照GB/T 601—2016，GB/T 603—2002）

【原理】

以$K_2Cr_2O_7$作基准物质，在酸性条件下与过量KI作用，析出相当化学计量的I_2，然后用淀粉作指示剂，以$Na_2S_2O_3$溶液滴定。

【试剂】

① 硫代硫酸钠。

② 碳酸钠。

③ 碘化钾。

④ 重铬酸钾。

⑤ 硫酸（20%）：量取20mL硫酸，缓缓注入约70mL水中，冷却，稀释至100mL。

⑥ 淀粉指示液（10g/L）：称取1g淀粉，加5mL水使其成糊状，在搅拌下将糊状物加到90mL沸腾的水中，煮沸1～2min，冷却，稀释至100mL。使用期为2周。

【步骤】

(1) 硫代硫酸钠标准滴定溶液［$c(Na_2S_2O_3)=0.1mol/L$］的配制 称取26g五水合硫代硫酸钠（或16g无水硫代硫酸钠），加0.2g无水碳酸钠，溶于1000mL水中，缓缓煮沸10min，冷却。放置2周后用4号玻璃滤埚过滤。

(2) 硫代硫酸钠标准滴定溶液的标定 称取0.18g已于（120±2）℃干燥至恒量的工作基准试剂重铬酸钾，置于碘量瓶中，溶于25mL水，加2g碘化钾及20mL硫酸溶液，摇匀，于暗处放置10min。加150mL水（15～20℃），用配制的硫代硫酸钠溶液滴定，近终点时加2mL淀粉指示液，继续滴定至溶液由蓝色变为亮绿色。平行操作4次。同时做空白试验。

(3) 计算硫代硫酸钠标准滴定溶液的浓度［$c(Na_2S_2O_3)$，mol/L］，按下式计算：

$$c(Na_2S_2O_3)=\frac{m\times 1000}{(V_1-V_2)M}$$

式中 c——硫代硫酸钠标准滴定溶液的浓度，mol/L；

m——重铬酸钾质量，g；

V_1——硫代硫酸钠溶液体积，mL；

V_2——空白试验消耗硫代硫酸钠溶液体积，mL；

M——重铬酸钾的摩尔质量［$M(1/6K_2Cr_2O_7)=49.031$］，g/mol。

二、食品中还原糖的含量测定——直接滴定法（参照GB/T 5009.7—2016第一法）

【原理】

试样经除去蛋白质后，以亚甲蓝作指示剂，在加热条件下滴定（已用还原糖标准溶液标定过的）碱性酒石酸铜溶液，根据样品液消耗体积计算还原糖含量。

【仪器】

天平（感量为0.1mg、0.01g），恒温干燥箱，可调温电炉（或电陶炉），水浴锅，蒸发皿，称量瓶，漏斗；酸式滴定管（25mL），吸量管（5mL，10mL），锥形瓶（150mL），具塞锥形瓶（250mL），容量瓶（100mL，250mL，1000mL），量筒（10mL，200mL），烧杯（100mL，400mL），试剂瓶（250mL，1000mL）。

【试剂】

① 碱性酒石酸铜甲液（斐林试剂A液）：称取硫酸铜（$CuSO_4\cdot 5H_2O$）15g及亚甲蓝0.05g，溶于水中，并稀释至1000mL。

② 碱性酒石酸铜乙液（斐林试剂B液）：称取50g酒石酸钾钠（$C_4H_4O_6KNa\cdot 4H_2O$）

和75g氢氧化钠，溶于水中，再加入4g亚铁氰化钾 [$K_4Fe(CN)_6 \cdot 3H_2O$]，完全溶解后，用水定容至1000mL，贮存于橡胶塞玻璃瓶中。

③ 乙酸锌溶液：称取21.9g乙酸锌 [$Zn(CH_3COO)_2 \cdot 2H_2O$]，加3mL冰醋酸，加水溶解并定容于100mL。

④ 亚铁氰化钾溶液（106g/L）：称取10.6g亚铁氰化钾，加水溶解并定容至100mL。

⑤ 氢氧化钠溶液（40g/L）：称取氢氧化钠4g，加水溶解后，放冷，定容至100mL。

⑥ 盐酸溶液（1+1，体积比）：量取盐酸50mL，加水50mL混匀。

【标准溶液配制】

① 葡萄糖标准溶液（1.0mg/mL）：取葡萄糖标准品，在98～100℃烘箱中干燥2h。准确称取1g葡萄糖，加水溶解后加入5mL盐酸溶液（1+1），并用水定容至1000mL。此溶液每毫升相当于1.0mg葡萄糖。

② 果糖标准溶液（1.0mg/mL）：准确称取经过98～100℃干燥2h的果糖1g，加水溶解后加入盐酸溶液5mL，并用水定容至1000mL。此溶液每毫升相当于1.0mg果糖。

③ 乳糖标准溶液（1.0mg/mL）：准确称取经过94～98℃干燥2h的乳糖1g，加水溶解后加入盐酸溶液5mL，并用水定容至1000mL。此溶液每毫升相当于1.0mg乳糖。

【步骤】

(1) 试样处理

① 含淀粉的食品：称取粉碎或混匀后的试样10～20g（精确至0.001g），置250mL容量瓶中，加水200mL，在45℃水浴中加热1h，并时时振摇，冷却后加水至刻度，混匀，静置，沉淀。吸取200mL上清液置于另一250mL容量瓶中，缓慢加入乙酸锌溶液5mL和亚铁氰化钾溶液5mL，加水至刻度，混匀，静置30min，用干燥滤纸过滤，弃去初滤液，取后续滤液备用。

② 酒精饮料：称取混匀后的试样100g（精确至0.01g），置于蒸发皿中，用氢氧化钠溶液调至中性，在水浴上蒸发至原体积的1/4后，移入250mL容量瓶中，缓慢加入乙酸锌溶液5mL和亚铁氰化钾溶液5mL，加水至刻度，混匀，静置30min，用干燥滤纸过滤，弃去初滤液，取后续滤液备用。

③ 碳酸饮料：称取混匀后的试样100g（精确至0.01g）于蒸发皿中，在水浴上微热搅拌除去二氧化碳后，移入250mL容量瓶中，用水洗涤蒸发皿，洗液并入容量瓶，加水至刻度，混匀后备用。

④ 其他食品：称取粉碎后的固体试样2.5～5g（精确至0.001g）或混匀后的液体试样5～25g（精确至0.001g），置250mL容量瓶中，加50mL水，缓慢加入乙酸锌溶液5mL和亚铁氰化钾溶液5mL，加水至刻度，混匀，静置30min，用干燥滤纸过滤，弃去初滤液，取后续滤液备用。

(2) 碱性酒石酸铜溶液的标定 吸取碱性酒石酸铜甲液、乙液各5.0mL于150mL锥形瓶中，加水10mL，加入玻璃珠2～4粒，从滴定管中加入约9mL葡萄糖标准溶液（或其他还原糖标准溶液）于锥形瓶，控制在2min内加热至沸，趁热以每2秒1滴的速度继续滴加葡萄糖标准溶液（或其他还原糖标准溶液），直至溶液蓝色刚好褪去即为终点，记录消耗葡萄糖标准溶液（或其他还原糖标准溶液）的总体积，同时平行操作3份，取其平均值，按下式计算每10mL碱性酒石酸铜溶液相当于葡萄糖（或其他还原糖）的质量。

$$m_1 = cV$$

式中 m_1——每10mL碱性酒石酸铜溶液（甲液、乙液各5.0mL）相当于葡萄糖（或其他还原糖）的质量，mg；

c——葡萄糖标准溶液（或其他还原糖标准溶液）的浓度，1.0mg/mL；

V——标定碱性酒石酸铜溶液消耗葡萄糖标准溶液（或其他还原糖标准溶液）的总体积的平均值，mL。

也可以按上述方法标定4～20mL碱性酒石酸铜溶液（甲、乙液各半）来适应试样中还原糖的浓度变化。

(3) 试样溶液预测 吸取碱性酒石酸铜甲液、乙液各5.0mL于150mL锥形瓶中，加水10mL，加入玻璃珠2～4粒，控制在2min内加热至沸，保持沸腾以先快后慢的速度，从滴定管中滴加试样溶液，并保持沸腾状态，待溶液颜色变浅时，以每2秒1滴的速度滴定，直至溶液蓝色刚好褪去即为终点，记录试样溶液消耗体积。

(4) 试样溶液测定 吸取碱性酒石酸铜甲液、乙液各5.0mL于150mL锥形瓶中，加入玻璃珠2～4粒，从滴定管滴加比预测体积少1mL的试样溶液至锥形瓶中，控制在2min内加热至沸，保持沸腾继续以每2秒1滴的速度滴定，直至蓝色刚好褪去即为终点，记录样液消耗体积。同法平行操作3份，得出平均消耗体积（V）。

(5) 计算 试样中还原糖的含量（以某种还原糖计）按下式计算：

$$X = \frac{m_1}{mF \times \frac{V}{250} \times 1000} \times 100$$

式中 X——试样中还原糖的含量（以某种还原糖计），g/100g；

m_1——碱性酒石酸铜溶液（甲、乙液各半）相当于某种还原糖的质量，mg；

m——试样质量，g；

F——系数，对含淀粉的食品、碳酸饮料及其他食品为1.0，酒精饮料为0.80；

V——测定时平均消耗试样溶液体积，mL；

250——定容体积，mL；

1000——换算系数。

当浓度过低时，试样中还原糖的含量（以某种还原糖计），则按下式计算：

$$X = \frac{m_2}{mF \times \frac{10}{250} \times 1000} \times 100$$

式中 X——试样中还原糖的含量（以某种还原糖计），g/100g；

m_2——标定时体积与加入样品后消耗的还原糖标准溶液体积之差相当于某种还原糖的质量，mg；

m——试样质量，g；

F——系数，对含淀粉的食品、碳酸饮料及其他食品为1.0，酒精饮料为0.80；

10——样液体积，mL，

250——定容体积，mL；

1000——换算系数。

还原糖含量≥10g/100g 时，计算结果保留 3 位有效数字；还原糖含量＜10g/100g 时，计算结果保留 2 位有效数字。

在重复性条件下获得的两次独立测定结果的绝对差值不得超过算术平均值的 5%。

当称样量为 5g 时，定量限为 0.25g/100g。

【注意事项】

① 碱性酒石酸铜甲液、乙液应分别配制贮存，用时才混合。

② 碱性酒石酸铜的氧化能力较强，可将醛糖和酮糖都氧化，所以测得的是总还原糖量。

③ 本方法对糖进行定量的基础是碱性酒石酸铜溶液中 Cu^{2+} 的量，所以样品处理时不能采用硫酸铜-氢氧化钠作为澄清剂，以免样液中混入 Cu^{2+}，得出错误的结果。

④ 在碱性酒石酸铜乙液中加入亚铁氰化钾，是为了使生成的 Cu_2O 红色沉淀转化为可溶性的无色配合物，以便于观察滴定终点颜色变化。

⑤ 亚甲蓝也是一种氧化剂，但在测定条件下其氧化能力比 Cu^{2+} 弱，故还原糖先与 Cu^{2+} 反应，待 Cu^{2+} 完全反应后，稍过量的还原糖才会与亚甲蓝发生反应，使溶液蓝色消失，指示到达滴定终点。

⑥ 整个滴定过程必须在沸腾条件下进行（不得拿起锥形瓶摇晃），其目的是为了加快反应速率和防止空气进入，避免氧化亚铜和还原型的亚甲蓝被空气氧化从而增加耗糖量。

⑦ 测定中还原糖液浓度、滴定速度、热源强度及煮沸时间等都对测定精密度有很大的影响。还原糖液浓度要求在 0.1%左右，与葡萄糖标准溶液的浓度相近；继续滴定至终点的体积应控制在 0.5～1mL 以内，以保证在 1min 内完成续滴定的工作；热源一般采用 800W 电炉，热源强度和煮沸时间应严格按照操作中的规定执行，否则，加热强度及煮沸时间不同，水蒸气蒸发量不同，反应液的碱度也不同，从而影响反应速率、反应程度及最终测定的结果。

⑧ 预测定与正式测定的操作条件应一致。平行实验中消耗样液量之差应不超过 0.1mL。

三、果蔬中维生素 C 含量的测定（参照 GB 5009.86—2016 第三法）

【原理】

用蓝色的碱性染料 2,6-二氯靛酚标准溶液对含 *L*(+)-抗坏血酸的试样酸性浸出液进行氧化还原滴定，2,6-二氯靛酚被还原为无色，当到达滴定终点时，多余的 2,6-二氯靛酚在酸性介质中显浅红色，由 2,6-二氯靛酚的消耗量计算样品中 *L*(+)-抗坏血酸的含量。

【试剂】

(1) 试剂 偏磷酸；草酸；碳酸氢钠；2,6-二氯靛酚（2,6-二氯靛酚钠盐）；白陶土（或高岭土）：对抗坏血酸无吸附性。

(2) 试剂配制

① 偏磷酸溶液（20g/L）：称取 20g 偏磷酸，用水溶解并定容至 1L。

② 草酸溶液（20g/L）：称取 20g 草酸，用水溶解并定容至 1L。

③ 2,6-二氯靛酚（2,6-二氯靛酚钠盐）溶液：称取碳酸氢钠 52mg 溶解在 200mL 热蒸馏水中，然后称取 2,6-二氯靛酚 50mg 溶解在上述碳酸氢钠溶液中。冷却并用水定容至

250mL，过滤至棕色瓶内，于4～8℃环境中保存。每次使用前，用抗坏血酸标准溶液标定其滴定度。

(3) 标准品 *L*(＋)-抗坏血酸标准品（$C_6H_8O_6$）：纯度≥99%。

(4) 标准溶液的配制 *L*(＋)-抗坏血酸标准溶液（1.000mg/mL）：称取100mg（精确至0.1mg）*L*(＋)-抗坏血酸标准品，溶于偏磷酸溶液或草酸溶液并定容至100mL。该储备液在2～8℃避光条件下可保存一周。

【步骤】

(1) 2,6-二氯靛酚溶液的标定 准确吸取1mL抗坏血酸标准溶液于50mL锥形瓶中，加入10mL偏磷酸溶液或草酸溶液，摇匀，用2,6-二氯靛酚溶液滴定至粉红色，保持15s不褪色为止。同时另取10mL偏磷酸溶液或草酸溶液做空白试验。

2,6-二氯靛酚溶液的滴定度按下式计算：

$$T=\frac{cV}{V_1-V_2}$$

式中 T——滴定度，即每毫升2,6-二氯靛酚溶液相当于抗坏血酸的质量，mg/mL；

c——抗坏血酸标准溶液的浓度，mg/mL；

V——吸取抗坏血酸标准溶液的体积，mL；

V_1——滴定抗坏血酸溶液所用2,6-二氯靛酚溶液的体积，mL；

V_2——滴定空白所用2,6-二氯靛酚溶液的体积，mL。

(2) 样液制备 称取具有代表性样品的可食部分100g，放入组织捣碎机中，加100mL草酸溶液，迅速捣成匀浆。称10～40g浆状样品，用2%草酸将样品移入100mL容量瓶中，并稀释至刻度，摇匀过滤。若滤液有色，可按每克样品加0.4g白陶土脱色后再过滤。

(3) 滴定 吸取10mL滤液放入50mL锥形瓶中，用已标定过的2,6-二氯靛酚溶液滴定，直至溶液呈粉红色且15s不褪色为止。同时做空白试验。

(4) 计算

$$维生素C含量(mg/100g)=\frac{(V-V_0)TA}{m}\times 100$$

式中 V——滴定样液时消耗2,6-二氯靛酚溶液的体积，mL；

V_0——滴定空白时消耗2,6-二氯靛酚溶液的体积，mL；

T——2,6-二氯靛酚溶液的滴定度，mg/mL；

A——稀释倍数；

m——样品质量，g。

平行测定结果用算术平均值表示，取3位有效数字。

平行测定结果的相对误差，在维生素C含量大于20mg/100g时，不得超过2%，小于或等于20mg/100g时，不得超过5%。

【注意事项】

① 靛酚法测定的是还原型抗坏血酸，方法简便，较灵敏，但特异性差，样品中的其他还原性物质（如Fe^{2+}、Sn^{2+}等）会干扰测定，使测定结果偏高。

② 所有试剂的配制最好都用重蒸馏水。

③ 样品进入实验室后，应浸泡在已知量的2%草酸液中，以防氧化，损失维生素C；贮存过久的罐头食品，可能含有大量的亚铁离子（Fe^{2+}），要用8%的醋酸代替2%草酸。这时如用草酸，亚铁离子可以还原2,6-二氯靛酚，使测定值增高，使用醋酸可以避免这种情况的发生。

④ 整个检测过程应在避光条件下进行，且操作要迅速，避免还原型抗坏血酸被氧化。

⑤ 在处理各种样品时，如遇有泡沫产生，可加入数滴辛醇消除。

⑥ 测定样液时，需做空白对照，样液滴定体积扣除空白体积。

复习题

1. 氧化还原滴定法共分几类？
2. 氧化还原滴定法的主要依据是什么？
3. 用氧化还原滴定法可以测定哪些物质？
4. 应用滴定法的氧化还原反应具备哪些条件？
5. 为什么说还原糖的测定是糖类定量的基础？
6. 直接滴定法测定还原糖是如何进行定量的？
7. 用直接滴定法测定还原糖，为什么样液要进行预测定？怎样提高测定结果的准确度？
8. 高锰酸钾滴定法测定还原糖与直接滴定法测定还原糖有什么异同点？

模块九　食品化学分析检验技术——沉淀滴定法

学习与职业素养目标

1. 重点掌握莫尔法和佛尔哈德法在食品中氯化钠含量测定上的应用。
2. 一般掌握莫尔法和佛尔哈德法的测定原理；进一步认识量变到质变的深刻哲理。
3. 了解沉淀滴定法的滴定曲线。
4. 掌握沉淀滴定法规范操作，培养精益求精的工匠精神。

必备知识

一、沉淀滴定法的基本原理

沉淀滴定法是利用沉淀反应来进行滴定分析的一种方法。如用 $AgNO_3$ 标准溶液来滴定样品中 Cl^-，滴定过程中发生了 AgCl 沉淀反应：

$$Ag^+ + Cl^- \xlongequal{} AgCl\downarrow$$

按反应计量关系求得试样中 Cl^- 的含量。

1. 沉淀滴定分析的前提条件

可用于沉淀滴定的化学反应，必须同时具备以下条件：①沉淀的组成要固定，即被测离子与沉淀剂之间要有准确的化学计量关系；②沉淀的溶解度要小，即反应必须是完全的、定量的；③沉淀反应的速率要快，不易形成过饱和溶液；④要有适当的方式指示滴定终点；⑤沉淀的吸附现象不会引起显著误差。

要同时满足以上条件的沉淀反应并不多，常局限于银离子与卤素离子、硫氰酸根离子等阴离子的沉淀反应：

$$Ag^+ + Cl^- \xlongequal{} AgCl\downarrow \qquad K_{sp(AgCl)} = 1.77\times10^{-10}$$

$$Ag^+ + Br^- \xlongequal{} AgBr\downarrow \qquad K_{sp(AgBr)} = 4.95\times10^{-13}$$

$$Ag^+ + I^- \xlongequal{} AgI\downarrow \qquad K_{sp(AgI)} = 8.3\times10^{-17}$$

$$Ag^+ + SCN^- \longrightarrow AgSCN\downarrow \qquad K_{sp(AgSCN)} = 1.07\times10^{-12}$$

利用这些反应可以测定 Cl^-、Br^-、I^-、SCN^- 和 Ag^+ 的含量。以这类银盐沉淀反应为基础的沉淀滴定法，称为银量法，该方法可用于测定食品、海水、矿盐以及生理盐水、电解液、电镀液、自来水中的 Cl^-、Br^-、I^-、SCN^- 和 Ag^+，对于含氯有机物的测定也具有重要的实际意义。

除银量法外，还有利用其他沉淀反应的方法，例如 $K_4[Fe(CN)_6]$ 与 Zn^{2+}、Ba^{2+} 与 SO_4^{2-}、四苯硼化钠 $[NaB(C_6H_6)_4]$ 与 K^+ 等形成的沉淀反应，也可用于沉淀滴定法，但不如银量法应用普遍。本模块的讨论将限于银量法的分析及应用。

2. 沉淀滴定终点的指示

在银量法中通常使用两种类型的指示剂。一类是稍过量的滴定剂与指示剂会形成有颜色的化合物而显示滴定终点，以莫尔法、佛尔哈德法为代表；另一类是吸附指示剂，它在化学计量点时沉淀吸附性质发生改变，指示剂突然被吸附在沉淀上，从而引发颜色的改变以指示滴定终点，典型的如法扬司法。第一种类型指示剂在食品理化检验国家标准中应用较为普遍，是本小节讨论的重点。

(1) 莫尔 (Mohr) 法——铬酸钾作指示剂　以铬酸钾作指示剂，用银离子（Ag^+）直接滴定氯离子（Cl^-）的银量法称为莫尔法（亦称摩尔法、直接滴定法）。

① 方法原理　在含有 Cl^- 的中性或弱碱性溶液中，以 K_2CrO_4 作指示剂，用 $AgNO_3$ 标准滴定溶液直接滴定 Cl^- 至终点，反应式分别为：

$$Ag^+ + Cl^- \longrightarrow AgCl\downarrow\text{(白色)} \qquad K_{sp(AgCl)} = 1.77\times10^{-10}$$

$$2Ag^+ + CrO_4^{2-} \longrightarrow Ag_2CrO_4\downarrow\text{(砖红色)} \qquad K_{sp(Ag_2CrO_4)} = 1.12\times10^{-12}$$

莫尔法测定 Cl^- 的方法依据是分步沉淀原理。因为 AgCl 沉淀的溶解度（1.33×10^{-5} mol/L）略小于 Ag_2CrO_4 沉淀的溶解度（6.54×10^{-5} mol/L），即 AgCl 开始沉淀时所需的 $[Ag^+]$ 比 Ag_2CrO_4 开始沉淀时所需的 $[Ag^+]$ 要小，所以，滴定加入 $AgNO_3$ 溶液时，首先析出 AgCl 沉淀，当溶液中 Cl^- 与 Ag^+ 完全沉淀后，稍微过量的 Ag^+ 就与 CrO_4^{2-} 生成 Ag_2CrO_4 沉淀。因此，只要加入的 K_2CrO_4 浓度合适，就可以在化学计量点附近出现砖红色沉淀，以指示滴定终点。

② 滴定条件　莫尔法的滴定条件主要是控制溶液中 K_2CrO_4 的浓度和溶液的酸度。

a. K_2CrO_4 溶液的浓度　K_2CrO_4 溶液浓度太大或太小，会使 Ag_2CrO_4 砖红色沉淀过早或过迟地出现，影响滴定终点的判断。实验证明，滴定终点时，溶液中 K_2CrO_4 浓度约为 5.0×10^{-3} mol/L，较为适宜。

b. 溶液的酸度　反应必须在中性或弱碱性介质（pH=6.5～10.5）中进行。在酸性或碱性溶液中滴定，会使结果偏高。因为 Ag_2CrO_4 沉淀会溶解于酸中；在高的 OH^- 浓度中，滴定剂 $AgNO_3$ 会被分解生成 Ag_2O 沉淀；若在氨性溶液中，滴定剂 $AgNO_3$ 与氨形成配合物，此时无法观察到终点，造成很大误差。如果试液是酸性，应先用硼砂或碳酸氢钠中和；如果试液呈强碱性，应先用硝酸中和，然后进行滴定。

c. 滴定时要充分振荡　因为 AgCl 沉淀有吸附性质，吸附溶液中的 Cl^-，使 Ag_2CrO_4 砖红色沉淀过早地出现，为了避免这种误差，滴定时必须充分振荡，使被 AgCl 沉淀吸附的 Cl^- 释放出来，与 Ag^+ 反应完全，才能得到准确的结果。

另外，在悬浊液中判断砖红色沉淀的出现有一定的难度。通常将稳定的砖红色铬酸银沉淀的最初出现作为滴定终点。

③ 应用范围

a. 主要用于测定样品中的氯化物或溴化物。当 Cl^- 与 Br^- 共存时，则测得的是它们的总量。AgI 沉淀及 AgSCN 沉淀具有强烈的吸附作用，会使终点过早地出现或终点变色不明显，造成的误差较大，故此法不宜测定 I^- 及 SCN^-。

b. 凡能与 Ag^+ 生成沉淀的阴离子（如 PO_4^{3-}、AsO_4^{3-}、S^{2-}、CO_3^{2-}、$C_2O_4^{2-}$、IO_3^- 等)、凡能与 CrO_4^{2-} 生成沉淀的阳离子（如 Ba^{2+}、Pb^{2+}、Hg^{2+} 等）以及能与 Ag^+ 形成配合物的物质（如 EDTA、KCN、NH_3、$S_2O_4^{2-}$ 等）都对测定有干扰。在中性或弱碱性溶液中能发生水解的金属离子也不能存在。

c. 此法适合于用 $AgNO_3$ 滴定 Cl^-，而不适合用 NaCl 滴定 Ag^+。因为滴定前溶液加入指示剂 K_2CrO_4 时，就会生成大量 Ag_2CrO_4 砖红色沉淀，致使滴定无法进行。如果要用莫尔法测定 Ag^+，可采用返滴定方式，即先加入定量过量的 NaCl 标准溶液，然后用 $AgNO_3$ 标准滴定溶液返滴定过量的 Cl^-，但误差较大。

滴定 Ag^+ 可采用下面介绍的佛尔哈德（Volhard）法。

(2) 佛尔哈德（Volhard）法——铁铵矾作指示剂

① 方法原理　以铁铵矾 $[FeNH_4(SO_4)_2 \cdot 12H_2O]$ 作指示剂，在硝酸溶液中用 SCN^- 滴定 Ag^+ 生成 AgSCN 沉淀，稍过量的 SCN^- 与 Fe^{3+} 反应显色指示滴定终点，称为佛尔哈德法。此法可用于直接滴定 Ag^+，或返滴定卤离子（Cl^-、Br^-、I^-）和 SCN^-。

a. 直接滴定法用于测定 Ag^+　在含有 Ag^+ 的硝酸溶液中，以铁铵矾作指示剂，用 NH_4SCN 或 KSCN 标准溶液滴定，Ag^+ 和 SCN^- 定量反应产生 AgSCN 沉淀。当到达化学计量点时，稍过量的 SCN^- 与指示剂中 Fe^{3+} 反应生成红色的 $Fe(SCN)^{2+}$ 配合物指示终点到达。反应式如下：

$$Ag^+ + SCN^- = AgSCN \downarrow (白色) \qquad K_{sp(AgSCN)} = 1.07 \times 10^{-12}$$

$$Fe^{3+} + SCN^- = Fe(SCN)^{2+} (红色) \qquad K_{稳} = 200$$

b. 返滴定法用于测定 Cl^-、Br^-、I^- 和 SCN^-　如果要测定样品中的卤离子或 SCN^- 等，则必须先加入定量过量的 $AgNO_3$ 标准溶液，充分沉淀后再加铁铵矾作指示剂，然后用 NH_4SCN 或 KSCN 标准溶液返滴定剩余的 Ag^+ 至滴定终点。相关反应式如下：

$$Cl^- + Ag^+ (过量) \longrightarrow AgCl \downarrow (白色)$$

$$Ag^+ (剩余量) + SCN^- = AgSCN \downarrow (白色)$$

$$Fe^{3+} + SCN^- = Fe(SCN)^{2+} (红色)$$

② 滴定条件

a. 铁铵矾指示剂的浓度　实验证明，Fe^{3+} 浓度通常保持在 0.015mol/L 为适宜。

b. 溶液的酸度　滴定反应要在 HNO_3 介质中进行，且酸度一般要大于 0.3mol/L。酸度太低，指示剂中的 Fe^{3+} 会水解；碱性介质中，标准溶液的 Ag^+ 会形成 Ag_2O 沉淀；在 NH_3 溶液中会生成 $[Ag(NH_3)_2]^+$。

c. 用 NH_4SCN 溶液直接滴定 Ag^+ 时要充分地振荡，避免 AgSCN 沉淀对 Ag^+ 的吸附。当用返滴定法测定 Cl^- 时，溶液中有 AgCl 和 AgSCN 两种沉淀。化学计量点后稍过量的 SCN^- 与 Fe^{3+} 形成红色的 $Fe(SCN)^{2+}$，也会使 AgCl 转化为 AgSCN 沉淀，因为 AgCl 的溶解度（1.33×10^{-5} mol/L）比 AgSCN 溶解度（1.0×10^{-6} mol/L）大。此时剧烈的摇荡会促使沉淀转化，而使终点红色消失。

为避免这种误差，通常采用两种方法：可在加入过量 $AgNO_3$ 后，将溶液煮沸使 AgCl 沉淀凝聚，以减少 AgCl 沉淀对 Ag^+ 的吸附，然后过滤除去 AgCl 沉淀，再用 NH_4SCN 标准溶液滴定滤液中剩余的 Ag^+；也可以加入有机溶剂如硝基苯，用力摇荡使 AgCl 沉淀进入有机层，避免了 AgCl 与 SCN^- 的接触，从而消除了沉淀转化的影响。此方法较简便，但硝基苯毒性大。近年来，有用邻苯二甲酸二甲酯或邻苯二甲酸二乙酯代替硝基苯，也可获得同样的效果。

③ 应用范围　由于佛尔哈德法是在 HNO_3 介质中进行的，可以避免许多阴离子的干扰，因此选择性优于莫尔法，可用于测定 Cl^-、Br^-、I^-、SCN^- 和 Ag^+ 等。但强氧化剂、氮的氧化物、铜盐、汞盐等能与 SCN^- 作用，对测定有干扰，需预先除去。

当用返滴定法测定 Br^- 和 I^- 时，由于 AgBr 和 AgI 溶解度均小于 AgSCN 溶解度，故不会发生沉淀的转化反应，不必采取上述措施。但在测定 I^- 时，应先加入过量的 $AgNO_3$ 溶液，然后才加指示剂，否则 Fe^{3+} 将与 I^- 反应析出 I_2，影响测定结果的准确度。

3. 标准溶液的配制

银量法中常用的标准溶液是 $AgNO_3$ 和 NH_4SCN(或 KSCN）溶液。

(1) $AgNO_3$ 溶液的配制和标定

① 直接法　分析纯（AR）的 $AgNO_3$ 符合基准物质的要求，可用直接法配制。将分析纯 $AgNO_3$ 结晶置于烘箱内，在110℃烘 1～2h，以除去吸湿水，然后准确称取，配成所需浓度的标准溶液。由于 $AgNO_3$ 见光易分解，因此 $AgNO_3$ 固体或已配好的标准溶液都应保存在密封的棕色玻璃瓶中，置于暗处。$AgNO_3$ 有腐蚀性，切勿与皮肤接触。

准确称取已干燥恒重的分析纯硝酸银约 8.5g，溶于少量蒸馏水中，然后将它定量转移入 500mL 容量瓶中，用蒸馏水稀释至标线，摇匀后倒入洁净干燥的棕色瓶中密闭保存。按下式计算 $AgNO_3$ 标准溶液的准确浓度：

$$c=m/(169.87\times0.5000)$$

式中　c——硝酸银标准溶液的物质的量浓度，mol/L；

m——分析纯硝酸银的质量，g；

169.87——硝酸银的摩尔质量，g/mol；

0.5000——硝酸银溶液的体积，L。

② 标定法　若所用硝酸银纯度不够，需用标定法配制。标定时可采用莫尔法或佛尔哈德法，但所用的方法最好和测定样品时的方法一致，以消除系统误差。

a. 配制　称取约 17.5g 硝酸银，溶于 1000mL 蒸馏水中，混匀，保存于密封棕色玻璃瓶中待标定。

b. 标定　若用莫尔法，则标定试剂用分析纯 NaCl。NaCl 易潮解，故放在洁净的坩埚中，用玻璃棒搅拌，于 400～500℃下灼烧至恒重，冷却后放在干燥器中备用。

准确称取已恒重的分析纯 NaCl 约 0.2g，溶于 70mL 蒸馏水中，加入 5%铬酸钾指示剂 5 滴，在充分振荡下用待标定的硝酸银溶液滴至砖红色沉淀出现，即为终点。

c. 计算　按下式计算 $AgNO_3$ 标准溶液的准确浓度：

$$c=m/(V\times0.05845)$$

式中 c——硝酸银标准溶液的物质的量浓度，mol/L；

m——分析纯 NaCl 的质量，g；

V——硝酸银溶液的体积，mL；

0.05845——NaCl 的毫摩尔质量，g/mmol。

因为 $AgNO_3$ 与有机物接触易被还原，故 $AgNO_3$ 标准溶液应装入酸式滴定管中使用。滴定用过的银盐废液和沉淀应收集起来，以便回收。

(2) NH_4SCN 溶液的配制和标定 NH_4SCN 试剂往往含有杂质，且易潮解，只能先配制成近似于所需浓度的溶液，然后进行标定。标定 NH_4SCN 溶液最简便的方法是，移取一定体积的 $AgNO_3$ 标准溶液，以铁铵矾作指示剂，用 NH_4SCN 溶液直接滴定。

① 配制 称取固体 NH_4SCN 4.5g，加入少量蒸馏水溶解，用蒸馏水稀释至 590mL。保存于洁净的试剂瓶中待标定。

② 标定 用移液管移取 $AgNO_3$ 标准溶液 25mL，放于 250mL 锥形瓶中，加入新煮沸冷却后的 6mol/L HNO_3 3mL 和铁铵矾指示剂 1mL，在强烈摇动下用配制好的 NH_4SCN 溶液滴定。当接近终点时，溶液显出红色，经用力摇动则又消失。继续滴定到溶液刚显出的红色虽经剧烈摇动仍不消失时即为终点。

③ 计算 NH_4SCN 溶液的准确浓度：

$$c_1=c_2V_2/V_1$$

式中 c_1——NH_4SCN 标准溶液的物质的量浓度，mol/L；

V_1——NH_4SCN 标准溶液的体积，mL；

c_2——$AgNO_3$ 标准溶液的物质的量浓度，mol/L；

V_2——$AgNO_3$ 标准溶液的体积，mL。

也可用 NaCl 作基准试剂，采用佛尔哈德返滴定法，同时标定 $AgNO_3$ 和 NH_4SCN 溶液：先准确称取 NaCl，溶于水之后，加入定量过量 $AgNO_3$ 溶液，以铁铵矾作指示剂，用 NH_4SCN 溶液回滴过剩的 $AgNO_3$。若已知 $AgNO_3$ 和 NH_4SCN 两溶液的体积比，就可由基准物质 NaCl 的质量和 $AgNO_3$、NH_4SCN 的用量，计算两种溶液的准确浓度。

二、食品中氯化物的测定方法

食盐是人体生理过程中必不可缺的物质，是食品加工中最常用的辅助材料，食品中食盐的含量都有一定的规定，因而常需要测定食品中氯化钠的含量。常用的测定方法有莫尔法、佛尔哈德法、电位滴定法、盐分测定仪法、重量法（测定 KCl）等。实验室主要采用莫尔法和佛尔哈德法，因为此滴定法快速、简便、准确，但对色泽较深的样品终点难以辨认，样品需经灰化后才能测定，较容易造成盐分损失。电位滴定法较准确，但操作麻烦且需要相关仪器。

1. 标准方法简介

(1)《食品安全国家标准 食盐指标的测定》(GB 5009.42—2016) 该标准规定食盐中氯化钠含量的测定以氯离子的莫尔法测定开始，历经钙、镁、硫酸根的测定，由上述各项检验结果，得出食盐样品所含单项离子的含量，然后按“化合物成分计算顺序表”中所注顺序号，依次计算硫酸钙、硫酸镁、硫酸钠、氯化钙、氯化镁、氯化钾的含量，剩余氯离子计算为氯化钠含量（%）。如果测定了食盐水分，试样可以表示为氯化钠含量（%，以干基计）。

(2)《食品安全国家标准 食品中氯化物的测定》(GB 5009.44—2016) 该标准规定氯化物的测定有3种方法：电位滴定法、佛尔哈德法（间接沉淀滴定法）和银量法（摩尔法或直接滴定法）。该标准的电位滴定法适用于各类食品中氯化物的测定，佛尔哈德法和银量法不适用于深颜色食品中氯化物的测定。该标准的佛尔哈德法对硝酸银标准滴定溶液和硫氰化钾标准滴定溶液的配制和标定作了详细规定。

(3)《酱油卫生标准的分析方法》(GB/T 5009.39—2003) 和《酱卫生标准的分析方法》(GB/T 5009.40—2003) 这两个标准都是部分有效标准，两个标准共同之处是用莫尔法测定深颜色食品中食盐（以氯化钠计）的含量。

2. 样品预处理方法

① 可溶于水的样品（如味精等食品辅料） 可直接加入蒸馏水，搅拌溶解，定容后待滴定。

② 油状样品（如奶油等乳制品） 准确称取样品约1.0g，置于100mL分液漏斗中，用50℃温蒸馏水20～30 mL洗涤5次，将洗液一并转入250mL容量瓶中，冷却至室温，用水稀释至刻度，摇匀。

③ 色泽过深使终点不易辨认的样品或不溶性固体样品（如盐渍品、罐头、腊制品、干酪素、乳糖） 准确称取混匀并粉碎的盐渍样品（如咸鱼、咸蛋等）约2.0g，置于坩埚中，在120℃烘箱中烘干，于电炉上炭化，将此坩埚趁热移入高温炉中，于500℃下灰化，取出，冷却，加水数滴，用玻璃棒搅拌，用蒸馏水移入250mL容量瓶中，并稀释至刻度，摇匀，得到澄清液。不溶性固体样品也可以磨细后用浸提方法提取可溶性的NaCl后，再待滴定。

一、食盐中氯离子的测定——莫尔法（参照GB 5009.42—2016）

【原理】

样品溶解后，用铬酸钾作指示剂，用硝酸银标准滴定溶液滴定，测定氯离子的含量。

【试剂】

① 硝酸银标准滴定溶液（0.1mol/L）。

② 铬酸钾指示剂：称取10g铬酸钾溶于100mL水中，搅拌下滴加硝酸银溶液至出现红棕色沉淀，过滤。

【仪器】

分析天平；水浴锅。

【步骤】

(1) 试样处理 称取25g(精确至0.001g) 粉碎的试样于400mL烧杯中，加约200mL

的水，加热，用玻璃棒搅拌至全部溶解。冷却后转移至500mL容量瓶，加水定容，摇匀，必要时过滤。吸取25.00mL试样溶液于50mL容量瓶中，用水定容，混匀。

(2) 测定 吸取25.00mL稀释的试样溶液于150mL锥形瓶中，加水至50mL，加入4滴铬酸钾指示剂，边搅拌边用硝酸银标准滴定溶液滴定，直至悬浊液中出现稳定的橘红色即为终点。同时做空白试验。

(3) 计算 试样中氯离子含量按下式计算：

$$X=\frac{(V_1-V_0)c\times 35.453\times f}{m\times 1000}\times 100\%$$

式中 X——试样中氯离子含量，%；

V_1——硝酸银标准滴定溶液的用量，mL；

V_0——空白试验硝酸银标准滴定溶液的用量，mL；

c——硝酸银标准滴定溶液的浓度，mol/L；

35.453——氯离子的摩尔质量，g/mol；

f——试样液稀释倍数；

m——试样质量，g；

100、1000——单位换算系数。

计算结果保留到小数点后两位。

在重复性条件下获得的两次独立测定结果的绝对差值不得超过算术平均值的5%。

二、酱油中食盐含量的测定——莫尔法（参照GB/T 5009.39—2003）

【原理】

以K_2CrO_4作指示剂，用$AgNO_3$标准溶液直接滴定样品中的NaCl，滴定过程中先出现AgCl白色沉淀，当样品中Cl^-与Ag^+定量沉淀完全后，稍微过量的Ag^+就与指示剂K_2CrO_4生成Ag_2CrO_4砖红色沉淀，即为滴定终点。反应式分别为：

$$Ag^+ + Cl^- \longrightarrow AgCl\downarrow（白色） \qquad K_{sp(AgCl)}=1.77\times 10^{-10}$$

$$2Ag^+ + CrO_4^{2-} \longrightarrow Ag_2CrO_4\downarrow（砖红色） \qquad K_{sp(Ag_2CrO_4)}=1.12\times 10^{-12}$$

【试剂】

0.100mol/L $AgNO_3$标准滴定溶液；5%(50g/L)K_2CrO_4溶液。

【步骤】

吸取2.0mL试样稀释液于150或200mL锥形瓶中，加100mL水及1mL铬酸钾溶液(50g/L)混匀。用0.100mol/L硝酸银标准滴定溶液滴定至初显橘红色。

量取100mL蒸馏水，同时做试剂空白试验。

【计算】

按下式计算酱油中氯化钠的含量：

$$X=\frac{(V_1-V_2)c\times 0.0585}{5\times 2/100}\times 100$$

式中 X——试样中氯化钠的含量，g/100mL；

V_1——测定试样稀释液消耗 $AgNO_3$ 标准滴定溶液的体积，mL；

V_2——试剂空白消耗 $AgNO_3$ 标准滴定溶液的体积，mL；

c——$AgNO_3$ 标准滴定溶液的浓度，mol/L；

0.0585——与 1.00mL 硝酸银标准溶液 $c(AgNO_3)=1.000$mol/L 相当的 NaCl 的质量，g。

计算结果保留 3 位有效数字。

在重复性条件下获得的两次独立测定结果的绝对差值不得超过算术平均值的 10%。

三、食品中氯化物的测定——佛尔哈德法（间接沉淀滴定法）（参照 GB 5009.44—2016 第二法）

【原理】

样品经水或热水溶解、沉淀蛋白质，酸化处理后，加入过量的硝酸银溶液，以铁铵矾为指示剂，用硫氰化钾标准滴定溶液滴定过量的硝酸银。根据硫氰化钾标准滴定溶液的消耗量，计算食品中氯化物的含量。

【试剂和材料】

(1) 试剂 铁铵矾 [$NH_4Fe(SO_4)_2\cdot 12H_2O$]；硫氰化钾；硝酸；硝酸银；乙醇（纯度≥95%）亚铁氰化钾；乙酸锌、冰醋酸。

(2) 标准品 基准氯化钠（纯度≥99.8%）。

(3) 试剂配制

① 铁铵矾饱和溶液：称取 50g 铁铵矾，溶于 100mL 水中，如有沉淀物，用滤纸过滤。

② 硝酸溶液（1+3）：将 1 体积的硝酸加入 3 体积水中，混匀。

③ 乙醇溶液（80%）：84mL 95%乙醇与 15mL 水混匀。

④ 沉淀剂Ⅰ：称取 106g 亚铁氰化钾，加水溶解并定容到 1L，混匀。

⑤ 沉淀剂Ⅱ：称取 220g 乙酸锌，溶于少量水中，加入 30mL 冰醋酸，加水定容到 1L，混匀。

(4) 标准溶液配制及标定

① 硝酸银标准滴定溶液（0.1mol/L）：称取 17g 硝酸银，溶于少量硝酸中，转移到 1000mL 棕色容量瓶中，用水稀释至刻度，摇匀，转移到棕色试剂瓶中贮存。或购买有证书的硝酸银标准滴定溶液。

② 硫氰化钾标准滴定溶液（0.1mol/L）：称取 9.7g 硫氰化钾，溶于水中，转移到 1000mL 容量瓶中，用水稀释至刻度，摇匀。或购买经国家认证并授予标准物质证书的硫氰化钾标准滴定溶液。

③ 硝酸银标准滴定溶液与硫氰化钾标准滴定溶液体积比的确定：移取 0.1mol/L 硝酸银标准滴定溶液 20.00mL(V_4) 于 250mL 锥形瓶中，加入 30mL 水、5mL 硝酸溶液和 2mL 铁铵矾饱和溶液，边摇动边滴加硫氰化钾标准滴定溶液，滴定至出现淡棕红色，保持 1min 不

褪色，记录消耗硫氰化钾标准滴定溶液的体积（V_5）。

④ 硝酸银标准滴定溶液（0.1mol/L）和硫氰化钾标准滴定溶液（0.1mol/L）的标定：称取经500～600℃灼烧至恒重的氯化钠0.10g（精确至0.1mg）于烧杯中，用约40mL水溶解，并转移到100mL容量瓶中。加入5mL硝酸溶液，边剧烈摇动边加入25.00mL（V_6）0.1mol/L硝酸银标准滴定溶液，用水稀释至刻度，摇匀。在避光处放置5min，用快速滤纸过滤，弃去最初滤液10mL。准确移取滤液50.00mL于250mL锥形瓶中，加入2mL铁铵矾饱和溶液，边摇动边滴加硫氰化钾标准滴定溶液，滴定至出现淡棕红色，保持1min不褪色。记录消耗硫氰化钾标准滴定溶液的体积（V_7）。

按下列公式分别计算硫氰化钾标准滴定溶液的准确浓度（c_2）和硝酸银标准滴定溶液的准确浓度（c_3）。

$$F=\frac{V_4}{V_5}=\frac{c_2}{c_3}$$

式中　F——硝酸银标准滴定溶液与硫氰化钾标准滴定溶液的体积比；
V_4——确定体积比（F）时，硝酸银标准滴定溶液的体积，mL；
V_5——确定体积比（F）时，硫氰化钾标准滴定溶液的体积，mL；
c_2——硫氰化钾标准滴定溶液的浓度，mol/L；
c_3——硝酸银标准滴定溶液的浓度，mol/L。

$$c_3=\frac{m_0/0.05844}{V_6-2V_7F}$$

式中　c_3——硝酸银标准滴定溶液的浓度，mol/L；
m_0——氯化钠的质量，g；
V_6——沉淀氯化物时加入的硝酸银标准滴定溶液的体积，mL；
V_7——滴定过量的硝酸银消耗硫氰化钾标准滴定溶液的体积，mL；
F——硝酸银标准滴定溶液与硫氰化钾标准滴定溶液的体积比；
0.05844——与1.00mL硝酸银标准滴定溶液[$c(AgNO_3)=1.000$mol/L]相当的氯化钠的质量，g。

$$c_2=c_3F$$

式中　c_2——硫氰化钾标准滴定溶液的浓度，mol/L；
c_3——硝酸银标准滴定溶液的浓度，mol/L；
F——硝酸银标准滴定溶液与硫氰化钾标准滴定溶液的体积比。

【仪器】

组织捣碎机；粉碎机；涡旋振荡器；超声波清洗器；恒温水浴锅离心机；分析天平。

【步骤】

(1) 试样制备

① 粉末状、糊状或液体样品　取有代表性的样品至少200g，充分混匀，置于密闭的玻璃容器内。

② 块状或颗粒状等固体样品　取有代表性的样品至少200g，用粉碎机粉碎或用研钵研细，置于密闭的玻璃容器内。

③ 半固体或半液体样品　取有代表性的样品至少200g，用组织捣碎机捣碎，置于密闭的玻璃容器内。

(2) 试样溶液制备

① 婴幼儿食品、乳品　称取混合均匀的试样10g(精确至1mg)于100mL具塞比色管中，加入50mL约70℃热水，振荡分散样品，水浴中沸腾15min，并不时摇动，取出，超声处理20min，冷却至室温，依次加入2mL沉淀剂Ⅰ和2mL沉淀剂Ⅱ，每次加后摇匀。用水稀释至刻度，摇匀，在室温静置30min。用滤纸过滤，弃去最初滤液，取部分滤液测定。必要时也可用离心机于5000r/min离心10min，取部分滤液测定。

② 蛋白质、淀粉含量较高的蔬菜制品、淀粉制品　称取约5g试样（精确至1mg）于100mL具塞比色管中，加入50mL乙醇溶液，振摇5min（或用涡旋振荡器振荡5min），超声处理20min，依次加入2mL沉淀剂Ⅰ和2mL沉淀剂Ⅱ，每次加后摇匀。用水稀释至刻度，摇匀，在室温静置30min。用滤纸过滤，弃去最初滤液，取部分滤液测定。

③ 一般蔬菜制品、腌制品　称取约10g试样（精确至1mg）于100mL具塞比色管中，加入50mL 70℃热水，振摇5min（或用涡旋振荡器振荡5min），超声处理20min，冷却至室温，用水稀释至刻度，摇匀，用滤纸过滤，弃去最初滤液，取部分滤液测定。

④ 调味品　称取约5g试样（精确至1mg）于100mL具塞比色管中，加入50mL水，必要时，70℃热水浴中加热溶解10min，振摇分散，超声处理20min，冷却至室温，用水稀释至刻度，摇匀，用滤纸过滤，弃去最初滤液，取部分滤液测定。

⑤ 肉禽及水产制品　称取约10g试样（精确至1mg）于100mL具塞比色管中，加入50mL 70℃热水，振荡分散样品，水浴中煮沸15min，并不断摇动，取出，超声处理20min，冷却至室温，依次加入2mL沉淀剂Ⅰ和2mL沉淀剂Ⅱ。每次加入沉淀剂后充分摇匀，用水稀释至刻度，摇匀，在室温静置30min。用滤纸过滤，弃去最初滤液，取部分滤液测定。

⑥ 鲜（冻）肉类、灌肠类、酱卤肉类、肴肉类、烧烤肉和火腿类

炭化浸出法：称取5g试样（精确至1mg）于瓷坩埚中，小火炭化完全，炭化成分用玻璃棒轻轻研碎，然后加25～30mL水，小火煮沸，冷却，过滤于100mL容量瓶中，并用热水少量多次洗涤残渣及滤器，洗液并入容量瓶中，冷却至室温，加水至刻度，取部分滤液测定。

灰化浸出法：称取5g试样（精确至1mg）于瓷坩埚中，先小火炭化，再移入高温炉中，于500～550℃灰化，冷却，取出，残渣用50mL热水分数次浸提溶解，每次浸提后过滤于100mL容量瓶中，冷却至室温，加水至刻度，取部分滤液测定。

(3) 测定

① 试样氯化物的沉淀　移取50.00mL试液（V_8），氯化物含量较高的样品，可减少取样体积，于100mL比色管中。加入5mL硝酸溶液。在剧烈摇动下，用酸式滴定管滴加20.00～40.00mL硝酸银标准滴定溶液，用水稀释至刻度，在避光处静置5min。用快速滤纸过滤，弃去10mL最初滤液。加入硝酸银标准滴定溶液后，如不出现氯化银凝聚沉淀，而呈现胶体溶液时，应在定容、摇匀后，置沸水浴中加热数分钟，直至出现氯化银凝聚沉淀。取出，在冷水中迅速冷却至室温，用快速滤纸过滤，弃去10mL最初滤液。

② 过量硝酸银的滴定　移取50.00mL上述滤液于250mL锥形瓶中，加入2mL铁铵矾饱和溶液。边剧烈摇动边用0.1mol/L硫氰化钾标准滴定溶液滴定，淡黄色溶液出现乳白色

沉淀，终点时变为淡棕红色，保持 1min 不褪色。记录消耗硫氰化钾标准滴定溶液的体积（V_9）。同时做空白试验，记录消耗硫氰化钾标准滴定溶液的体积（V_0）。

(4) 计算 食品中氯化物的含量以质量分数 X_2 表示，按下式计算：

$$X_2=\frac{0.0355c_2(V_0-V_9)V}{mV_8}\times 100\%$$

式中 X_2——试样中氯化物的含量（以氯计），%；

0.0355——与 1.00mL 硝酸银标准滴定溶液[$c(AgNO_3)=1.000mol/L$]相当的氯的质量，g；

c_2——硫氰化钾标准滴定溶液的浓度，mol/L；

V_0——空白试验消耗的硫氰化钾标准滴定溶液的体积，mL；

V_8——用于滴定的试样体积，mL；

V_9——滴定试样时消耗硫氰化钾标准滴定溶液的体积，mL；

V——样品定容体积，mL；

m——试样质量，g。

当氯化物含量≥1%时，结果保留三位有效数字；当氯化物含量<1%时，结果保留两位有效数字。

在重复性条件下获得的两次独立测试结果的绝对差值不得超过算术平均值的 5%。

复习题

1. 在用莫尔法测定氯化物中氯的含量时，如果氯化物溶液的酸性或碱性较强，则分别会使测定结果偏高还是偏低？为什么？

2. 佛尔哈德法测定的原理是什么？有何优点？

3. 称取分析纯 NaCl 1.4990g，加水溶解后，在 250mL 容量瓶中定容，移取 20.00mL，用 $AgNO_3$ 溶液滴定，用去 20.52mL，求 $AgNO_3$ 溶液的物质的量浓度。

4. 称取不纯食盐样品（其中没有干扰莫尔法的离子存在）0.1864g，溶于 50mL 水中，以 K_2CrO_4 作指示剂，用 0.1008mol/L $AgNO_3$ 溶液滴定，用去 21.30mL，求样品的纯度。

5. 称取分析纯 $AgNO_3$ 4.326g，加水溶解后，在 250mL 容量瓶中定容，移取 20.00mL，以铁铵矾作指示剂，用 NH_4SCN 溶液滴定，用去 18.48mL，求 NH_4SCN 溶液的物质的量浓度。

6. 称取不纯水溶性氯化物 0.1350g（其中没有干扰佛尔哈德法的离子存在），加入 0.1121mol/L $AgNO_3$ 30.00mL，然后用 0.1231mol/L NH_4SCN 溶液滴定过量 $AgNO_3$，用去 10.50mL，计算氯化物样品中氯的质量分数。

7. 现分析某银合金餐具银含量，称取 0.3026g 合金试样，加入 HNO_3 溶液完全溶解后，以铁铵矾为指示剂，用 0.1232mol/L NH_4SCN 标准溶液滴定，终点时共用去 9.85mL。试计算该试样中银的质量分数（假设合金中其他组分不干扰测定）。

模块十　食品仪器分析检验技术——紫外-可见分光光度法

学习与职业素养目标

1. 重点掌握分光光度计的使用方法，食品中亚硝酸盐与硝酸盐测定的分光光度法，蔬菜、水果中硝酸盐的紫外分光光度法的基本原理和操作技术。

2. 掌握分光光度计的维护方法；养成爱护仪器、爱护公物的好习惯。

3. 了解紫外-可见分光光度法的基本原理、分光光度计的构造及作用原理。

必备知识

一、紫外-可见分光光度法概述

1. 紫外-可见分光光度法的定义

分光光度法，也称吸光光度法，是利用光的物理性质以及光的物理量（波长及能量），与物质的结构和物质的量之间的关系，进行分析的一种方法。按所用光的波谱区域不同，又可细分为紫外分光光度法和可见分光光度法，合称为紫外-可见分光光度法。

紫外-可见分光光度法就是指利用物质对200～800nm光谱区域内的光具有选择性吸收的现象，对物质进行定性和定量分析的方法。

2. 分光光度法的基本原理

光是一种电磁波，光的波长与光的能量之间具有以下关系：

$$E=hc/\lambda$$

式中　E——光的能量，J；

h——普朗克常数，6.6256×10^{-27}J·s；

c——光速，3×10^{10}cm/s；

λ——光的波长，cm。

白光（太阳光）是由各种单色光组成的复合光，将光按波长大小次序排列就可以得到光的电磁波谱，不同波段的光具有不同的能量。光的波长越短（频率越高），其能量越大。紫外光波长较短（200～380nm），能量较高（16.2～8.3eV）；红外光波长较长（780～1000000nm），能量较低（$4.1\sim1.0\times10^{-2}$eV）；而可见光处于紫外光与红外光之间（380～780nm、8.3～4.1eV）。

当光照射到物体表面时会发生光的吸收、反射、折射、衍射等现象。若光以垂直于物体表面的角度入射，对透明的物体主要产生光的吸收作用。对可见光而言，黑色的物体对光全吸收，无色的物体对光全不吸收，物体的颜色与被吸收光的颜色呈互补关系。

物体对光的吸收，实质上是物质中的分子对光的吸收。一定结构的分子只吸收一定能量的光，也就是说一定结构的分子只吸一定波长的光。物质对光吸收的量与物质的量之间的关系，是物质定量测定的依据。分光光度法就是基于物质对光的选择性吸收，其理论依据就是光的吸收定律。

3. 光的吸收定律

一束平行的单色光（单波长的光，由具有相同能量的光子组成的光）通过一个有色溶液后，透射光的强度比原入射光的强度减弱了，这种现象称为有色溶液对光的吸收作用（图 10-1）。

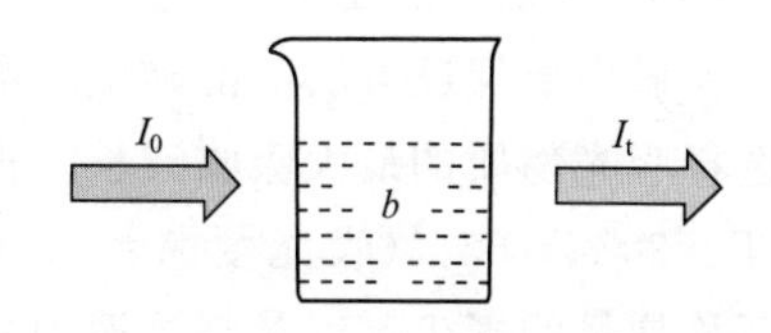

图 10-1　单色光射入溶液的示意图

溶液的浓度越大，光透过的液层厚度越大，则光被吸收得越多，透射光强度的减弱也越显著。此外，不同的溶液对光的吸收程度也不同，即单色光在通过有色溶液时，透射光的强度不仅与溶液的浓度，还与溶液的厚度及溶液本身对光的吸收性能有关，关系为朗伯-比耳定律，也叫光的吸收定律。

4. 分光光度计简介

用于测量和记录待测物质分子对紫外光、可见光的吸光度及紫外-可见吸收光谱，并进行定性定量以及结构分析的仪器，称为紫外-可见吸收光谱仪或紫外-可见分光光度计（简称分光光度计）。722 型分光光度计的外观如图 10-2 所示。

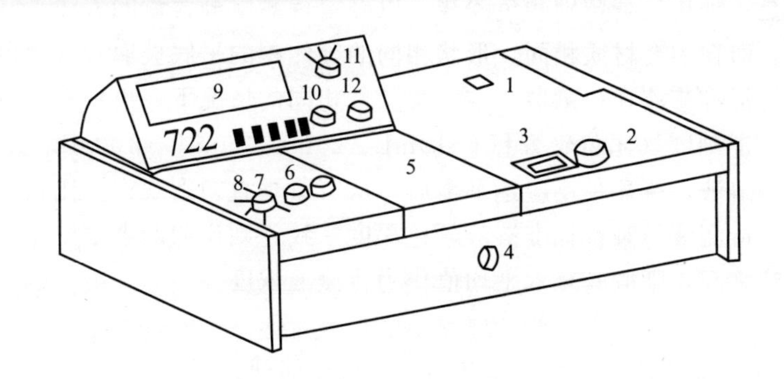

图 10-2　722 型分光光度计的外观

1—电源开关；2—波长旋钮；3—波长读数窗；4—试样架拉杆；5—样品空盖；
6—100%T 钮；7—0%T 旋钮；8—灵敏度调节钮；9—数字显示器；
10—吸光度调零旋钮；11—选择开关；12—浓度旋钮

5. 用分光光度计进行定量测定的方法

利用分光光度计测定有色溶液的吸光度，然后用标准曲线进行定量，是分光光度法中最常用的一种定量方法，简称标准曲线法。

先用纯试剂配制一系列浓度逐级递增、颜色逐渐加深的标准溶液，用分光光度计在一定波长下分别测出标准溶液的吸光度，将测得的吸光度与相应的浓度关系在坐标纸上作图，以吸光度为纵坐标，标准溶液浓度为横坐标，得到一条通过原点的直线，即标准曲线或称工作曲线。在同样的条件下配制样品溶液，测定样品溶液的吸光度，根据样品溶液的吸光度值在标准曲线上读出其相应的浓度值。

新一代微电脑的智能化分光光度计具有浓度直读功能及数据处理能力，能自动地将检测样品与标准溶液进行比较，并直接给出样品的浓度。

吸光光度法灵敏度高，是适合于微量组分测定的仪器分析法，检测限大多可达 10^{-4}～10^{-3}g/L 或 μg/mL 数量级。准确度能满足微量组分测定的要求，一般相对误差在 2%～5%。

实验中要保证方法的准确度和灵敏度往往考虑许多影响因素。如在入射光波长选择时通常选择吸光物质的最大吸收波长。再如为使仪器测量的相对误差<5%，要控制溶液的透光率 $T=20\%\sim65\%$（吸光度 $A=0.70\sim0.20$），控制吸光度范围的方法有改变比色皿厚度、改变称样量的多少，或是将溶液稀释一定的倍数来改变试液的浓度等。显色反应要求反应产生的吸光物质的摩尔吸光系数越大方法越灵敏，一般要求在 10^4～10^5 之间，产物稳定，选择性好，显色剂仅能与一个或几个组分发生显色反应，且显色剂在测定波长处无明显吸收，显色条件便于控制。并且显色剂用量适当过量，反应完全，通过实验确定。溶液中有两种有色物质时要求两种有色物质的最大吸收波长之差（对比度）小于 60nm。溶液的酸度也会对显色有影响，其酸度条件也是通过实验确定的，通过一定的缓冲液控制 pH 值的范围。温度对测定也有影响，一般在常温下进行。显色反应的时间对测定也有影响，显色反应的速率有快有慢，吸光物质的稳定性也不同。同样都是瞬时完成的不同反应，可能吸光物质有的稳定，有的不稳定，因此在测定时要把握好反应时间。

6. 目视比色法

目视比色法是一种用眼睛辨别颜色深浅，以确定待测组分含量的方法。常用的目视比色法是标准系列法，即在一套材质相同，形状相同的等体积的平底玻璃管（比色管）中分别加入一系列不同量的标准溶液和待测液，在实验条件相同的情况下，再加入等量的显色剂和其他试剂，稀释至一定刻度（比色管容量有 10mL、25mL、50mL、100mL 等几种），并按同样的方法配制待测溶液，待显色反应达平衡后，从管口垂直向下观察，比较待测液与标准溶液颜色的深浅。若待测液与某一标准溶液颜色深度一致，则说明两者浓度相等，若待测液颜色介于两标准溶液之间，则取其算术平均值作为待测液浓度。

方法特点：

① 利用自然光，无需特殊仪器，设备简单，操作简便；

② 比较的是吸收光的互补色光；

③ 目测，方法简便，比色管内液层厚度使观察颜色的灵敏度较高，因而它广泛应用于准确度要求不高的常规分析中；

④ 目视比色法的主要缺点是准确度低（一般为半定量）；

⑤ 不可分辨多组分析，如果待测液中存在第二种有色物质，甚至会无法进行测定。

光度法与目视法比较，其优点是：准确度高、选择性好、速度快，能用于多组分分析。

二、食用护色剂（亚硝酸盐与硝酸盐）的测定

护色剂又称呈色剂或着色剂，是一些能够使制品，如肉和肉制品呈现良好色泽而适当加入的化学物质。最常使用的是硝酸盐和亚硝酸盐。硝酸盐在微生物的作用下还原成亚硝酸盐，并在肌肉中乳酸的作用下生成亚硝酸。亚硝酸不稳定，分解产生亚硝基（—NO），并与肌红蛋白反应生成鲜艳的亮红色的亚硝基肌红蛋白，使肉制品呈现良好的色泽。

亚硝酸盐除了发色外，还是很好的防腐剂，尤其是对肉毒梭状芽孢杆菌在 pH6 时有显著的抑制作用。但是亚硝酸盐毒性较强，作为食品添加剂，食品中掺入过多会产生毒害作用。过量的亚硝酸盐进入血液后可使血红蛋白（二价铁）变成高铁血红蛋白（三价铁），而失去输氧能力，导致组织缺氧，潜伏期仅为 0.5～1h，症状为头晕、恶心、呕吐、全身无力、皮肤发紫，严重者会因呼吸衰竭而死。尤其是亚硝酸盐可与胺类物质生成强致癌物亚硝胺。各国都在保证安全和产品质量的前提下严格控制其使用。中国目前批准使用的护色剂是硝酸钠（钾）和亚硝酸钠（钾），常用于香肠、火腿、午餐肉罐头等。以亚硝酸钠计，ADI（每日允许摄入量）值为 0～0.2mg/kg，最大使用量为 0.15g/kg。残留量以亚硝酸钠计，肉类罐头不得超过 0.05g/kg，肉制品不得超过 0.03g/kg。以硝酸钠计，其 ADI 值为0～5mg/kg，最大使用量为 0.5g/kg，其残留量的控制同亚硝酸钠。

硝酸盐和亚硝酸盐测定方法很多，公认的测定方法为盐酸萘乙二胺比色法测亚硝酸盐含量、镉柱法测硝酸盐含量等方法。

1. 亚硝酸盐的测定——盐酸萘乙二胺法

测定原理：样品经沉淀蛋白质、除去脂肪后，在弱酸条件下亚硝酸盐与对氨基苯磺酸重氮化，再与盐酸萘乙二胺偶合形成紫红色染料，在 538nm 处有最大的吸光度，通过测定其吸光度与标准溶液比较定量。

2. 硝酸盐的测定——镉柱还原法

（1）测定原理　样品经沉淀蛋白质、除去脂肪后，通过镉柱，使其中的硝酸根离子还原成亚硝酸根离子。在弱酸性条件下，亚硝酸根离子与对氨基苯磺酸重氮化后，再与盐酸萘乙二胺偶合形成紫红色染料。通过比色测得亚硝酸盐总量，由总量减去亚硝酸盐含量即得硝酸盐含量。

（2）仪器　镉柱，见图 10-3。

（3）注意事项　镉是有害的元素之一，在制

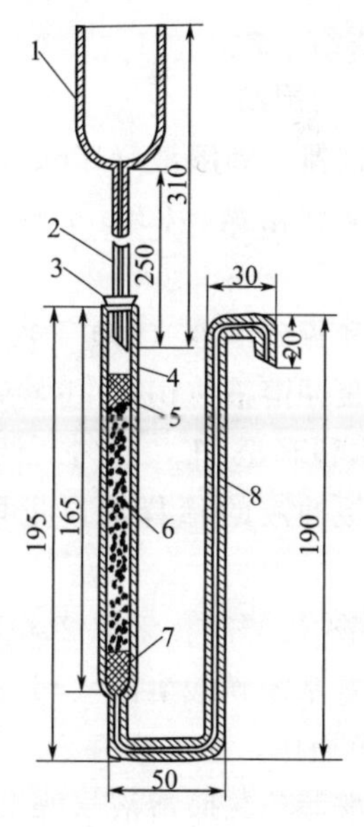

图 10-3　镉柱装置图

1—贮液漏斗，内径 35mm，外径 37mm；2—进液毛细管，内径 0.4mm，外径 6mm；3—橡胶塞；4—镉柱玻璃管，内径 12mm，外径 16mm；5、7—玻璃棉；6—海绵状镉；8—出液毛细管，内径 2mm，外径 8mm

作海绵状镉或处理镉柱时，其废弃液中含有大量的镉，不要将这些有害的镉放入下水道污染水源和农田，要经过处理之后再排放。另外，不要用手直接接触镉，同时不要沾到皮肤上，一旦接触，立即用水冲洗。

一、食品中亚硝酸盐、硝酸盐的测定——分光光度法（参照GB 5009.33—2016第二法）

【原理】

亚硝酸盐采用盐酸萘乙二胺法测定，硝酸盐采用镉柱还原法测定。

试样经沉淀蛋白质、除去脂肪后，在弱酸条件下，亚硝酸盐与对氨基苯磺酸重氮化后，再与盐酸萘乙二胺偶合形成紫红色染料，外标法测得亚硝酸盐含量。采用镉柱将硝酸盐还原成亚硝酸盐，测得亚硝酸盐总量，由测得的亚硝酸盐总量减去试样中亚硝酸盐含量，即得试样中硝酸盐含量。

【试剂与材料】

(1) 试剂 亚铁氰化钾［$K_4Fe(CN)_6 \cdot 3H_2O$］；乙酸锌［$Zn(CH_3COO)_2 \cdot 2H_2O$］；冰醋酸；硼酸钠（$Na_2B_4O_7 \cdot 10H_2O$）；盐酸（$\rho = 1.19g/mL$）；氨水（25%）；对氨基苯磺酸；盐酸萘乙二胺。

(2) 试剂配制

① 亚铁氰化钾溶液（106g/L）：称取106.0g亚铁氰化钾，用水溶解，并稀释至1L。

② 乙酸锌溶液（220g/L）：称取220.0g乙酸锌，先加30mL冰醋酸溶解，用水稀释至1L。

③ 饱和硼砂溶液（50g/L）：称取5.0g硼酸钠，溶于100mL热水中，冷却后备用。

④ 氨缓冲溶液（pH 9.6～9.7）：量取30mL盐酸，加100mL水，混匀后加65mL氨水，再加水稀释至1L，混匀。调节pH至9.6～9.7。

⑤ 氨缓冲液的稀释液：量取50mL pH 9.6～9.7氨缓冲溶液，加水稀释至500mL，混匀。

⑥ 盐酸（20%）：量取20mL盐酸，用水稀释至100mL。

⑦ 对氨基苯磺酸溶液（4g/L）：称取0.4g对氨基苯磺酸，溶于100mL 20%盐酸中，混匀，置棕色瓶中，避光保存。

⑧ 盐酸萘乙二胺溶液（2g/L）：称取0.2g盐酸萘乙二胺，溶于100mL水中，混匀，置棕色瓶中，避光保存。

⑨ 乙酸溶液（3%）：量取冰醋酸3mL于100mL容量瓶中，以水稀释至刻度，混匀。

(3) 标准品

①亚硝酸钠（CAS号：7632-00-0）：基准试剂，或采用具有标准物质证书的亚硝酸盐标准溶液。

②硝酸钠（CAS号：7631-99-4）：基准试剂，或采用具有标准物质证书的硝酸盐标准

溶液。

(4) 标准溶液配制

① 亚硝酸钠标准溶液（200μg/mL，以亚硝酸钠计）：准确称取 0.1000g 于 110～120℃干燥恒重的亚硝酸钠，加水溶解，移入 500mL 容量瓶中，加水稀释至刻度，混匀。

② 硝酸钠标准溶液（200μg/mL，以硝酸钠计）：准确称取 0.1232g 于 110～120℃干燥恒重的硝酸钠，加水溶解，移入 500mL 容量瓶中，并稀释至刻度。

③ 亚硝酸钠标准使用液（5.0μg/mL）：临用前，吸取 2.50mL 亚硝酸钠标准溶液，置于 100mL 容量瓶中，加水稀释至刻度。

④ 硝酸钠标准使用液（5.0μg/mL）：临用前吸取 2.50mL 硝酸钠标准溶液，置于 100mL 容量瓶中，加水稀释至刻度。

【仪器】

分析天平；组织捣碎机；超声波清洗器；恒温干燥箱；分光光度计；镉柱或镀铜镉柱。

【步骤】

(1) 试样的预处理

① 蔬菜、水果　将新鲜蔬菜、水果试样用自来水洗净后，用水冲洗，晾干后，取可食部分切碎混匀。将切碎的样品用四分法取适量，用食物粉碎机制成匀浆，备用。如需加水应记录加水量。

② 粮食及其他植物样品　除去可见杂质后，取有代表性试样 50～100g，粉碎后，过 0.30mm 孔筛，混匀备用。

③ 肉类、蛋、水产及其制品　用四分法取适量或取全部，用食物粉碎机制成匀浆，备用。

④ 乳粉、豆奶粉、婴儿配方粉等固态乳制品（不包括干酪）将试样装入能够容纳 2 倍试样体积的带盖容器中，通过反复摇晃和颠倒容器使样品充分混匀直到均一化。

⑤ 发酵乳、炼乳及其他液体乳制品　通过搅拌或反复摇晃和颠倒容器使试样充分混匀。

⑥ 干酪　取适量的样品研磨成均匀的泥浆状。为避免水分损失，研磨过程中应避免产生过多的热量。

(2) 提取

① 干酪　称取试样 2.5g(精确至 0.001g)，置于 150mL 具塞锥形瓶中，加水 80mL，摇匀，超声 30min，取出放置至室温，定量转移至 100mL 容量瓶中，加入 3%乙酸溶液 2mL，加水稀释至刻度，混匀。于 4℃放置 20min，取出放置至室温，溶液经滤纸过滤，滤液备用。

② 液体乳样品　称取试样 90g(精确至 0.001g)，置于 250mL 具塞锥形瓶中，加 12.5mL 饱和硼砂溶液，加入 70℃左右的水约 60mL，混匀，于沸水浴中加热 15min，取出置冷水浴中冷却，并放置至室温。定量转移上述提取液至 200mL 容量瓶中，加入 5mL106g/L 亚铁氰化钾溶液，摇匀，再加入 5mL 220g/L 乙酸锌溶液，以沉淀蛋白质。加水至刻度，摇匀，放置 30min，除去上层脂肪，上清液用滤纸过滤，滤液备用。

③ 乳粉　称取试样 10g(精确至 0.001g)，置于 150mL 具塞锥形瓶中，加 12.5mL 50g/L

饱和硼砂溶液，加入70℃左右的水约150mL，混匀，于沸水浴中加热15min，取出置冷水浴中冷却，并放置至室温。定量转移上述提取液至200mL容量瓶中，加入5mL 106g/L亚铁氰化钾溶液，摇匀，再加入5mL 220g/L乙酸锌溶液，以沉淀蛋白质。加水至刻度，摇匀，放置30min，除去上层脂肪，上清液用滤纸过滤，弃去初滤液30mL，滤液备用。

④ 其他样品　称取5g(精确至0.001g) 匀浆试样（如制备过程中加水，应按加水量折算），置于250mL具塞锥形瓶中，加12.5mL 50g/L饱和硼砂溶液，加入70℃左右的水约150mL，混匀，于沸水浴中加热15min，取出置冷水浴中冷却，并放置至室温。定量转移上述提取液至200mL容量瓶中，加入5mL 106g/L亚铁氰化钾溶液，摇匀，再加入5mL 220g/L乙酸锌溶液，以沉淀蛋白质。加水至刻度，摇匀，放置30min，除去上层脂肪，上清液用滤纸过滤，弃去初滤液30mL，滤液备用。

(3) 亚硝酸盐的测定　吸取40.0mL上述滤液于50mL带塞比色管中，另吸取0.00mL、0.20mL、0.40mL、0.60mL、0.80mL、1.00mL、1.50mL、2.00mL、2.50mL亚硝酸钠标准使用液（相当于0.0μg、1.0μg、2.0μg、3.0μg、4.0μg、5.0μg、7.5μg、10.0μg、12.5μg亚硝酸钠），分别置于50mL带塞比色管中。于标准管与试样管中分别加入2mL 4g/L对氨基苯磺酸溶液，混匀，静置4～5min后各加入1mL 2g/L盐酸萘乙二胺溶液，加水至刻度，混匀，静置15min，用1cm比色皿，以零管调节零点，于波长538nm处测吸光度，绘制标准曲线并进行比较。同时做试剂空白。

(4) 硝酸盐的测定

① 镉柱还原　先以25mL氨缓冲液的稀释液冲洗镉柱，流速控制在3～5mL/min(以滴定管代替的可控制在2～3mL/min)。吸取20mL滤液于50mL烧杯中，加5mL pH 9.6～9.7氨缓冲溶液，混合后注入贮液漏斗，使流经镉柱还原，当贮液杯中的样液流尽后，加15mL水冲洗烧杯，再倒入贮液杯中。冲洗水流完后，再用15mL水重复1次。当第2次冲洗水快流尽时，将贮液杯装满水，以最大流速过柱。当容量瓶中的洗提液接近100mL时，取出容量瓶，用水定容至刻度，混匀。

② 亚硝酸钠总量的测定　吸取10～20mL还原后的样液于50mL比色管中。以下按(3)自“吸取0.00mL、0.20mL、0.40mL、0.60mL、0.80mL、1.00mL……”起操作。

(5) 计算

① 亚硝酸盐含量计算　亚硝酸盐（以亚硝酸钠计）的含量按公式计算：

$$X_1=\frac{m_2\times1000}{m_3\times1000\times\frac{V_1}{V_0}}$$

式中　X_1——试样中亚硝酸钠的含量，mg/kg；

m_2——测定用样液中亚硝酸钠的质量，μg；

1000——转换系数；

m_3——试样质量，g；

V_1——测定用样液体积，mL；

V_0——试样处理液总体积，mL。

结果保留2位有效数字。

② 硝酸盐含量的计算　硝酸盐（以硝酸钠计）的含量按公式计算：

$$X_2=\left(\frac{m_4\times 1000}{m_5\times\frac{V_3}{V_2}\times\frac{V_5}{V_4}\times 1000}-X_1\right)\times 1.232$$

式中 X_2——试样中硝酸钠的含量，mg/kg；

m_4——经镉柱还原后测得总亚硝酸钠的质量，μg；

1000——转换系数；

m_5——试样的质量，g；

V_3——总亚硝酸钠的测定用样液体积，mL；

V_2——试样处理液总体积，mL；

V_5——经镉柱还原后样液的测定用体积，mL；

V_4——经镉柱还原后样液总体积，mL；

X_1——计算出的试样中亚硝酸钠的含量，mg/kg；

1.232——亚硝酸钠换算成硝酸钠的系数。

结果保留 2 位有效数字。

在重复性条件下获得两次独立测定结果的绝对差值不得超过算术平均值的 10%。

二、果蔬中硝酸盐的测定——紫外分光光度法（参照 GB 5009.33—2016 第三法）

【原理】

用 pH 9.6～9.7 的氨缓冲液提取样品中硝酸根离子，同时加活性炭去除色素类，加沉淀剂去除蛋白质及其他干扰物质，利用硝酸根离子和亚硝酸根离子在紫外区 219nm 处具有等吸收波长的特性，测定提取液的吸光度，其测得结果为硝酸盐和亚硝酸盐吸光度的总和，鉴于新鲜蔬菜、水果中亚硝酸盐含量甚微，可忽略不计。测定结果为硝酸盐的吸光度，可从工作曲线上查得相应的质量浓度，计算样品中硝酸盐的含量。

【试剂与材料】

（1）试剂 盐酸（ρ=1.19g/mL）；氨水（25%）；亚铁氰化钾[$K_4Fe(CN)_6 \cdot 3H_2O$]；硫酸锌（$ZnSO_4 \cdot 7H_2O$）；正辛醇；活性炭（粉状）。

（2）试剂配制

① 氨缓冲溶液（pH=9.6～9.7）：量取 20mL 盐酸，加入到 500mL 水中，混合后加入 50mL 氨水，用水定容至 1L，调 pH 至 9.6～9.7。

② 亚铁氰化钾溶液（150g/L）：称取 150g 亚铁氰化钾溶于水，定容至 1L。

③ 硫酸锌溶液（300g/L）：称取 300g 硫酸锌溶于水，定容至 1L。

（3）标准品 硝酸钾（CAS 号：7757-79-1）：基准试剂，或采用具有标准物质证书的硝酸盐标准溶液。

（4）标准溶液配制

① 硝酸盐标准储备液（500mg/L，以硝酸根计）：称取 0.2039g 于 110℃～120℃干燥至恒重的硝酸钾，用水溶解并转移至 250mL 容量瓶中，加水稀释至刻度，混匀，于冰箱内保存。

② 硝酸盐标准曲线工作液：分别吸取 0mL、0.2mL、0.4mL、0.6mL、0.8mL、1.0mL 和 1.2mL 硝酸盐标准储备液于 50mL 容量瓶中，加水定容至刻度，混匀。此标准系列溶液硝酸根质量浓度分别为 0mg/L、2.0mg/L、4.0mg/L、6.0mg/L、8.0mg/L、10.0mg/L 和 12.0mg/L。

【仪器】 紫外分光光度计；分析天平（感量 0.01g 和 0.0001g）；组织捣碎机；可调式往返振荡机；pH 计（精度为 0.01）。

【步骤】

(1) 试样制备 选取一定数量有代表性的样品，先用自来水冲洗，再用水清洗干净，晾干表面水分，用四分法取样，切碎，充分混匀，于组织捣碎机中匀浆（部分少汁样品可按一定质量比例加入等量水），在匀浆中加 1 滴正辛醇消除泡沫。

(2) 提取 称取 10g（精确至 0.01g）匀浆试样（如制备过程中加水，应按加水量折算）于 250mL 锥形瓶中，加水 100mL，加入 5mL 氨缓冲溶液（pH＝9.6～9.7），2g 粉末状活性炭。振荡（往复速度为 200 次/min）30min。定量转移至 250mL 容量瓶中，加入 2mL 150g/L 亚铁氰化钾溶液和 2mL 300g/L 硫酸锌溶液，充分混匀，加水定容至刻度，摇匀，放置 5min，上清液用定量滤纸过滤，滤液备用。同时做空白试验。

(3) 测定 根据试样中硝酸盐含量的高低，吸取上述滤液 2～10mL 于 50mL 容量瓶中，加水定容至刻度，混匀。用 1cm 石英比色皿，于 219nm 处测定吸光度。

(4) 标准曲线的制作 将标准曲线工作液用 1cm 石英比色皿，于 219nm 处测定吸光度。以标准溶液质量浓度为横坐标，吸光度为纵坐标绘制工作曲线。

(5) 计算 硝酸盐（以硝酸根计）的含量计算：

$$X=\frac{\rho V_1 V_2}{m V_3}$$

式中 X——试样中硝酸盐的含量，mg/kg；

ρ——由工作曲线获得的试样溶液中硝酸盐的质量浓度，mg/L；

V_1——提取液定容体积，mL；

V_2——待测液定容体积，mL；

m——试样的质量，g；

V_3——吸取的滤液体积，mL。

结果保留 2 位有效数字。

在重复性条件下获得的 2 次独立测定结果的绝对差值不得超过算术平均值的 10%。

硝酸盐检出限为 1.2mg/kg。

1. 分光光度计是由哪些部件组成的？
2. 哪些因素影响光度分析的准确度？如何克服？
3. 简要说明食品中亚硝酸盐的测定原理和方法。

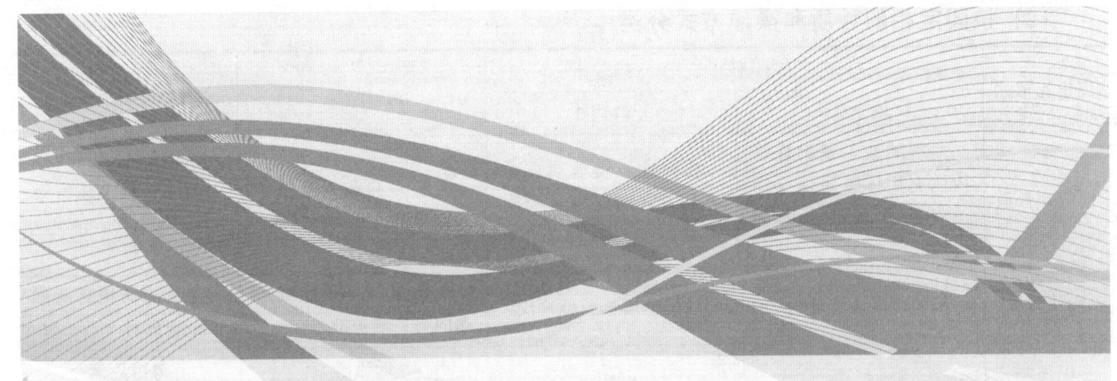

模块十一　食品仪器分析技术——色谱分析法

学习与职业素养目标

1. 重点掌握色谱分析法的基本原理及在食品分析中的应用；深刻认识大型分析仪器对保障食品安全的重要作用。

2. 掌握色谱分析法的分类。

3. 了解气相色谱仪和液相色谱仪的构造、作用原理、使用及维护，树立精益求精、细致入微的工作意识。

必备知识

一、色谱分析法的基本原理及分类

1. 色谱分析法的基本原理

色谱法又名层析法，色谱分离是利用混合物中各组分物理化学性质的差异，使各组分以不同程度分布在两相（固定相和流动相）中，当流动相流过固定相时，由于各组分在两相间分配情况的不同，经过多次差别分配而达到分离的目的。

2. 色谱分析法的分类

(1) 按固定相和流动相所处的状态分类

流动相	总称	固定相	色谱名称
气体	气相色谱(GC)	固体	气-固色谱(GSC)
		液体	气-液色谱(GLC)
液体	液相色谱(LC)	固体	液-固色谱(LSC)
		液体	液-液色谱(LLC)

(2)按固定相的性质和操作方式分类

固定相形式	柱		纸	薄层板
	填充柱	开口管柱		
固定相性质	在玻璃或不锈钢柱管内填充固体吸附剂或涂渍在惰性载体上的固定液	在弹性石英玻璃或玻璃毛细管内壁附有吸附剂薄层或涂渍固定液等	具有多孔和强渗透能力的滤纸或纤维素薄膜	在玻璃板上涂有硅胶G薄层
操作方式	液体或气体流动相从柱头向柱尾连续不断地冲洗		液体流动相从滤纸一端向另一端扩散	液体流动相从薄层板一端向另一端扩散
名称	柱色谱		纸色谱	薄层色谱

(3)按色谱分离原理分类

名称	吸附色谱	分配色谱	离子交换色谱	凝胶色谱
分离原理	利用吸附剂对不同组分吸附性能的差别	利用固定液对不同组分分配性能差别	利用离子交换剂对不同离子亲和能力的差别	利用凝胶对不同组分分子阻滞作用的差别
平衡常数	吸附系数 K_A	分配系数 K_P	选择性系数 K_S	渗透系数 K_{PF}
流动相-液体	液-固吸附色谱	液-液分配色谱	液相离子交换色谱	液相凝胶色谱
流动相-气体	气-固吸附色谱	气-液分配色谱		

目前，应用最广泛的是气相色谱法和高效液相色谱法。

二、气相色谱法

气相色谱法（gas chromatography，GC）是一种以气体为流动相的色谱分析技术。目前在普通食品、保健食品、食品添加剂的分析测试项目中，气相色谱法测试项目占到总检测项目的28%，涉及项目主要有农药残留、溶剂残留、防腐剂等。气相色谱法已成为食品分析检验中必不可少的检测方法之一。

1. 气相色谱法的特点

(1)高效能、高选择性 可用于分离性质相似的多组分混合物、同系物、同分异构体等，还可制备高纯物质，纯度可达99.99%。

(2)灵敏度高 可检出10^{-13}～10^{-11}g的物质。

(3)分析速度快 分析物质只需几分钟到几十分钟。

(4)应用范围广 在仪器允许的汽化条件下，凡是能够汽化且稳定、不具腐蚀性的液体或气体，都可用气相色谱法分析。有的化合物沸点过高难以汽化或热不稳定而分解，则可通过化学衍生化的方法，使其转变成易汽化或热稳定的物质后再进行分析。

2. 气相色谱法的分类

气相色谱法根据所采用的固定相的不同可分为气-固色谱法和气-液色谱法，按色谱分离的原理可分为吸附色谱法和分配色谱法，根据所用的色谱柱内径不同又可分为填充柱色谱法和毛细管柱色谱法。

3. 气相色谱法的基本原理

(1)气相色谱的工作流程 载气（常用N_2和H_2）由高压钢瓶供给，经减压阀减压后，进入净化干燥管以除去载气中的水分，调节和控制载气的压力和流量后，进入色谱柱；待基线稳定后，即可进样；样品经汽化室汽化后被载气带入色谱柱，在柱内被分离，分离后的组分依次从色谱柱中流出，进入检测器；检测器将各组分的浓度或质量的变化转变成电信号（电压或电流），经放大器放大后，由记录仪或微处理机记录电信号-时间曲线，也就是浓度（或质量）-时间曲线，即所谓的色谱图；根据色谱图，可对样品中待测组分进行定性和定量分析。

(2) 气-固色谱的工作原理 气-固色谱的固定相是固体吸附剂，试样气体由载气携带进入色谱柱，与吸附剂接触时，很快被吸附剂吸附。随着载气的不断通入，被吸附的组分又从固定相中洗脱下来，这种现象称为脱附，脱附下来的组分随着载气向前移动又再次被固定相吸附。这样，随着载气的流动，组分在固定相上吸附-脱附的过程反复进行。显然，由于组分性质的差异，固定相对它们的吸附能力有所不同，易被吸附的组分，脱附较难，在柱内移动的速度慢，停留的时间长；反之，不易被吸附的组分在柱内移动速度快，停留时间短。所以，经过一定的时间间隔（一定柱长）后，性质不同的组分便彼此分离。

(3) 气-液色谱工作原理 气-液色谱的固定相是涂在载体表面的固定液，试样气体由载气携带进入色谱柱，与固定液接触时，气相中各组分就溶解到固定液中。随着载气的不断通入，被溶解的组分又从固定液中挥发出来，挥发出的组分随着载气向前移动时又再次被固定液溶解。随着载气的流动，溶解-挥发的过程反复进行。显然，由于组分性质差异，固定液对它们的溶解能力将有所不同，易被溶解的组分，挥发较难，在柱内移动的速度慢，停留时间长；反之，不易被溶解的组分，挥发快，随载气移动的速度快，因而在柱内停留时间短。经一定的时间间隔（一定柱长）后，性质不同的组分便彼此分离。

4. 气相色谱仪简介

气相色谱仪的型号种类繁多，但基本结构是一致的，都是由气路系统、进样系统、分离系统、检测系统、数据处理系统和温度控制系统六大部分组成。常见的气相色谱仪有单柱单气路和双柱双气路两种类型。新型的双柱双气路气相色谱仪的两个色谱柱可以装性质不同的固定相，供选择进样，具有两台气相色谱仪的功能。

三、高效液相色谱法

高效液相色谱法（high performance liquid chromatography，HPLC）是继气相色谱法之后，20 世纪 70 年代初期发展起来的一种以液体作流动相的新色谱技术。随着不断改进与发展，目前已成为应用极为广泛的化学分离分析的重要手段，但从 20 世纪 80 年代起才开始用于食品分析领域，主要用于分析保健食品的功效成分、营养强化剂、维生素、蛋白质等。

高效液相色谱法是以经典液相色谱法为基础，以高压下的液体为流动相的色谱过程。经典液相色谱法由于使用粗颗粒的固定相（硅胶、氧化铝等），传质扩散慢，因而分离能力差，分析速度慢，只能进行简单混合物的分离。

1. 高效液相色谱法的特点

高效液相色谱法与经典液相色谱法比较，具有下列主要特点。

(1) 高效 由于使用了细颗粒、高效率的固定相和均匀填充技术，高效液相色谱法分离效率极高。

(2) 高速 由于使用高压泵输送流动相，采用梯度洗脱装置，用检测器在柱后直接检测洗脱组分等，HPLC 完成一次分离分析一般只需几分钟到几十分钟，比经典液相色谱快得多。

(3) 高灵敏度 紫外、荧光、电化学、质谱等高灵敏度检测器的使用使 HPLC 的最小检测量可达 $10^{-11}\sim10^{-9}$g。

(4) 高度自动化 计算机的应用使 HPLC 不仅能自动处理数据、绘图和打印分析结果，而且还可以自动控制色谱条件，使色谱系统自始至终都在最佳状态下工作，成为全自动化的仪器。

(5) 应用范围广（与气相色谱法相比） HPLC 可用于高沸点、分子量大、热稳定性差的有机化合物及各种离子的分离分析，如氨基酸、蛋白质、生物碱、核酸、甾体、维生素、抗生素等。

(6) 流动相的选择范围广 可用多种溶剂作流动相，通过改变流动相组成来改善分离效果，因此对于性质和结构类似的物质分离的可能性比气相色谱法更大。

(7) 馏分 容易收集，更有利于制备。

2. 高效液相色谱法的类型

根据固定相和分离机理的不同，高效液相色谱有如下几种类型。

(1) 液-固吸附色谱 基于各组分在固体吸附剂表面上具有不同吸附能力而进行分离。

(2) 液-液分配色谱 组分在两相间经过反复多次分配，各组分间产生差速迁移，从而实现分离。

(3) 化学键合相色谱 通过共价键将有机固定液结合到硅胶载体表面得到各种性能的固定相。

(4) 离子交换色谱 离子交换树脂上可电离的离子与流动相中带相同电荷的组分离子进行可逆交换，由于亲和力的不同彼此分离。

(5) 离子色谱 用离子交换树脂作为固定相，电解质溶液为流动相，用电导检测器检测。

(6) 凝胶色谱 用多孔性凝胶作为固定相，基于试样中各组分分子的大小和形状不同来实现分离。

3. 高效液相色谱法的基本原理

高效液相色谱和气相色谱一样，液相色谱分离系统也由两相，即固定相和流动相组成。液相色谱的固定相可以是吸附剂、化学键合固定相（或在惰性载体表面涂上一层液膜）、离子交换树脂或多孔性凝胶；流动相是各种溶剂。

高效液相色谱中被分离混合物由流动相液体推动进入色谱柱。根据各组分在固定相及流动相中的吸附能力、分配系数、离子交换作用或分子大小的差异进行分离。

液相色谱分离的实质是样品分子与溶剂（即流动相或洗脱液）以及固定相分子间的作用，作用力的大小，决定色谱过程的保留时间。

高效液相色谱工作过程如下：首先高压泵将贮液器中流动相溶剂经过进样器送入色谱柱，然后从控制器的出口流出。当注入欲分离的样品时，流经进样器贮液器的流动相将样品同时带入色谱柱进行分离，然后依先后顺序进入检测器，记录仪将检测器送出的信号记录下来，由此得到液相色谱图。

4. 高效液相色谱仪简介

最早的液相色谱仪由粗糙的高压泵、低效的柱、固定波长的检测器及绘图仪组成，绘出的峰要通过手工测量计算峰面积。当前，发展起来的高效液相色谱仪的高压泵精度很高并可编程进行梯度洗脱；柱填料从单一品种发展至几百种类型；检测器从单波长检测器到可变波长检测器，再到可获得三维色谱图的二极管阵列检测器，直至发展为可确证物质结构的质谱检测器；数据处理不再用绘图仪，逐渐取而代之的是最简单的积分仪、计算机、工作站及网络处理系统。

四、色谱联用技术

现代分析技术发展的一个重要的方面是仪器联用技术，目前常用的联用技术是将分离能力最强的色谱与光谱、质谱检测技术相结合，主要包括①色谱仪与质谱仪联用，如气-质联用（GC-MS）仪、液-质联用（LC-MS）仪等；②色谱仪与光谱仪联用，如气-红联用（GC-IR）仪、液-红联用仪（LC-IR）等。联用技术可以充分发挥各种方法自身的优点，相互取长补短。

1. 气相色谱-质谱联用技术

（1）气-质联用技术定义 气-质联用分析法（GC-MS）是将气相色谱（GC）与质谱分析（MS）通过接口连接起来，GC 将复杂混合物各组分分离后再进入 MS 对各组分进行分析。气-质联用（GC-MS）技术始于 20 世纪 50 年代后期，随着计算机软件和电子技术的发展，此技术日益成熟，功能日趋完善，兼有色谱分离效率高、定量准确以及质谱的选择性高、鉴别能力强、提供丰富的结构信息、便于定性等特点。在 GC-MS 仪中色谱与质谱的关系是：气相色谱是质谱的样品预处理器，质谱则是气相色谱的检测器。

（2）气-质联用仪的组成 气-质联用仪由三部分组成：色谱仪部分、接口部分和质谱仪部分，如图 11-1 所示。

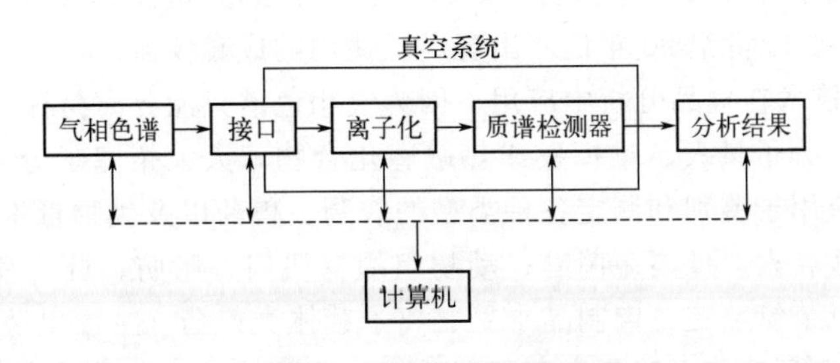

图 11-1 气-质联用仪的组成

（3）气-质联用仪分析原理 气相色谱仪分离样品中各组分，起着样品制备的作用；接口把气相色谱仪流出的各组分送入质谱仪进行检测，起着气相色谱和质谱之间适配器的作用；质谱仪对接口依次引入的各组分进行分析，成为气相色谱仪的检测器，检测信息由计算机处理后得到各组分的质谱图，用以对组分进行定性和结构分析。同时计算机算出每组分各离子的全部质谱分度的总和，得到整个混合物样品的色谱图，称为总离子流色谱图（TIC）。计算机系统交互式地控制气相色谱仪、接口和质谱仪，进行数据采集和处理，是 GC-MS 仪的中央控制单元。

按照质谱技术可分为气相色谱-四极杆质谱、气相色谱-离子阱质谱、气相色谱-飞行时间质谱等；按照质谱仪的分辨率可分为高分辨率（通常分辨率高于 5000）、中分辨率（通常分辨率在 1000 和 5000 之间）、低分辨率（通常分辨率低于 1000）气-质联用仪。

(4) 气-质联用技术在食品分析中应用 GC-MS既具有气相色谱高分离效能，又具有质谱准确鉴定化合物结构的特点，在食品分析领域有越来越广泛的应用。

① 食品、果蔬中的农药残留检测农药污染是影响食品安全的重要因素，已成为各国衡量食品卫生及其质量状况的首要指标。欧盟、美国、日本、加拿大等发达国家和地区相继对食品中的农药残留提出了越来越高的最高残留量要求。传统的农残分析方法常采用气相色谱的各种选择性检测器，但它们只能对一类农药进行分析检测，而且仅依靠保留时间定性，不适合进行多残留分析。GC-MS方法可以同时检测多种类型农药，而且对检测对象可进行准确定性、定量。目前我国已发布多项利用GC-MS检测农药多残留的食品安全国家标准，例如GB 23200.7—2016《食品安全国家标准 蜂蜜、果汁和果酒中497种农药及相关化学品残留量的测定 气相色谱-质谱法》、GB 23200.8—2016《食品安全国家标准 水果和蔬菜中500种农药及相关化学品残留量的测定 气相色谱-质谱法》、GB 23200.9—2016《食品安全国家标准 粮谷中475种农药及相关化学品残留量的测定 气相色谱-质谱法》、GB 23200.10—2016《食品安全国家标准 桑枝、金银花、枸杞子和荷叶中488种农药及相关化学品残留量的测定 气相色谱-质谱法》等。

② 酒的香气成分检测 香气成分是构成各种酒质量的主要因素，是酒类产品最主要的品质指标之一，决定着酒的风味和典型性。随着气-质联用技术的发展，GC-MS已广泛应用在各种酒类香气成分测定，尤其是在测定葡萄酒、荔枝酒、黄酒等的香气成分领域已有不少报道。

2. 液相色谱-质谱联用技术

(1) 液-质联用技术定义 液-质联用（LC-MS）又叫液相色谱-质谱联用技术，它以液相色谱作为分离系统，质谱为检测系统。样品在质谱部分和流动相分离，被离子化后，经质谱的质量分析器将离子碎片按质量数分开，经检测器得到质谱图。液-质联用技术远远晚于气-质联用技术，直到20世纪90年代才出现广泛使用的成套仪器。

(2) 液-质联用技术在食品分析中应用 因为气相色谱只能分离易挥发且不分解的物质，而液相色谱非常适合分子量大、难挥发或热敏感化合物，大大拓宽了分离物质的范围。液-质联用技术已广泛应用于鉴别和测定各种类型的农药、兽药以及生物毒素等残留物。如蔬菜中杀虫剂；谷物中矮壮素、瓜蒌镰菌醇；动物组织（肌肉、脂肪、肝、和肾）中庆大霉素、磺胺二甲嘧啶和甲氧苄氨嘧啶；肉制品中聚醚离子载体类兽药（拉沙里菌素、莫能菌素、奈良菌素和盐霉素）、杂环芳胺；鸡蛋中硝基咪唑类；牛奶中庆大霉素和新霉素；啤酒中玉米赤霉烯酮；土壤中咪唑啉酮；水样（废水、河水、地下水和饮用水）中苯磺酸根、除草剂、杀虫剂等残留物的鉴别和测定均有报道。

目前已经发布的利用液-质联用技术的食品安全国家标准上百项，例如，GB 23200.12—2016《食品安全国家标准 食用菌中440种农药及相关化学品残留量的测定 液相色谱-质谱法》、GB 23200.13—2016《食品安全国家标准 茶叶中448种农药及相关化学品残留量的测定 液相色谱-质谱法》、GB 23200.14—2016《食品安全国家标准 果蔬汁和果酒中512种农药及相关化学品残留量的测定 液相色谱-质谱法》、GB 23200.90—2016《食品安全国家标准 乳及乳制品中多种氨基甲酸酯类农药残留量的测定 液相色谱-质谱法》、GB 23200.38—2016《食品安全国家标准 植物源性食品中环已烯酮类除草剂残留量的测定 液相色谱-质谱/质谱法》、GB 23200.21—2016《食品安全国家标准 水果中赤霉酸残留量的测定 液相色谱-质谱/质谱法》等。

五、食品添加剂的测定

1. 食品添加剂的定义

食品添加剂，就是为改善食品的品质和色、香、味，以及为防腐和加工工艺的需要而加入食品中的化学合成或天然物质。

2. 食品添加剂的作用

① 用于提高食品的品质和感官质量，如甜味剂、增香剂、增稠剂、膨松剂、漂白剂、品质改良剂等。

② 有利于食品的保藏，如防腐剂、抗氧化剂等。

③ 有利于食品的加工，如消泡剂、澄清剂、助滤剂、凝固剂等。

④ 用于提高食品的营养价值和保健功能，如营养强化剂等。

3. 食品添加剂的分类

食品添加剂按其来源不同可分为天然和化学合成两大类。天然食品添加剂是指以动植物或微生物的代谢产物为原料加工提纯而获得的天然物质；化学合成的食品添加剂是采用化学手段，通过化学反应合成的食品添加剂。

按照使用目的和用途，食品添加剂可分为：为提高和增强食品营养价值的，如营养强化剂；为保持食品新鲜度的，如防腐剂、抗氧化剂、保鲜剂；为改进食品感官质量的，如着色剂、漂白剂、发色剂、增味剂、增稠剂、乳化剂、膨松剂、抗结块剂和品质改良剂；为方便加工操作的，如消泡剂、凝固剂、润湿剂、助滤剂、吸附剂、脱模剂及食用酶制剂。我国一般采取按用途分类的方法。

(1) 防腐剂 防腐剂是在食品保存过程中具有抑制或杀灭微生物作用的一类物质的总称。在食品工业生产中，为延长食品的货架寿命，防止食品的腐败变质，常常使用一些防腐剂，作为食品保藏的辅助手段。目前，我国允许使用的防腐剂有苯甲酸及其钠盐、山梨酸及其钾盐、对羟基苯甲酸乙酯及丙酯等。其中最常用的是前两种。

(2) 着色剂 食品着色剂，也称食用色素，是使食品着色和改善食品色泽的物质，通常包括食用合成色素和食用天然色素两大类。

食用合成色素主要指采用人工化学合成方法所制得的有机色素，目前世界各国允许使用的合成色素几乎全是水溶性色素。此外，在许可使用的食用合成色素中，还包括它们各自的色淀，色淀是由水溶性色素沉淀在许可使用的不溶性基质（通常为氧化铝）上所制备的特殊着色剂。我国许可使用的食品合成色素有苋菜红、胭脂红、赤藓红、新红、诱惑红、柠檬黄、日落黄、亮蓝、靛蓝和它们各自的铝色淀，以及酸性红、β-胡萝卜素、叶绿素铜钠和二氧化钛等。

食用天然色素是来自天然物，且大多是可食资源，并利用一定的加工方法所获得的有机着色剂。它们主要由植物组织中提取，也包括来自动物和微生物的一些色素，品种甚多。但它们的色素含量和稳定性等一般不如人工合成品。不过人们对其安全感比合成色素高，尤其是对来自水果、蔬菜等食物的天然色素，则更是如此，故近来发展很快，各国许可使用的品种和用量均在不断增加。

此外，最近还有人将人工化学合成的，在化学结构上与自然界发现的色素完全相同的有机色素如β-胡萝卜素等归为第三类食用色素，即天然等同的色素。

(3) 发色剂 在食品加工过程中，添加适量的化学物质，与食品中某些成分作用，使制品呈现良好的色泽，这类物质称为发色剂或呈色剂。能促使发色的物质称为发色助剂。在肉类腌制中最常用的发色剂是硝酸盐和亚硝酸盐，发色助剂为L-抗坏血酸（即维生素C）、L-抗坏血酸钠及烟酰胺（即维生素PP）等。

(4) 漂白剂 漂白剂能破坏、抑制食品的发色因素，使其褪色或使食品免于褐变，可分氧化漂白及还原漂白二类。氧化漂白是通过其本身强烈的氧化作用使着色物质被氧化破坏，从而达到漂白的目的；食品中主要使用还原漂白剂，大都属于亚硫酸及其盐类，它们通过产生的二氧化硫的还原作用可使果蔬褪色（对花色苷作用明显，类胡萝卜素次之，而叶绿素则几乎不褪色），还可有抑菌及抗氧化等作用，广泛应用于食品的漂白与保藏等。还原漂白剂只有当其存在于食品中时方能发挥作用，因这类物质有一定毒性，应控制其使用量并严格控制其残留量。常用的品种有焦亚硫酸钾、亚硫酸氢钠、焦亚硫酸钠等。

(5) 乳化剂 能促使互不相溶的液体（如油与水）形成稳定乳浊液的添加剂。属于表面活性剂，由亲水和疏水（亲油）部分组成。由于具有亲水和亲油的两亲特性，能降低油与水的表面张力，能使油与水互溶。它具有乳化、润湿、渗透、发泡、消泡、分散、增溶、润滑等作用。食品乳化剂广泛用于面包、糕点、饼干、人造奶油、冰淇淋、饮料、乳制品、巧克力等食品。乳化剂能促进油水相溶，渗入淀粉结构的内部，促进内部交联，防止淀粉老化，起到提高食品质量、延长食品保质期、改善食品风味、增加经济效益等作用。我国现在允许使用的食品乳化剂是蔗糖脂肪酸酯、改性大豆磷脂等，可供选用。

(6) 甜味剂 甜味剂是指赋予食品甜味的食品添加剂。甜味剂有多种不同的分类方法，按其来源可分为天然甜味剂和人工合成甜味剂；按其营养价值可分为营养型和非营养型甜味剂；按其化学结构和性质可分为糖类和非糖类甜味剂等。

营养型甜味剂与蔗糖甜度相等，但其热值相当于蔗糖热量值的2%以上，主要包括各种糖类和糖醇类（如山梨醇、乳糖醇等）。非营养型甜味剂也与蔗糖甜度相等，但其热值低于蔗糖热量值的2%，如糖精钠等。

4. 测定食品添加剂的意义

天然食品添加剂一般对人体无害，但目前使用的添加剂中，绝大多数是化学合成添加剂，有的本身具有毒性，有的在食品中会发生变态反应转化成有毒物质，有的在添加剂本身的生产过程中混杂有害物质，这些都会影响食品的品质和安全。为了保证食品安全质量，保障人民身体健康，世界各国都制定了有关食品添加剂的质量标准和使用安全标准（使用范围和最大使用量），用以监督食品添加剂的生产和使用。

5. 食品添加剂的测定方法

食品添加剂种类繁多，功能各异，化学性质各不相同，测定方法也有较大差别。鉴于目前我国食品工业中使用食品添加剂的情况，常需检测的项目有防腐剂、甜味剂、发色剂、漂白剂、着色剂、抗氧化剂等。常用的检测方法有比色法、紫外分光光度法、色谱法等。

六、食品中农药及兽药残留量的测定

1. 农药残留和兽药残留的定义

农药是指用于预防、控制危害农业、林业的病、虫、草、鼠和其他有害生物以及有目的地调节植物、昆虫生长的化学合成或者来源于生物、其他天然物质的一种物质或者几种物质的混合物及其制剂。农药残留是指在农药使用后残存于生物体、农产品（或食品）及环境中的农药母体，以及具有毒理学意义的衍生物，如代谢物、转化物、反应物和杂质。农药残留量一般都是微量级的，以 mg/kg 表示。

兽药是指用于预防、治疗、诊断动物疾病或者有目的地调节动物生理机能的物质（含药物饲料添加剂）。兽药残留是指用药后蓄积或存留于畜禽机体或产品（如鸡蛋、奶品、肉品等）中原型药物或其代谢产物，包括与兽药有关的杂质的残留，一般以 μg/mL 或 μg/g 计量。

2. 农药的分类

目前农药大都为化学性农药。化学性农药根据防治对象的不同，可分为杀虫剂、杀菌剂、除草剂、熏蒸剂、植物生长调节剂等。根据化学组成的不同，可分为有机氯类、有机磷类、氨基甲酸酯类、沙蚕毒素类、有机汞类、有机砷类等农药。

3. 兽药的分类

兽药种类繁多，按其用途分类主要包括抗微生物药（包括抗生素和抗菌药类）、激素及生长促进剂、抗寄生虫药和杀虫剂。

4. 测定农残和兽残的意义

① 监督和检验食品中农药及兽药残留量是否符合安全标准，以保证食品安全。

② 通过总膳食研究，了解人群膳食农药及兽药的摄入水平。

③ 为国际公平贸易提供科学依据。

5. 农残和兽残的测定方法

食品中农残和兽残的测定是在复杂的基质中对目标化合物进行鉴别和定量，由于食品中农残和兽残的限量标准一般在 mg/kg 到 μg/kg 之间，因此要求分析方法灵敏度高、特异性强。对于未知农药和兽药使用史的食物样品，通常采用多组分残留分析步骤。由于各类食物样品组成成分复杂，而且不同农药品种的理化性质存在差异，因而没有一种多组分残留分析方法能够覆盖所有的农药品种。

目前的农药和兽药残留分析多采用色谱分析法。色谱技术可以将待测物与干扰物质分离后进行测定，分析的选择性得以提高和保证。色谱检测的灵敏度高，检出限低，能够满足低含量水平的农药及兽药残留分析。在色谱技术中，气相色谱法和高效液相色谱法应用最为广泛。对于气相色谱，高灵敏度、高选择性的检测器众多，可依据待测物的性质加以选择。对于高效液相色谱，其检测对象的范围更宽，对待测物的限制和要求小。薄层色谱法也用于农残和兽残的分析检测，但由于其只能半定量，具有重现性差以及技术上的诸多缺陷，应用已经不多了。

七、食品中毒素的测定

1. 食品中的毒素概述

食品中的毒素主要是指某些动、植物中所含有的有毒天然成分以及食品霉变时微生物（主要是霉菌）所产生的次级代谢物。

食品中的毒素有些是天然存在的，如苦杏仁中存在氰化物等；有些动、植物食品是由于贮存不当，而形成某些有毒物质，如马铃薯发芽后生成的龙葵素，食品霉变所产生的霉菌毒素；有些毒素是在食品加工过程如烟熏、煎炸、烘烤、高温杀菌等中形成的，如苯并［a］芘、杂环胺、亚硝基胺等。

动物性食品有毒者多为海产品，主要包括鱼类的内源性毒素和贝类毒素两类；植物性食品中的毒素种类较多，主要有生物碱、毒苷、毒肽、蛋白酶抑制剂、凝聚素等；霉菌及霉菌毒素污染食品，可引起食品变质，与食品密切相关的霉菌大部分属于曲霉菌属、青霉菌属和链霉菌属，目前已知的霉菌毒素约有200余种，常见毒性较大的毒素有黄曲霉毒素、赭曲霉毒素、伏马菌素、展青霉素等，可引起急性中毒，但更多的是长期低剂量摄入引起的慢性中毒，主要表现为肝脏、肾脏、神经系统、生殖系统、消化系统损害或细胞毒性、免疫抑制等，具有致癌、致畸、致突变的作用。

2. 食品中毒素和激素的测定——以黄曲霉毒素为例

黄曲霉毒素是由黄曲霉、寄生曲霉等产生的代谢产物，是一种肝脏毒素。当粮食未能及时晒干或储藏不当时，往往容易被黄曲霉或寄生曲霉污染而产生此类毒素，粮油及其制品尤其以花生、玉米污染最严重，动物可因食用黄曲霉毒素污染的饲料而在内脏、血液、奶和奶制品等中检出毒素。黄曲霉毒素属于剧毒物，毒性比氰化钾还强，它是目前发现的最强的化学致癌物之一，被世界卫生组织（WHO）的癌症研究机构划定为Ⅰ类致癌物，其中黄曲霉毒素 B_1 毒性最大、分布最广。因此，食品中黄曲霉毒素 B_1 的检测是非常重要的。我国黄曲霉毒素 B_1 的容许限量为：玉米、花生油≤20μg/kg，大米、其他食用油≤10μg/kg，豆类及其制品、调味品≤5.0μg/kg，特殊膳食用食品≤0.5μg/kg。

我国的标准分析测定方法（GB/T 5009.22—2016）为同位素稀释液相色谱-串联质谱法、高效液相色谱-柱前衍生法、高效液相色谱-柱后衍生法、酶联免疫吸附筛查法和薄层色谱法。

技能训练

一、饮料中苯甲酸、山梨酸和糖精钠的测定——液相色谱法（参照 GB 5009.28—2016）

【原理】

样品经水提取，高脂肪样品经正己烷脱脂、高蛋白样品经蛋白沉淀剂沉淀蛋白，采用液相色谱分离、紫外检测器检测、外标法定量。

【试剂】

① 亚铁氰化钾溶液（92g/L）：称取106g亚铁氰化钾，加入适量水溶解，用水定容

至1000mL。

② 乙酸锌溶液（183g/L）：称取220g乙酸锌溶于少量水中，加入30mL冰醋酸，用水定容至1000mL。

③ 乙酸铵溶液（20mmol/L）：称取1.54g乙酸铵，加水至1000mL溶解，经0.45μm滤膜过滤。

④ 苯甲酸、山梨酸和糖精钠（以糖精计）标准储备溶液（1000mg/L）：分别准确称取苯甲酸钠、山梨酸钾和糖精钠0.118g、0.134g和0.117g(精确到0.0001g)，用水溶解并分别定容至100mL。于4℃贮存，保存期为6个月。当使用苯甲酸和山梨酸标准品时，需要用甲醇溶解并定容。

⑤ 苯甲酸、山梨酸和糖精钠（以糖精计）混合标准中间溶液（200mg/L）：分别准确吸取苯甲酸、山梨酸和糖精钠标准储备溶液各10.0mL于50mL容量瓶中，用水定容。于4℃贮存，保存期为3个月。

⑥ 苯甲酸、山梨酸和糖精钠（以糖精计）混合标准系列工作溶液：分别准确吸取苯甲酸、山梨酸和糖精钠混合标准中间溶液0mL、0.05mL、0.25mL、0.50mL、1.00mL、2.50mL、5.00mL和10.0mL，用水定容至10mL，配制成质量浓度分别为0mg/L、1.00mg/L、5.00mg/L、10.0mg/L、20.0mg/L、50.0mg/L、100mg/L和200mg/L的混合标准系列工作溶液。临用现配。

【仪器】

高效液相色谱仪，配紫外检测器；分析天平；涡旋振荡器；离心机；匀浆机；恒温水浴锅；超声波发生器。

【步骤】

(1) 样品处理 准确称取约2g(精确到0.001g)试样于50mL具塞离心管中，加水约25mL，涡旋混匀，于50℃水浴超声20min，冷却至室温后加亚铁氰化钾溶液2mL和乙酸锌溶液2mL，混匀，于8000r/min离心5min，将水相转移至50mL容量瓶中，于残渣中加水20mL，涡旋混匀后超声5min，于8000r/min离心5min，将水相转移到同一50mL容量瓶中，并用水定容至刻度，混匀。取适量上清液过0.22μm滤膜，待液相色谱测定。

注：碳酸饮料、果酒、果汁、蒸馏酒等测定时可以不加蛋白沉淀剂。

(2) 高效液相色谱参考条件

① 色谱柱：C_{18}柱，柱长250mm，内径4.6mm，粒径5μm，或等效色谱柱。

② 流动相：甲醇-乙酸铵溶液（0.02mol/L）(5+95)。

③ 流速：1mL/min。

④ 检测器：紫外检测器，波长230nm，灵敏度0.2AUFS。

⑤ 进样量：10μL。

(3) 标准曲线的制作 将混合标准系列工作溶液分别注入液相色谱仪中，测定相应的峰面积，以混合标准系列工作溶液的质量浓度为横坐标，以峰面积为纵坐标，绘制标准曲线。

(4) 试样溶液的测定 将试样溶液注入液相色谱仪中，得到峰面积，根据标准曲线得到待测液中苯甲酸、山梨酸和糖精钠（以糖精计）的质量浓度。

【计算】

试样中苯甲酸、山梨酸和糖精钠（以糖精计）的含量按下式计算：

$$X=\frac{\rho V}{m\times 100}$$

式中　X——试样中待测组分含量，g/kg；

ρ——由标准曲线得出的试样中待测物的质量浓度，mg/L；

V——试样定容体积，mL；

m——试样质量，g；

1000——由 mg/kg 转换为 g/kg 的换算因子。

结果保留 3 位有效数字。

在重复性条件下获得的两次独立测定结果的绝对差值不得超过算术平均值的 10%。

二、酱油、果汁、果酱中苯甲酸、山梨酸的测定——气相色谱法

（参照 GB 5009.28—2016）

【原理】

试样经盐酸酸化后，用乙醚提取苯甲酸、山梨酸，采用气相色谱-氢火焰离子化检测器进行分离测定，外标法定量。

【试剂】

① 乙醚。

② 乙醇。

③ 无水硫酸钠：500℃烘 8h，于干燥器中冷却至室温后备用。

④ 盐酸溶液（1+1）：取 50mL 盐酸，边搅拌边慢慢加入到 50mL 水中，混匀。

⑤ 正己烷-乙酸乙酯混合溶液（1+1）：取 100mL 正己烷和 100mL 乙酸乙酯，混匀。

⑥ 苯甲酸、山梨酸标准储备溶液（1000mg/L）：分别准确称取苯甲酸、山梨酸各 0.1g（精确到 0.0001g），用甲醇溶解并分别定容至 100mL。转移至密闭容器中，于−18℃贮存，保存期为 6 个月。

⑦ 苯甲酸、山梨酸混合标准中间溶液（200mg/L）：分别准确吸取苯甲酸、山梨酸标准储备溶液各 10.0mL 于 50mL 容量瓶中，用乙酸乙酯定容。转移至密闭容器中，于−18℃贮存，保存期为 3 个月。

⑧ 苯甲酸、山梨酸混合标准系列工作溶液：分别准确吸取苯甲酸、山梨酸混合标准中间溶液 0mL、0.05mL、0.25mL、0.50mL、1.00mL、2.50mL、5.00mL 和 10.0mL，用正己烷-乙酸乙酯混合溶液（1+1）定容至 10mL，配制成质量浓度分别为 0mg/L、1.00mg/L、5.00mg/L、10.0mg/L、20.0mg/L、50.0mg/L、100mg/L 和 200mg/L 的混合标准系列工作溶液。临用现配。

【仪器】

气相色谱仪，带氢火焰离子化检测器（FID）；分析天平（0.001g，0.0001g）；涡旋振

荡器；离心机（转速＞8000r/min）；匀浆机；氮吹仪。

【步骤】

(1) 试样提取 准确称取约2.5g（精确至0.001g）试样于50mL离心管中，加0.5g氯化钠、0.5mL盐酸溶液（1＋1）和0.5mL乙醇，用15mL和10mL乙醚提取两次，每次振摇1min，于8000r/min离心3min。每次均将上层乙醚提取液通过无水硫酸钠滤入25mL容量瓶中。加乙醚清洗无水硫酸钠层并收集至约25mL刻度，最后用乙醚定容，混匀。准确吸取5mL乙醚提取液于5mL具塞刻度试管中，于35℃氮吹至干，加入2mL正己烷-乙酸乙酯（1＋1）混合溶液溶解残渣，待气相色谱测定。

(2) 气相色谱参考条件

① 色谱柱：聚乙二醇毛细管气相色谱柱，内径320μm，长30m，膜厚度0.25μm，或等效色谱柱。

② 载气：氮气，流速3mL/min。

③ 空气：400L/min。

④ 氢气：40L/min。

⑤ 进样口温度：250℃。

⑥ 检测器温度：250℃。

⑦ 柱温程序：初始温度80℃，保持2min，以15℃/min的速率升温至250℃，保持5min。

⑧ 进样量：2μL。

⑨ 分流比：10/1。

(3) 标准曲线的制作 将混合标准系列工作溶液分别注入气相色谱仪中，以质量浓度为横坐标，以峰面积为纵坐标，绘制标准曲线。

(4) 试样溶液的测定 将试样溶液注入气相色谱仪中，得到峰面积，根据标准曲线得到待测液中苯甲酸、山梨酸的质量浓度。

【计算】

试样中苯甲酸、山梨酸含量按下式计算

$$X=\frac{\rho V\times 25}{m\times 5\times 1000}$$

式中 X——试样中待测组分含量，g/kg；

ρ——由标准曲线得出的样液中待测物的质量浓度，mg/L；

V——加入正己烷-乙酸乙酯（1＋1）混合溶液的体积，mL；

25——试样乙醚提取液的总体积，mL；

m——试样的质量，g；

5——测定时吸取乙醚提取液的体积，mL；

1000——由mg/kg转换为g/kg的换算因子。

结果保留3位有效数字。

在重复性条件下获得的两次独立测定结果的绝对差值不得超过算术平均值的10%。

三、食品中有机磷农药残留量的测定——气相色谱法（参照 GB/T 5009.20—2003）

【原理】

含有机磷的样品，在富氢焰上燃烧，以 HPO 碎片的形式，放射出波长 526nm 的特征光。这种特征光通过滤光片选择后，由光电倍增管接收，转换成电信号，经微电流放大器放大后被记录下来。试样的峰面积或峰高与标准品的峰面积或峰高进行比较定量。

【仪器】

气相色谱仪（带火焰光度检测器），电动振荡器。

【试剂】

① 二氯甲烷。

② 中性氧化铝：层析用，经 300℃活化 4h 备用。

③ 活性炭：称取 20g 活性炭用 3mol/L HCl 浸泡过夜，抽滤后，用水洗至无氯离子，在 120℃烘干备用。

④ 农药标准贮备液：精密称取适量有机磷农药标准品，用苯或三氯甲烷配成储备液，置于冰箱内保存。

⑤ 农药标准使用液：临用时用二氯甲烷将农药标准储备液稀释；使其浓度为敌敌畏、乐果、马拉硫磷、对硫磷和甲拌磷每毫升相当于 1μg，稻瘟净、倍硫磷、杀螟硫磷和虫螨磷每毫升相当于 2μg。

【步骤】

(1) 提取与净化 取 10g 样品于具塞锥形瓶中，加入 0.5g 中性氧化铝、0.2g 活性炭及 20mL 二氯甲烷，在电动振荡器上振荡 0.5 小时。过滤，滤液直接进样。如农药残留量过低，则加 30mL 二氯甲烷，振荡过滤后，取 15mL 浓缩至 2mL 进样。

(2) 色谱条件 玻璃柱（色谱柱）。

(3) 测定 根据仪器灵敏度，配制不同浓度的标准溶液。将各浓度的标准溶液 2～5μL 分别注入气相色谱仪中，得到不同浓度有机磷的峰高并绘制有机磷的标准工作曲线。取 2～5μL 样品溶液注入色谱仪中，得到的峰高从标准曲线中查出相应的含量。

【计算】

$$X=\frac{AV_1n}{V_2m}$$

式中 X——样品有机磷农药的含量，μg/kg；

A——进样体积中测得的有机磷农药的含量，ng；

V_1——样品浓缩的体积，mL；

V_2——进样体积，μL；

m——样品质量，g；

n——浓缩倍数。

四、食品中有机磷农药残留量的测定——气相色谱-质谱法（参照 GB 23200.93—2016）

GB 23200.93—2016 规定了进出口动物源食品中 10 种有机磷农药残留量（敌敌畏、二嗪磷、皮蝇磷、杀螟硫磷、马拉硫磷、毒死蜱、倍硫磷、对硫磷、乙硫磷、蝇毒磷）的气相色谱-质谱检测方法。

【原理】

试样用水-丙酮溶液均质提取，二氯甲烷液-液分配，凝胶色谱柱净化，再经石墨化炭黑固相萃取柱净化，气相色谱-质谱检测，外标法定量。

【试剂】

丙酮，二氯甲烷，环己烷，乙酸乙酯，正己烷，氯化钠。

【溶液配制】

① 无水硫酸钠：650℃灼烧 4h，贮于密封容器中备用。

② 氯化钠溶液（5%）：称取 5.0g 氯化钠，用水溶解，并定容至 100mL。

③ 乙酸乙酯-正己烷（1+1）：量取 100mL 乙酸乙酯和 100mL 正己烷，混匀。

④ 环己烷-乙酸乙酯（1+1）：量取 100mL 环己烷和 100mL 乙酸乙酯，混匀。

⑤ 有机磷农药标准储备溶液：10 种有机磷农药标准品，纯度均≥95%。分别准确称取适量的每种农药标准品，用丙酮分别配制成浓度为 100～1000g/mL 的标准储备溶液。

⑥ 混合标准工作溶液：根据需要再用丙酮逐级稀释成适用浓度的系列混合标准工作溶液。保存于 4℃冰箱内。

【仪器】

气相色谱-质谱仪，配有电子轰击源（EI）；电子天平；凝胶色谱仪：配有单元泵、馏分收集器；均质器；旋转蒸发器；离心机。

【步骤】

（1）提取 称取解冻后的试样 20g（精确到 0.01g）于 250mL 具塞锥形瓶中，加入 20mL 水和 100mL 丙酮，均质提取 3min。将提取液过滤，残渣再用 50mL 丙酮重复提取一次，合并滤液于 250mL 浓缩瓶中，于 40℃水浴中浓缩至约 20mL。将浓缩提取液转移至 250mL 分液漏斗中，加入 150mL 氯化钠溶液和 50mL 二氯甲烷，振摇 3min，静置分层，收集二氯甲烷相。水相再用 50mL 二氯甲烷重复提取两次，合并二氯甲烷相。经无水硫酸钠脱水，收集于 250mL 浓缩瓶中，于 40℃水浴中浓缩至近干。加入 10mL 环己烷-乙酸乙酯溶解残渣，用 0.45μm 滤膜过滤，待凝胶色谱（GPC）净化。

（2）净化

① 凝胶色谱（GPC）净化 凝胶色谱条件：a. 凝胶净化柱：Bio Beads S-X3，700mm×25mm 或相当者；b. 流动相：乙酸乙酯-环己烷（1+1）；c. 流速：4.7mL/min；d. 样品定量环：10mL；e. 预淋洗时间：10min；f. 凝胶色谱平衡时间：5min；g. 收集时间：

23～31min。凝胶色谱净化步骤：将 10mL 待净化液按上述条件进行净化，收集 23～31min 区间的组分，于 40℃下浓缩至近干，并用 2mL 乙酸乙酯-正己烷溶解残渣，待固相萃取净化。

② 固相萃取（SPE）净化　将石墨化炭黑固相萃取柱（对于色素较深试样，在石墨化炭黑固相萃取柱上加 1.5cm 高的石墨化炭黑）用 6mL 乙酸乙酯-正己烷预淋洗，弃去淋洗液；将 2mL 待净化液倾入上述连接柱中，并用 3mL 乙酸乙酯-正己烷分 3 次洗涤浓缩瓶，将洗涤液倾入石墨化炭黑固相萃取柱中，再用 12mL 乙酸乙酯-正己烷洗脱，收集上述洗脱液至浓缩瓶中，于 40℃水浴中旋转蒸发至近干，用乙酸乙酯溶解并定容至 1.0mL，供气相色谱-质谱测定和确证。

（3）测定

① 气相色谱-质谱参考条件　a. 色谱柱：30m×0.25mm(i.d.)，膜厚 0.25μm，DB-5MS 石英毛细管柱，或相当者；b. 色谱柱温度：50℃（2min），30℃/min 至 180℃（10min），30℃/min 至 270℃（10min）；c. 进样口温度：280℃；d. 色谱-质谱接口温度：270℃；e. 载气：氦气，纯度≥99.999%，流速 1.2mL/min；f. 进样量：1μL；g. 进样方式：无分流进样，1.5min 后开阀；h. 电离方式：EI；i. 电离能量：70eV；j. 测定方式：选择离子监测方式；k. 选择监测离子（m/z）：参见表 11-1 和表 11-2；l. 溶剂延迟：5min；m. 离子源温度：150℃；n. 四级杆温度：200℃。

表 11-1　选择离子监测方式的质谱参数表

通道	时间 t_R/min	选择离子/amu
1	5	109,125,137,145,179,185,199,220,270,285,304
2	17	109,127,158,169,214,235,245,247,258,260,261,263,285,286,314
3	19	153,125,384,226,210,334

表 11-2　各种有机磷农药的保留时间、定量和定性选择离子及定量限表

序号	农药名称	保留时间/min	特征碎片离子/amu			定量限/(μg/g)
			定量	定性	丰度比	
1	敌敌畏	6.57	109	185,145,220	37∶100∶12∶07	0.02
2	二嗪磷	12.64	179	137,199,304	62∶100∶29∶11	0.02
3	皮蝇磷	16.43	285	125,109,270	100∶38∶56∶68	0.02
4	杀螟硫磷	17.15	277	260,247,214	100∶10∶06∶54	0.02
5	马拉硫磷	17.53	173	127,158,285	07∶40∶100∶10	0.02
6	毒死蜱	17.68	197	314,258,286	63∶68∶34∶100	0.01
7	倍硫磷	17.8	278	169,263,245	100∶18∶08∶06	0.02
8	对硫磷	17.9	291	109,261,235	25∶22∶16∶100	0.02
9	乙硫磷	20.16	231	153,125,384	16∶10∶100∶06	0.02
10	蝇毒磷	23.96	362	226,210,334	100∶53∶11∶15	0.1

② 气相色谱-质谱测定与确证　根据样液中被测物含量情况，选定浓度相近的标准工作

溶液，将标准工作溶液与样液等体积进样测定，标准工作溶液和待测样液中每种有机磷农药的响应值均应在仪器检测的线性范围内。如果样液与标准工作溶液的选择离子色谱图中，在相同保留时间有色谱峰出现，则根据表中每种有机磷农药选择离子的种类及其丰度比进行确证。

【计算】

试样中每种有机磷农药残留量按下式计算：

$$X_i = \frac{A_i c_i V}{A_{is} m}$$

式中 X_i——试样中每种有机磷农药残留量，mg/kg；

A_i——样液中每种有机磷农药的峰面积（或峰高）；

A_{is}——标准工作液中每种有机磷农药的峰面积（或峰高）；

c_i——标准工作液中每种有机磷农药的浓度，g/mL；

V——样液最终定容体积，mL；

m——最终样液代表的试样质量，g。

注：计算结果须扣除空白值，测定结果用平行测定的算术平均值表示，保留两位有效数字。

1. 试述色谱法的作用原理。
2. 色谱法有哪些分类？
3. 气相色谱仪是由哪几个系统组成的？
4. 试述高效液相色谱法的工作流程。
5. 试述高效液相色谱仪的组成。
6. 从分离原理、仪器构造及应用范围上简要比较气相色谱和液相色谱的异同点。
7. 气质联用技术有何优点？
8. 什么是食品添加剂？常见的种类有哪些？
9. 什么是农药残留及兽药残留？食品分析中常用的测定技术有哪些？
10. 什么是毒素？食品分析中常测的毒素指标有哪些？

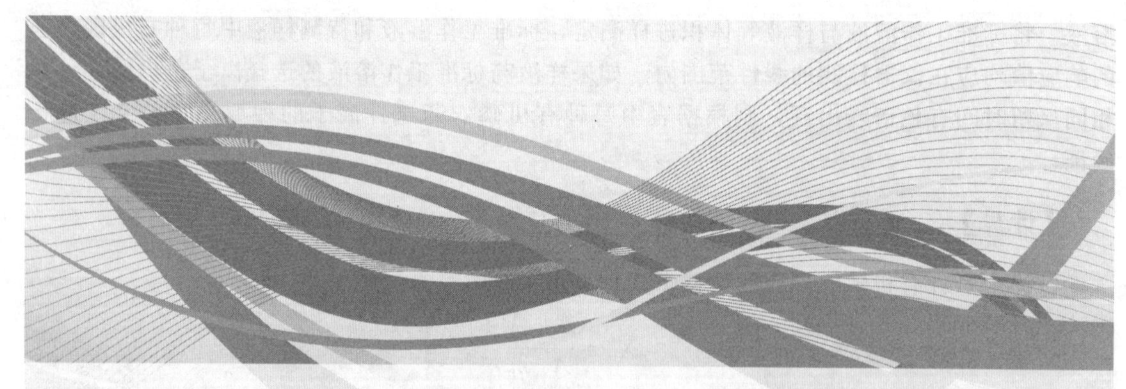

模块十二　食品仪器分析技术——原子吸收光谱法

学习与职业素养目标

1. 重点掌握原子吸收光谱法的分类、分析过程和在食品领域中的应用，原子吸收光谱仪的使用。

2. 掌握原子吸收光谱法的原理和特点，原子吸收光谱仪和钢气瓶的维护，牢固树立实验安全意识。

3. 了解原子吸收光谱仪的结构和作用原理，食品中微量元素的来源和作用。

必备知识

一、原子吸收光谱法概述

1. 原子吸收光谱法的原理

原子吸收光谱法是根据基态原子对特征波长光的吸收，测定试样中待测元素含量的分析方法，简称原子吸收分析法。

原子是由带正电荷的原子核和带负电荷的外层电子所组成的。在一般情况下，原子处于能量最低状态（最稳定态），称为基态。当原子受到外界能量的激发时，其最外层电子可能吸收不同能量的光量子发生跃迁而成为激发态。原子吸收光谱法就是利用气态原子吸收一定波长的光辐射，使原子外层电子从基态跃迁到激发态的现象而建立的。由于每种原子的结构和外层电子的排布不同，特定的能量对不同元素原子只能激发到它特定的能级，所以不同原子发生跃迁时需要吸收不同特定能量的光量子，即吸收光的波长不同。例如，基态锌原子吸收波长为213.9nm的光量子而被激发，但钙原子吸收波长为422.7nm的光量子才能发生能级跃迁。外层电子吸收特定能量的光量子后，将从基态跃迁到特定激发态，并产生发射谱线，该谱线称为共振吸收线。

处于激发态的电子具有较高的能量，很不稳定，一般在极短的时间（10^{-8}～10^{-7}s）内便跃回基态（或较低的激发态），同时以电磁波的形式释放能量，产生发射谱线，该谱线称为共振发射线。由于元素间的原子结构不同，不同元素原子的电子发生跃迁时所吸收和发射的能量不同，因此所产生的共振谱线（共振吸收和共振发射谱线）能反映特定元素的特征，一组特定波长的谱线构成了每种元素原子的光谱，它是该原子的特征指纹图谱，就像我们每个人都有不同的指纹一样，这就是原子吸收光谱定性分析的理论基础。

原子吸收光谱进行定量分析时，待测元素的基态原子浓度与吸光度之间的定量关系符合朗伯-比耳定律。

当入射光强度为 I_0，频率为 ν 的一束平行光垂直通过厚度为 L 及浓度为 c 的均匀原子蒸气时，若透射光强度为 I，在频率 ν 下吸收系数为 K，则它们之间有如下关系：

$$I=I_0\mathrm{e}^{-KcL}$$

根据吸光度法的定义，将透光率 I/I_0 的倒数取对数，称为吸光度 A。则上式简化为：

$$A=\lg I_0/I=0.43443K_0bc$$

当原子蒸气的厚度一定时，$0.43443K_0b$ 为常数，记为 K，则上式为 $A=Kc$，即吸光度 A 与浓度 c 呈线性关系。在确定条件下，蒸气相中的原子浓度与样品中被测元素的实际含量成正比。在实际分析中，只需测量样品溶液的吸光度与相应标准溶液的吸光度，即可根据标准溶液计算出样品中待测元素的浓度。

综上所述，原子吸收光谱法是基于原子对特征光吸收的一种相对测量方法。待测样品经高温原子化处理后形成基态的原子蒸气，特定光源辐射出的光线经过样品原子蒸气时，待测元素的特征谱线被元素的基态原子所吸收，在一定条件下，入射光被吸收而减弱的程度与样品中待测元素的含量成正比，由此可得到样品中待测元素的含量，这就是原子吸收分光光度法定量测定的基本原理。

2. 原子吸收光谱法的特点

(1) 优点

① 灵敏度高　采用火焰原子吸收光谱法时其灵敏度一般在 μg/mL～ng/mL 级别；采用石墨炉原子吸收光谱法时其绝对灵敏度可达 $10^{-14}\sim10^{-10}$g。

② 选择性强　在原子吸收光谱分析中，每种元素的特征谱线都不一样，并且在分析中采用了可在低电流气压下产生待测元素特征谱线的锐线光源，它所产生的谱线干扰远远小于原子发射光谱，从而使原子吸收光谱分析具有很强的选择性。

③ 分析范围广　原子吸收光谱法可分析 70 多种元素，可进行常量分析，亦可进行微量甚至痕量分析，需样量少，在食品、生物学、医学、环保、地质、冶金以及农业等领域得到极其广泛的应用。

④ 精密度高，分析速度快　一般火焰原子吸收光谱分析的精密度在 1%～3%，石墨炉法的精密度一般小于 15%。如果将处理试样的时间除外，火焰原子吸收光谱法测定时间仅为数十秒，石墨炉法测定时间也仅为数分钟。

⑤ 准确度高，操作方便　一般测定低含量的试样时，相对标准偏差约为 1%～2%。

(2) 缺点　由于分析不同的元素，必须使用不同的元素灯，因此进行多元素同时测定尚有困难，且有一些元素测定的灵敏度还不令人满意。

3. 原子吸收光谱法的分类

原子吸收光谱是原子光谱（包括原子发射光谱、原子吸收光谱、原子荧光光谱、X 射线光谱和X射线荧光光谱等）中的一种类型。在原子吸收光谱分析中通常根据采用的原子化系统的差异将其分为火焰原子吸收光谱法、石墨炉原子吸收光谱法、氢化物原子吸收光谱法、冷原子吸收光谱法等类型，其中火焰原子吸收光谱法和石墨炉原子吸收光谱法是应用最广的原子吸收光谱法。

4. 原子吸收光谱法的分析过程

在原子吸收光谱分析中，样品若采用不同的原子化系统时所采用的分析过程略有差异。

火焰原子吸收光谱法的分析过程一般为：样品消化→定容至一定浓度→火焰原子化→分析测定→数据处理

石墨炉原子吸收光谱法的分析过程一般为：样品灰化或消化→溶解或定容至一定浓度→石墨炉原子化→分析测定→数据处理

5. 原子吸收光谱法的分析技术

（1）样品预处理 在大多数情况下，样品需要进行预处理，使被测元素转化为适于测定的形式。消解样品的方法有干法灰化法、湿法消解法和微波消解法。

① 干法灰化法 在一定气氛和温度范围内加热，灼烧破坏有机物和分解样品，将残留的矿物质灰分溶解在合适的稀酸中作为随后测定的试样。

② 湿法消解法 使用适当的酸或混酸分解样品，使被测元素形成可溶性盐，每一种酸对样品中某些组分的溶解能力，取决于酸与样品基体及被测组分相互作用的性质。

③ 微波消解法 将样品放置在微波炉内特制溶样罐中，利用微波辐射加热分解样品，按照严格的程序控制溶样过程。

（2）测定条件选择

① 分析线的选择 选择待测元素的共振线作分析线，使测定具有较高的灵敏度。测量高浓度时，也可选次灵敏线。

② 灯电流的选择 在保证有稳定和足够的辐射光通过的情况下，尽量选较低的灯电流。选择合适的灯电流可通过实验确定。配制一含量合适的溶液，以不同的灯电流测量相应的吸光度，然后作吸光度-灯电流曲线，从曲线上找出吸光度最大时，所对应的较小电流为测定的工作电流。

③ 火焰的选择 依据不同试样元素选择不同火焰类型。对易电离的碱金属元素，选用低温火焰；对易生成氧化物的元素（如Al、Si、B、W等），选用高温火焰；对一般元素，常使用空气-乙炔火焰。

④ 燃烧器高度的选择 不同元素的基态原子密度随火焰高度的分布是不同的。调节观测高度（燃烧器高度），可使光源通过自由原子浓度最大的火焰区，灵敏度高，观测稳定性好。

⑤ 狭缝宽度的选择 狭缝宽度与单色器的分辨能力和光源辐射的强弱等因素有关。当单色器的分辨能力大时，用较宽的狭缝。在光源辐射较弱或共振线吸收较弱时，必须使用较宽的狭缝。合适的狭缝宽度同样应通过实验确定。

（3）分析方法

① 标准曲线法 配制一组合适的标准溶液，由低浓度到高浓度依次喷入火焰，将获得的吸光度 A 数据对应于浓度 c 作标准曲线，在相同条件下测定试样的吸光度 A，在标准曲线上求出对应的浓度值。或由标准溶液数据获得线性方程，将试样的吸光度 A 数据代入计算。注意在高浓度时，标准曲线易发生弯曲。

② 标准加入法　标准加入法主要是为了减小标准溶液与试样基体不一致所引起的误差而采用的方法，包括计算法、作图法和浓度直读法。

a. 计算法：设容量瓶 A，待测元素浓度 c_X，吸光度 A_X，容量瓶 B，待测元素浓度为 (c_X+c_S)，吸光度为 A_{X+S}，可求得被测试液元素的浓度为：

$$c_X=\frac{A_X}{A_{X+S}-A_X}\times c_S$$

式中，c_X、c_S 为浓度项，可以用物质的量浓度、质量浓度、质量分数表示。注意容量瓶 A、B 体积相同。

b. 作图法：以 A 为纵坐标，标准溶液浓度 c_S 为横坐标，绘制工作曲线，延长工作曲线与横坐标轴相交，交点至原点的距离所对应的浓度 c_X，即为所求被测元素的浓度。

c. 浓度直读法：在标准曲线线性范围内，用几个标准溶液喷雾，并将仪表指示调节到它们相应的浓度值。然后在相同的实验条件下吸喷试液，仪表上的读数就是该试液的浓度。

③ 内标法　在标准溶液和试样溶液中，分别加入一定量试样中不存在的内标元素，同时测定溶液中待测元素和内标元素的吸光度。内标法的优点是消除气体流量、进样量、火焰温度、样品雾化率、溶液黏度以及表面张力等的影响，适于双波道和多波道的原子吸收光谱法。

二、食品中微量元素的测定

1. 食品中的微量元素及其功能

微量元素与人体健康的关系日益受到重视。根据人体对各类矿物质元素的需求不同可分为常量元素和微量元素（某些是痕量元素），常量元素通常包括 Ca、P、K、Na、Cl、Mg 和 S 等；微量元素通常包括 Fe、Cu、Zn、Mn、Se 等。这些矿物质元素在人体内的含量很低，只有万分之几，有的甚至仅有十亿分之几，但却在人体内发挥着不同的重要生理功能。某些元素参与体内的生物化学反应，某些形成体内的组织，有些是能量转移的载体，某些构成了维生素、激素、氨基酸等化合物的功能单位。在某种情况下，一种微量元素可以产生多种特殊的生理作用。但也有某些微量元素对人体是有害的，如铅、砷、汞、镉、锗、锡、锑等，这些有害元素一般在食品或原辅材料中含量是微量的，甚至是痕量的，由于它们具有不被生物分解的特性，被人体吸收后使之得到蓄积，当在组织中达到一定含量即可引起食物中毒。同时也要认识到，即使某些被认为是有益的并在人体内发挥着重要生理功能的微量元素，它们的需求量也是有一定限制的，盲目地在食品中添加或补充这些微量元素也会引起食物中毒。

2. 食品中微量元素的来源

人体内的微量元素除少量从呼吸道或皮肤进入体内外，大多直接来源于食品。食品中的微量元素含量受到多种因素的影响。

(1) 来源于食品原料　食品所用的植物原料或动物原料在自然条件下容易受到大环境的污染，包括大气、水、土壤的地质背景等。植物原料在栽培的过程中如土质不同则各种微量元素在体内含量亦不同，如栽培环境中的大气、水、土壤污染严重或农药使用不当，则容易造成环境污染，污染到水中的重金属被鱼、虾、贝等水产品所富集；流到土壤中的重金属被农作物所富集，再由家禽、家畜进一步富集，这样通过食物链将重金属的浓度逐渐提高，最后通过食品进入人体造成危害。

(2) 来源于食品的加工、保藏、运输和消费过程 加工过程中如加工工艺不当或在保藏、运输和消费过程中采用了不合适的条件，则易使加工和包装器具中的金属元素污染食品，如罐头食品中镀锡马口铁有时被内容物侵蚀，产生了溶锡现象，还有的因焊锡涂布不牢而溶锡，有机锡毒性很大。

3. 食品中微量元素的测定方法

人体缺乏某些微量元素或积累某些有害微量元素对健康都是不利的，这些有益或有害微量元素大都与饮食有关，与食品的生产有关，因此有必要加强对饮食或食品生产全过程的质量监控。

目前，对这些微量元素的监控主要是通过现代分析技术进行检测，检测的方法主要有滴定法、比色法、极谱法、离子选择电极法、荧光光度法和原子吸收光谱法等，其中原子吸收光谱法具有灵敏度高、检出限低、准确度高、选择性好、操作简便、分析速度快等优点，是目前应用最广泛的测定方法。

一、食品中铅的测定——石墨炉、火焰原子吸收光谱法（参照 GB 5009.12—2017）

1. 石墨炉原子吸收光谱法（第一法）

【原理】

试样消解处理后，经石墨炉原子化，在 283.3nm 处测定吸光度。在一定浓度范围内铅的吸光度与铅含量成正比，与标准系列溶液比较定量。

【试剂和材料】

(1) 试剂 硝酸；高氯酸；磷酸二氢铵；硝酸钯。

(2) 试剂配制

① 硝酸溶液（5+95）：量取 50mL 硝酸，缓慢加入到 950mL 水中，混匀。

② 硝酸溶液（1+9）：量取 50mL 硝酸，缓慢加入到 450mL 水中，混匀。

③ 磷酸二氢铵-硝酸钯溶液：称取 0.02g 硝酸钯，加少量硝酸溶液（1+9）溶解后，再加入 2g 磷酸二氢铵，溶解后用硝酸溶液（5+95）定容至 100mL，混匀。

(3) 标准品 硝酸铅［CAS 号 10099-74-8］：纯度＞99.99%，或经国家认证并授予标准物质证书的一定浓度的铅标准溶液。

(4) 标准溶液配制

① 铅标准储备液（1000mg/L）：准确称取 1.5985g（精确至 0.0001g）硝酸铅，用少量硝酸溶液（1+9）溶解，移入 1000mL 容量瓶，加水至刻度，混匀。

② 铅标准中间液（1.00mg/L）：准确吸取铅标准储备液（1000mg/L）1.00mL 于 1000mL 容量瓶中，加硝酸溶液（5+95）至刻度，混匀。

③ 铅标准系列溶液：分别吸取铅标准中间液（1.00mg/L）0mL、0.500mL、1.00mL、

2.00mL、3.00mL和4.00mL于100mL容量瓶中，加硝酸溶液（5＋95）至刻度，混匀，此铅标准系列溶液的质量浓度分别为0μg/L、5.00μg/L、10.0μg/L、20.0μg/L、30.0μg/L和40.0μg/L。

注：可根据仪器的灵敏度及样品中铅的实际含量确定标准系列溶液中铅的质量浓度。

【仪器】

原子吸收光谱仪（配石墨炉原子化器，附铅空心阴极灯）；分析天平（感量0.1mg和1mg）；可调式电热板；微波消解系统（配聚四氟乙烯消解内罐）；恒温干燥箱；压力消解罐（配聚四氟乙烯消解内罐）

注：所有玻璃器皿及聚四氟乙烯消解内罐均需用硝酸溶液（1＋5）浸泡过夜，用自来水反复冲洗，最后用水冲洗干净。

【步骤】

（1）试样预处理 在采样和试样制备过程中，应注意不使试样污染。

① 粮食、豆类样品 样品去杂物后，粉碎，储于塑料瓶中。

② 蔬菜、水果、鱼类、肉类等样品 样品用水洗净，晾干，取可食部分，制成匀浆，储于塑料瓶中。

③ 饮料、酒、醋、酱油、食用植物油、液态乳等液体样品 将样品摇匀。

（2）试样前处理

① 湿法消解 称取固体试样0.2～3g（精确至0.001g）或准确移取液体试样0.500～5.00mL于带刻度消化管中，加入10mL硝酸和0.5mL高氯酸，在可调式电热炉上消解（参考条件：120℃，0.5～1h，升至180℃，2～4h，升至200～220℃）。若消化液呈棕褐色，再加少量硝酸，消解至冒白烟，消化液呈无色透明或略带黄色时，取出消化管，冷却后用水定容至10mL，混匀备用。同时做试剂空白试验。亦可采用锥形瓶，于可调式电热板上，按上述操作方法进行湿法消解。

② 微波消解 称取固体试样0.2～0.8g（精确至0.001g）或准确移取液体试样0.500～3.00mL于微波消解罐中，加入5mL硝酸，按照微波消解的操作步骤消解试样。冷却后取出消解罐，在电热板上于140～160℃赶酸至1mL左右。消解罐放冷后，将消化液转移至10mL容量瓶中，用少量水洗涤消解罐2～3次，合并洗涤液于容量瓶中并用水定容至刻度，混匀备用。同时做试剂空白试验。

③ 压力罐消解 称取固体试样0.2～1g（精确至0.001g）或准确移取液体试样0.500～5.00mL于消解内罐中，加入5mL硝酸。盖好内盖，旋紧不锈钢外套，放入恒温干燥箱，于140～160℃下保持4～5h。冷却后缓慢旋松外套，取出消解内罐，放在可调式电热板上于140～160℃赶酸至1mL左右。冷却后将消化液转移至10mL容量瓶中，用少量水洗涤内罐和内盖2～3次，合并洗涤液于容量瓶中并用水定容至刻度，混匀备用。同时做试剂空白试验。

（3）测定

① 仪器参考条件 根据各自仪器性能调至最佳状态。参考条件为：波长283.3nm；狭缝0.5nm；灯电流8～12mA；干燥85～120℃，40～50s；灰化750℃，20～30s，原子化2300℃，4～5s。

② 标准曲线的制作 按质量浓度由低到高的顺序分别将10μL铅标准系列溶液和5μL

磷酸二氢铵-硝酸钯溶液（可根据所使用的仪器确定最佳进样量）同时注入石墨炉，原子化后测其吸光度值，以质量浓度为横坐标，吸光度为纵坐标，制作标准曲线。

③ 试样溶液的测定　在与测定标准系列溶液相同的实验条件下，将 10μL 空白溶液或试样溶液与 5μL 磷酸二氢铵-硝酸钯溶液（可根据所使用的仪器确定最佳进样量）同时注入石墨炉，原子化后测其吸光度值，与标准系列比较定量。

(4) 结果计算　试样中铅的含量按照公式计算：

$$X=\frac{(\rho-\rho_0)\ V}{m\times 1000}$$

式中　X——试样中铅的含量，mg/kg 或 mg/L；

ρ——试样溶液中铅的质量浓度，μg/L；

ρ_0——空白溶液中铅的质量浓度，μg/L；

V——试样消化液的定容体积，mL；

m——试样称样量或移取体积，g 或 mL；

1000——换算系数。

当铅含量≥1.00mg/kg（或 mg/L）时，计算结果保留 3 位有效数字；当铅含量＜1.00mg/kg（或 mg/L）时，计算结果保留 2 位有效数字。

在重复性条件下获得的两次独立测定结果的绝对差值不得超过算术平均值的 20%。

2. 火焰原子吸收光谱法（第三法）

【原理】

试样经处理后，铅离子在一定 pH 条件下与二乙基二硫代氨基甲酸钠（DDTC）形成配合物，经 4-甲基-2-戊酮(MIBK）萃取分离，导入原子吸收光谱仪中，经火焰原子化，在 283.3nm 处测定吸光度。在一定浓度范围内铅的吸光度与铅含量成正比，与标准系列比较定量。

【试剂和材料】

(1) 试剂　硝酸；高氯酸；硫酸铵；柠檬酸铵；溴百里酚蓝；二乙基二硫代氨基甲酸钠[DDTC]；氨水（优级纯）；4-甲基-2-戊酮（MIBK）。

(2) 试剂配制

a. 硝酸溶液（5+95）：量取 50mL 硝酸，加入到 950mL 水中，混匀。

b. 硝酸溶液（1+9）：量取 50mL 硝酸，加入到 450mL 水中，混匀。

c. 硫酸铵溶液（300g/L）：称取 30g 硫酸铵，用水溶解并稀释至 100mL，混匀。

d. 柠檬酸铵溶液（250g/L）：称取 25g 柠檬酸铵，用水溶解并稀释至 100mL，混匀。

e. 溴百里酚蓝水溶液（1g/L）：称取 0.1g 溴百里酚蓝，用水溶解并稀释至 100mL，混匀。

f. DDTC 溶液（1g/L）：称取 0.1g DDTC，用水溶解并稀释至 100mL，混匀。

g. 氨水溶液（1+1）：吸取 100mL 氨水，加入 100mL 水，混匀。

(3) 标准品　硝酸铅 [$Pb(NO_3)_2$，CAS 号：10099-74-8]：纯度＞99.99%。或经国家认证并授予标准物质证书的一定浓度的铅标准溶液。

(4) 标准溶液配制

① 铅标准储备液（1000mg/L）：准确称取 1.5985g（精确至 0.0001g）硝酸铅，用少量

硝酸溶液（1+9）溶解，移入1000mL容量瓶，加水至刻度，混匀。

② 铅标准使用液（10.0mg/L）：准确吸取铅标准储备液（1000mg/L）1.00mL于100mL容量瓶中，加硝酸溶液（5+95）至刻度，混匀。

【仪器】

原子吸收光谱仪（配火焰原子化器，附铅空心阴极灯）；分析天平（感量0.1mg和1mg）；可调式电热炉；可调式电热板。

注：所有玻璃器皿均需用硝酸（1+5）浸泡过夜，用自来水反复冲洗，最后用水冲洗干净。

【步骤】

(1) 试样处理 在采样和试样制备过程中，应注意不使试样污染。

① 粮食、豆类样品 样品去杂物后，粉碎，储于塑料瓶中。

② 蔬菜、水果、鱼类、肉类等样品 样品用水洗净，晾干，取可食部分，制成匀浆，储于塑料瓶中。

③ 饮料、酒、醋、酱油、食用植物油、液态乳等液体样品 将样品摇匀。

(2) 试样前处理 湿法消解：称取固体试样0.2～3g（精确至0.001g）或准确移取液体试样0.500～5.00mL于带刻度消化管中，加入10mL硝酸和0.5mL高氯酸，在可调式电热炉上消解（参考条件：120℃，0.5～1h；升至180℃，2～4h；升至200～220℃）。若消化液呈棕褐色，再加少量硝酸，消解至冒白烟，消化液呈无色透明或略带黄色时，取出消化管，冷却后用水定容至10mL，混匀备用。同时做试剂空白试验。亦可采用锥形瓶，于可调式电热板上，按上述操作方法进行湿法消解。

(3) 测定

① 仪器参考条件 根据各自仪器性能调至最佳状态。参考条件为：波长283.3nm，狭缝0.5nm，灯电流8～12mA，燃烧头高度6mm，空气流量8L/min。

② 标准曲线的制作 分别吸取铅标准使用液0mL、0.250mL、0.500mL、1.00mL、1.50mL和2.00mL（相当于0μg、2.50μg、5.00μg、10.0μg、15.0μg和20.0μg铅）于125mL分液漏斗中，补加水至60mL。加2mL柠檬酸铵溶液（250g/L），溴百里酚蓝水溶液（1g/L）3～5滴，用氨水溶液（1+1）调pH至溶液由黄变蓝，加硫酸铵溶液（300g/L）10mL，DDTC溶液（1g/L）10mL，摇匀。放置5min左右，加入10mL MIBK，剧烈振摇提取1min，静置分层后，弃去水层，将MIBK层放入10mL带塞刻度管中，得到标准系列溶液。将标准系列溶液按质量由低到高的顺序分别导入火焰原子化器，原子化后测其吸光度值，以铅的质量为横坐标，吸光度为纵坐标，制作标准曲线。

③ 试样溶液的测定 将试样消化液及试剂空白溶液分别置于125mL分液漏斗中，补加水至60mL。加2mL柠檬酸铵溶液（250g/L），溴百里酚蓝水溶液（1g/L）3～5滴，用氨水溶液（1+1）调pH至溶液由黄变蓝，加硫酸铵溶液（300g/L）10mL，DDTC溶液（1g/L）10mL，摇匀。放置5min左右，加入10mL MIBK，剧烈振摇提取1min，静置分层后，弃去水层，将MIBK层放入10mL带塞刻度管中，得到试样溶液和空白溶液。将试样溶液和空白溶液分别导入火焰原子化器，原子化后测其吸光度值，与标准系列比较定量。

(4) 计算 试样中铅的含量按照公式计算：

$$X=\frac{m_1-m_0}{m_2}$$

式中 X——试样中铅的含量，mg/kg 或 mg/L；

m_1——试样溶液中铅的质量，μg；

m_0——空白溶液中铅的质量，μg；

m_2——试样称样量或移取体积，g 或 mL。

当铅含量≥10.0mg/kg(或 mg/L) 时，计算结果保留 3 位有效数字；当铅含量<10.0mg/kg(或 mg/L) 时，计算结果保留 2 位有效数字。

在重复性条件下获得的两次独立测定结果的绝对差值不得超过算术平均值的 20%。

二、食品中钙的测定——火焰原子吸收光谱法（参照 GB 5009.92—2016）

【原理】

试样经消解处理后，加入镧溶液作为释放剂，经原子吸收火焰原子化，在 422.7nm 处测定的吸光度在一定浓度范围内与钙含量成正比，与标准系列比较定量。

【试剂和材料】

(1) 试剂 硝酸；高氯酸；盐酸；氧化镧。

(2) 试剂配制

① 硝酸溶液（5+95）：量取 50mL 硝酸，加入 950mL 水，混匀。

② 硝酸溶液（1+1）：量取 500mL 硝酸，与 500mL 水混合均匀。

③ 盐酸溶液（1+1）：量取 500mL 盐酸，与 500mL 水混合均匀。

④ 镧溶液（20g/L）：称取 23.45g 氧化镧，先用少量水湿润后再加入 75mL 盐酸溶液（1+1）溶解，转入 1000mL 容量瓶中，加水定容至刻度，混匀。

(3) 标准品 碳酸钙（CAS 号 471-34-1）：纯度>99.99%，或经国家认证并授予标准物质证书的一定浓度的钙标准溶液。

(4) 标准溶液的配制

① 钙标准储备液（1000mg/L）：准确称取 2.4963g（精确至 0.0001g）碳酸钙，加盐酸溶液（1+1）溶解，移入 1000mL 容量瓶中，加水定容至刻度，混匀。

② 钙标准中间液（100mg/L）：准确吸取钙标准储备液（1000mg/L）10mL 于 100mL 容量瓶中，加硝酸溶液（5+95）至刻度，混匀。

③ 钙标准系列溶液：分别吸取钙标准中间液（100mg/L）0mL，0.500mL，1.00mL，2.00mL，4.00mL，6.00mL 于 100mL 容量瓶中，另在各容量瓶中加入 5mL 镧溶液（20g/L），最后加硝酸溶液（5+95）定容至刻度，混匀。此钙标准系列溶液中钙的质量浓度分别为 0mg/L、0.500mg/L、1.00mg/L、2.00mg/L、4.00mg/L 和 6.00mg/L。

注：可根据仪器的灵敏度及样品中钙的实际含量确定标准系列溶液中元素的具体浓度。

【仪器】

原子吸收光谱仪（配火焰原子化器，钙空心阴极灯）；分析天平（感量为 1mg 和 0.1mg）；微波消解系统（配聚四氟乙烯消解内罐）；可调式电热炉；可调式电热板；压力消解罐（配聚四氟乙烯消解内罐）；恒温干燥箱；马弗炉。

注：所有玻璃器皿及聚四氟乙烯消解内罐均需用硝酸溶液（1+5）浸泡过夜，用自来水反复冲洗，最后用水冲洗干净。

【步骤】

(1) 试样制备 在采样和试样制备过程中，应避免试样污染。

① 粮食、豆类样品 样品去除杂物后，粉碎，储于塑料瓶中。

② 蔬菜、水果、鱼类、肉类等样品 样品用水洗净，晾干，取可食部分，制成匀浆，储于塑料瓶中。

③ 饮料、酒、醋、酱油、食用植物油、液态乳等液体样品 将样品摇匀。

(2) 试样消解

① 湿法消解 准确称取固体试样 0.2～3g(精确至 0.001g) 或准确移取液体试样 0.500～5.00mL 于带刻度消化管中，加入 10mL 硝酸、0.5mL 高氯酸，在可调式电热炉上消解（参考条件：120℃，0.5～1h；升至 180℃，2～4h；升至 200～220℃）。若消化液呈棕褐色，再加硝酸，消解至冒白烟，消化液呈无色透明或略带黄色。取出消化管，冷却后用水定容至 25mL，再根据实际测定需要稀释，并在稀释液中加入一定体积的镧溶液（20g/L），使其在最终稀释液中的浓度为 1g/L，混匀备用，此为试样待测液。同时做试剂空白试验。亦可采用锥形瓶，于可调式电热板上，按上述操作方法进行湿法消解。

② 微波消解 准确称取固体试样 0.2～0.8g(精确至 0.001g) 或准确移取液体试样 0.500～3.00mL 于微波消解罐中，加入 5mL 硝酸，按照微波消解的操作步骤消解试样。冷却后取出消解罐，在电热板上于 140～160℃ 赶酸至 1mL 左右。消解罐放冷后，将消化液转移至 25mL 容量瓶中，用少量水洗涤消解罐 2～3 次，合并洗涤液于容量瓶中并用水定容至刻度。根据实际测定需要稀释，并在稀释液中加入一定体积镧溶液（20g/L）使其在最终稀释液中的浓度为 1g/L，混匀备用，此为试样待测液。同时做试剂空白试验。

③ 压力罐消解 准确称取固体试样 0.2～1g(精确至 0.001g) 或准确移取液体试样 0.500～5.00mL 于消解内罐中，加入 5mL 硝酸。盖好内盖，旋紧不锈钢外套，放入恒温干燥箱，于 140～160℃下保持 4～5h。冷却后缓慢旋松外罐，取出消解内罐，放在可调式电热板上于 140～160℃ 赶酸至 1mL 左右。冷却后将消化液转移至 25mL 容量瓶中，用少量水洗涤内罐和内盖 2～3 次，合并洗涤液于容量瓶中并用水定容至刻度，混匀备用。根据实际测定需要稀释，并在稀释液中加入一定体积的镧溶液（20g/L），使其在最终稀释液中的浓度为 1g/L，混匀备用，此为试样待测液。同时做试剂空白试验。

④ 干法灰化 准确称取固体试样 0.5～5g(精确至 0.001g) 或准确移取液体试样 0.500～10.0mL 于坩埚中，小火加热，炭化至无烟，转移至马弗炉中，于 550℃ 灰化 3～4h。冷却，

取出。对于灰化不彻底的试样，加数滴硝酸，小火加热，小心蒸干，再转入550℃马弗炉中，继续灰化1～2h，至试样呈白灰状，冷却，取出，用适量硝酸溶液（1+1）溶解并转移至刻度管中，用水定容至25mL。根据实际测定需要稀释，并在稀释液中加入一定体积的镧溶液，使其在最终稀释液中的浓度为1g/L，混匀备用，此为试样待测液。同时做试剂空白试验。

（3）仪器参考条件 根据各自仪器性能调至最佳状态，参考条件为：波长422.7nm，狭缝1.3nm，灯电流5～15mA，燃烧头高度3mm，空气流量9L/min，乙炔流量2L/min。

（4）标准曲线的制作 将钙标准系列溶液按浓度由低到高的顺序分别导入火焰原子化器，测定吸光度值，以标准系列溶液中钙的质量浓度为横坐标，相应的吸光度为纵坐标，制作标准曲线。

（5）试样溶液的测定 在与测定标准系列溶液相同的实验条件下，将空白溶液和试样待测液分别导入原子化器，测定相应的吸光度值，与标准系列比较定量。

（6）计算 试样中钙的含量按公式计算：

$$X=\frac{(\rho-\rho_0)fV}{m}$$

式中 X——试样中钙的含量，mg/kg或mg/L；

ρ——试样待测液中钙的质量浓度，mg/L；

ρ_0——空白溶液中钙的质量浓度，mg/L；

f——试样消化液的稀释倍数；

V——试样消化液的定容体积，mL；

m——试样质量或移取体积，g或mL。

当钙含量≥10.0mg/kg或10.0mg/L时，计算结果保留3位有效数字；当钙含量<10.0mg/kg或10.0mg/L时，计算结果保留2位有效数字。

在重复性条件下获得的两次独立测定结果的绝对差值不得超过算术平均值的10%。

三、食品中铁的测定——火焰原子吸收光谱法（参照GB 5009.90—2016）

【原理】

试样消解后，经原子吸收火焰原子化，在248.3nm处测定吸光度值。在一定浓度范围内铁的吸光度与铁含量成正比，与标准系列比较定量。

【试剂和材料】

（1）试剂 硝酸；高氯酸；硫酸。

（2）试剂配制

① 硝酸溶液（5+95）：量取50mL硝酸，倒入950mL水中，混匀。

② 硝酸溶液（1+1）：量取250mL硝酸，倒入250mL水中，混匀。

③ 硫酸溶液（1+3）：量取50mL硫酸，缓慢倒入150mL水中，混匀。

(3) 标准品 硫酸铁铵 [$NH_4Fe(SO_4)_2 \cdot 12H_2O$，CAS 号 7783-83-7]：纯度>99.99%。或经国家认证并授予标准物质证书的一定浓度的铁标准溶液。

(4) 标准溶液配制

① 铁标准储备液（1000mg/L）：准确称取 0.8631g（精确至 0.0001g）硫酸铁铵，加水溶解，加 1.00mL 硫酸溶液（1+3），移入 100mL 容量瓶，加水定容至刻度，混匀。

② 铁标准中间液（100mg/L）：准确吸取铁标准储备液（1000mg/L）10mL 于 100mL 容量瓶中，加硝酸溶液（5+95）定容至刻度，混匀。

③ 铁标准系列溶液：分别准确吸取铁标准中间液（100mg/L）0mL、0.500mL、1.00mL、2.00mL、4.00mL、6.00mL 于 100mL 容量瓶中，加硝酸溶液（5+95）定容至刻度，混匀。此铁标准系列溶液中铁的质量浓度分别为 0mg/L、0.500mg/L、1.00mg/L、2.00mg/L、4.00mg/L、6.00mg/L。

注：可根据仪器的灵敏度及样品中铁的实际含量确定标准系列溶液中铁的具体浓度。

【仪器】

原子吸收光谱仪（配火焰原子化器，铁空心阴极灯）；分析天平（感量 0.1mg 和 1mg）；微波消解仪（配聚四氟乙烯消解内罐）；可调式电热炉；可调式电热板；压力消解罐（配聚四氟乙烯消解内罐）；恒温干燥箱；马弗炉。

注：所有玻璃器皿及聚四氟乙烯消解内罐均需用硝酸溶液（1+5）浸泡过夜，用自来水反复冲洗，最后用水冲洗干净。

【步骤】

(1) 试样制备 在采样和试样制备过程中，应避免试样污染。

① 粮食、豆类样品 样品去除杂物后，粉碎，储于塑料瓶中。

② 蔬菜、水果、鱼类、肉类等样品 样品用水洗净，晾干，取可食部分，制成匀浆，储于塑料瓶中。

③ 饮料、酒、醋、酱油、食用植物油、液态乳等液体样品 将样品摇匀。

(2) 试样消解

① 湿法消解 准确称取固体试样 0.5～3g（精确至 0.001g）或准确移取液体试样 1.00～5.00mL 于带刻度消化管中，加入 10mL 硝酸和 0.5mL 高氯酸，在可调式电热炉上消解（参考条件：120℃，0.5～1h；升至 180℃，2～4h；升至 200℃～220℃）。若消化液呈棕褐色，再加硝酸，消解至冒白烟，消化液呈无色透明或略带黄色时，取出消化管，冷却后将消化液转移至 25mL 容量瓶中，用少量水洗涤 2～3 次，合并洗涤液于容量瓶中并用水定容至刻度，混匀备用。同时做试样空白试验。亦可采用锥形瓶，于可调式电热板上，按上述操作方法进行湿法消解。

② 微波消解 准确称取固体试样 0.2～0.8g（精确至 0.001g）或准确移取液体试样 1.00～3.00mL 于微波消解罐中，加入 5mL 硝酸，按照微波消解的操作步骤消解试样，消解条件参考表 12-1。冷却后取出消解罐，在电热板上于 140～160℃ 赶酸至 1.0mL 左右。冷却后将消化液转移至 25mL 容量瓶中，用少量水洗涤内罐和内盖 2～3 次，合并洗涤液于容量瓶中并用水定容至刻度，混匀备用。同时做试样空白试验。

表 12-1 微波消解升温程序

步骤	设定温度/℃	升温时间/min	恒温时间/min
1	120	5	5
2	160	5	10
3	180	5	10

③ 压力罐消解　准确称取固体试样 0.3～2g(精确至 0.001g) 或准确移取液体试样 2.00～5.00mL 于消解内罐中，加入 5mL 硝酸。盖好内盖，旋紧不锈钢外套，放入恒温干燥箱，于 140～160℃下保持 4～5h。冷却后缓慢旋松外罐，取出消解内罐，放在可调式电热板上于 140～160℃赶酸至 1.0mL 左右。冷却后将消化液转移至 25mL 容量瓶中，用少量水洗涤内罐和内盖 2～3 次，合并洗涤液于容量瓶中并用水定容至刻度，混匀备用。同时做试样空白试验。

④ 干法消解　准确称取固体试样 0.5～3g(精确至 0.001g) 或准确移取液体试样 2.00～5.00mL 于坩埚中，小火加热，炭化至无烟，转移至马弗炉中，于 550℃灰化 3～4h。冷却，取出，对于灰化不彻底的试样，加数滴硝酸，小火加热，小心蒸干，再转入 550℃马弗炉中，继续灰化 1～2h，至试样呈白灰状，冷却，取出，用适量硝酸溶液（1＋1）溶解，转移至 25mL 容量瓶中，用少量水洗涤坩埚 2～3 次，合并洗涤液于容量瓶中并用水定容至刻度。同时做试样空白试验。

(3) 测定

① 仪器测试条件　根据各自仪器性能调至最佳状态。参考条件为：波长 248.3nm，狭缝 0.2nm，灯电流 5～15mA，燃烧头高度 3mm，空气流量 9L/min，乙炔流量 2L/min。

② 标准曲线的制作　将铁标准系列溶液按质量浓度由低到高的顺序分别导入火焰原子化器，测定其吸光度值。以铁标准系列溶液中铁的质量浓度为横坐标，以相应的吸光度为纵坐标，制作标准曲线。

③ 试样测定　在与测定标准系列溶液相同的实验条件下，将空白溶液和样品溶液分别导入原子化器，测定吸光度值，与标准系列比较定量。

【计算】

试样中铁的含量按照公式计算

$$X=\frac{(\rho-\rho_0)V}{m}$$

式中 X——试样中铁的含量，mg/kg 或 mg/L；

ρ——测定样品溶液中铁的质量浓度，mg/L；

ρ_0——空白溶液中铁的质量浓度，mg/L；

V——试样消化液的定容体积，mL；

m——试样称样量或移取体积，g 或 mL。

当铁含量≥10.0mg/kg 或 10.0mg/L 时，计算结果保留 3 位有效数字；当铁含量<10.0mg/kg 或 10.0mg/L 时，计算结果保留 2 位有效数字。

在重复性条件下获得的 3 次独立测定结果的绝对差值不得超过算术平均值的 10%。

四、食品中铜的测定——石墨炉原子吸收光谱法（参照 GB 5009.13—2017）

【原理】

试样消解处理后，经石墨炉原子化，在 324.8nm 处测定吸光度。在一定浓度范围内铜的吸光度与铜含量成正比，与标准系列比较定量。

【试剂和材料】

(1) 试剂 硝酸；高氯酸；磷酸二氢铵；硝酸钯。

(2) 试剂配制

① 硝酸溶液（5＋95）：量取 50mL 硝酸，缓慢加入到 950mL 水中，混匀。

② 硝酸溶液（1＋1）：量取 250mL 硝酸，缓慢加入到 250mL 水中，混匀。

③ 磷酸二氢铵-硝酸钯溶液：称取 0.02g 硝酸钯，加少量硝酸溶液（1＋1）溶解后，再加入 2g 磷酸二氢铵，溶解后用硝酸溶液（5＋95）定容至 100mL，混匀。

(3) 标准品 五水硫酸铜（CAS 号 7758-99-8）：纯度>99.99%，或经国家认证并授予标准物质证书的一定浓度的铜标准溶液。

(4) 标准溶液配制

① 铜标准储备液（1000mg/L）：准确称取 3.9289g（精确至 0.0001g）五水硫酸铜，用少量硝酸溶液（1＋1）溶解，移入 1000mL 容量瓶中，加水至刻度，混匀。

② 铜标准中间液（1.00mg/L）：准确吸取铜标准储备液（1000mg/L）1.00mL 于 1000mL 容量瓶中，加硝酸溶液（5＋95）至刻度，混匀。

③ 铜标准系列溶液：分别吸取铜标准中间液（1.00mg/L）0mL、0.500mL、1.00mL、2.00mL、3.00mL 和 4.00mL 于 100mL 容量瓶中，加硝酸溶液（5＋95）至刻度，混匀。此铜标准系列溶液的质量浓度分别为 0μg/L、5.00μg/L、10.0μg/L、20.0μg/L、30.0μg/L 和 40.0μg/L。

注：可根据仪器的灵敏度及样品中铜的实际含量确定标准系列溶液中铜元素的质量浓度。

【仪器】

原子吸收光谱仪（配石墨炉原子化器，附铜空心阴极灯）；分析天平（感量 0.1mg 和 1mg）；可调式电热炉（可调式电热板）；微波消解系统（配聚四氟乙烯消解内罐）；压力消解罐（配聚四氟乙烯消解内罐）；恒温干燥箱；马弗炉。

注：所有玻璃器皿及聚四氟乙烯消解内罐均需用硝酸（1＋5）浸泡过夜，用自来水反复冲洗，最后用水冲洗干净。

【步骤】

(1) 试样制备 在采样和试样制备过程中，应避免试样污染。

① 粮食、豆类样品　样品去除杂物后，粉碎，储于塑料瓶中。

② 蔬菜、水果、鱼类、肉类等样品　样品用水洗净，晾干，取可食部分，制成匀浆，储于塑料瓶中。

③ 饮料、酒、醋、酱油、食用植物油、液态乳等液体样品　将样品摇匀。

(2) 试样前处理

① 湿法消解　准确称取固体试样 0.2～3g(精确至 0.001g) 或准确移取液体试样 0.500～5.00mL 于带刻度消化管中，加入 10mL 硝酸、0.5mL 高氯酸，在可调式电热炉上消解（参考条件：120℃，0.5～1h；升至 180℃，2～4h；升至 200～220℃）。若消化液呈棕褐色，再加少量硝酸，消解至冒白烟，消化液呈无色透明或略带黄色时，取出消化管，冷却后用水定容至 10mL，混匀备用。同时做试剂空白试验。亦可采用锥形瓶，于可调式电热板上，按上述操作方法进行湿法消解。

② 微波消解　准确称取固体试样 0.2～0.8g(精确至 0.001g) 或准确移取液体试样 0.500～3.00mL 于微波消解罐中，加入 5mL 硝酸，按照微波消解的操作步骤消解试样，消解条件参考表 12-2。冷却后取出消解罐，在电热板上于 140～160℃赶酸至 1mL左右。消解罐放冷后，将消化液转移至 10mL 容量瓶中，用少量水洗涤消解罐 2～3 次，合并洗涤液于容量瓶中，用水定容至刻度，混匀备用。同时做试剂空白试验。

表 12-2　微波消解升温程序

步骤	设定温度/℃	升温时间/min	恒温时间/min
1	120	5	5
2	160	5	10
3	180	5	10

③ 压力罐消解　准确称取固体试样 0.2～1g(精确至 0.001g) 或准确移取液体试样 0.500～5.00mL 于消解内罐中，加入 5mL 硝酸。盖好内盖，旋紧不锈钢外套，放入恒温干燥箱，于 140～160℃下保持 4～5h。冷却后缓慢旋松外罐，取出消解内罐，放在可调式电热板上于 140～160℃赶酸至 1mL 左右。冷却后将消化液转移至 10mL 容量瓶中，用少量水洗涤内罐和内盖 2～3 次，合并洗涤液于容量瓶中并用水定容至刻度，混匀备用。同时做试剂空白试验。

④ 干法灰化　准确称取固体试样 0.5～5g(精确至 0.001g) 或准确移取液体试样 0.500～10.0mL 于坩埚中，小火加热，炭化至无烟，转移至马弗炉中，于 550℃灰化 3～4h。冷却，取出，对于灰化不彻底的试样，加数滴硝酸，小火加热，小心蒸干，再转入 550℃马弗炉中，继续灰化 1～2h，至试样呈白灰状，冷却，取出，用适量硝酸溶液（1＋1）溶解并用水定容至 10mL。同时做试剂空白试验。

(3) 测定

① 仪器参考条件　根据各自仪器性能调至最佳状态。参考条件为：波长 324.8nm；狭缝 0.5nm；灯电流 8～12mA；干燥 85～120℃，40～50s；灰化 800℃，20～30s；原子化 2350℃，4～5s。

② 标准曲线的制作 按质量浓度由低到高的顺序分别将 10μL 铜标准系列溶液和 5μL 磷酸二氢铵-硝酸钯溶液（可根据所使用的仪器确定最佳进样量）同时注入石墨炉，原子化后测其吸光度值，以质量浓度为横坐标，吸光度为纵坐标，制作标准曲线。

③ 试样溶液的测定 与测定标准系列溶液相同的实验条件下，将 10μL 空白溶液或试样溶液与 5μL 磷酸二氢铵-硝酸钯溶液（可根据所使用的仪器确定最佳进样量）同时注入石墨炉，原子化后测其吸光度值，与标准系列比较定量。

【计算】

试样中铜的含量按照公式计算

$$X=\frac{(\rho-\rho_0)V}{m\times 1000}$$

式中 X——试样中铜的含量，mg/kg 或 mg/L；

ρ——试样溶液中铜的质量浓度，μg/L；

ρ_0——空白溶液中铜的质量浓度，μg/L；

V——试样消化液的定容体积，mL；

m——试样称样量或移取体积，g 或 mL；

1000——换算系数。

当铜含量≥1.00mg/kg（或 mg/L）时，计算结果保留 3 位有效数字；当铜含量＜1.00mg/kg（或 mg/L）时，计算结果保留 2 位有效数字。

在重复性条件下获得的 2 次独立测定结果的绝对差值不得超过算术平均值的 20%。

1. 原子吸收光谱分析的基本原理是什么？

2. 原子吸收光谱法的特点是什么？

3. 查找出食品中锌元素测定的国家标准，并按标准测定市场上某一类食品中锌的含量，写出相应的检测报告。

模块十三　综合实训

项目一　乳及乳制品的检验

乳是哺乳动物为哺育幼仔而从乳腺中分泌出来的具有生理作用与胶体特性的液体，它含有幼小机体所需的全部营养成分，而且是最易消化吸收的完全食物。

乳制品是指以乳为主要原料，经加热干燥、冷冻或发酵等工艺加工制成的各种液体或固体食品。

实施食品生产许可证管理的乳制品包括：巴氏杀菌乳、灭菌乳、酸牛乳、乳粉、炼乳、奶油、干酪。

乳制品的申证单元为3个：液体乳（包括巴氏杀菌乳、灭菌乳、酸牛乳)、乳粉（包括全脂乳粉、脱脂乳粉、全脂加糖乳粉、调味乳粉)、其他乳制品（包括炼乳、奶油、干酪)。

下面以酸牛乳为例，对乳及乳制品的检验做一介绍。

1. 酸牛乳的定义

酸牛乳又称酸奶，是以牛乳或复原乳为原料，脱脂、部分脱脂或不脱脂，添加或不添加辅料，经发酵制成的产品。

2. 酸牛乳的种类

酸牛乳一般可分为两种：

(1) 凝固型酸牛乳　又称为传统型酸奶，发酵在零售包装容器中进行的产品，其凝块是均一的半固体状态。

(2) 搅拌型酸牛乳　发酵是在发酵罐中进行，包装前经过冷却并将凝块打碎，添加果料或其他添加物，产品呈低黏度的均匀状态。

3. 酸牛乳的生产加工工艺

(1) 凝固型酸牛乳生产工艺流程 原料乳验收→净乳→冷藏→标准化→均质→杀菌→冷却→接入发酵菌种→灌装→发酵→冷却→冷藏。

(2) 搅拌型酸牛乳生产工艺流程 原料乳验收→净乳→冷藏→标准化→均质→杀菌→冷却→接入发酵菌种→发酵→添加辅料→冷却→灌装→冷藏。

4. 酸乳容易或者可能出现的质量安全问题

产品质地不均，有蛋白凝块或颗粒，不黏稠；产品缺乏发酵乳的芳香味；酸度过高或过低；乳清分离，上部分是乳清，下部分是凝胶体；微生物污染，有菌体生长或胀包。

5. 酸乳生产的关键控制环节

原料乳验收、标准化、发酵剂的制备、发酵、灌装、设备的清洗。

6. 酸乳生产企业必备的出厂检验设备

酸乳生产企业必备的出厂检验设备有：分析天平（0.1mg）、干燥箱、离心机、蛋白质测定装置、恒温水浴锅、杂质过滤机、灭菌锅、生物显微镜、微生物培养箱、无菌室或超净工作台。

7. 酸乳产品的检验流程

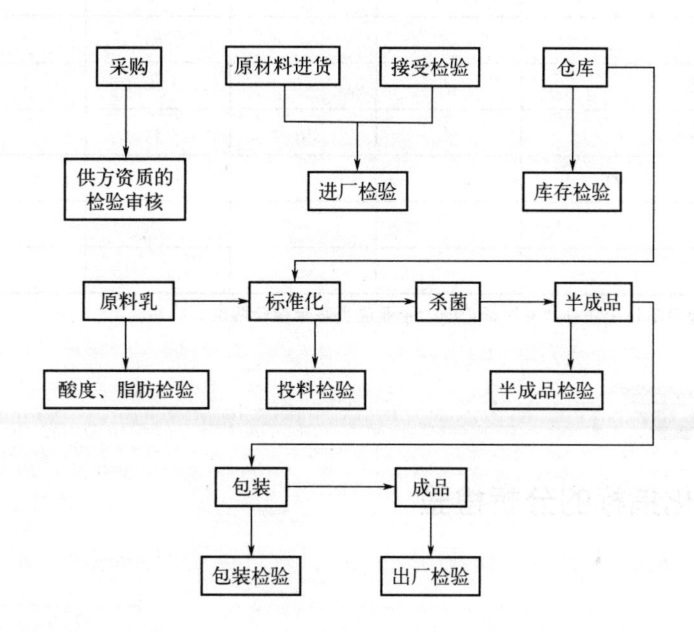

8. 酸乳产品的检验项目

酸乳涉及的国家标准为 GB 19302—2010《食品安全国家标准 发酵乳》、GB 7718—2011《食品安全国家标准 预包装食品标签通则》、GB 14880—2012《食品安全国家标准 食品营养强化剂使用标准》等。

酸牛乳质量检验项目见表 13-1。

乳制品的发证检验、监督检验、出厂检验分别按照《乳制品生产许可证 审查细则》中所列出的相应检验项目进行。

表 13-1 酸牛乳质量检验项目表

序号	检验项目	发证	监督	出厂	备注
1	感官	√	√	√	
2	净含量	√	√	√	
3	脂肪	√	√	√	
4	蛋白质	√	√	√	
5	非脂乳固体	√	√	√	
6	总固形物	√	√		不适用于纯酸乳
7	酸度	√	√	√	
8	苯甲酸	√	√		
9	山梨酸	√	√		
10	硝酸盐	√	√	*	
11	亚硝酸盐	√	√	*	
12	黄曲霉毒素 M_1	√	√		
13	大肠菌群	√	√	√	
14	酵母	√	√	*	
15	霉菌	√	√	*	
16	致病菌	√	√		
17	乳酸菌数	√	√	*	
18	铅	√			
19	无机砷	√			
20	标签	√	√		

注：企业的出厂检验项目中注有“*”标记的，企业应当每年检验两次。

酸乳某理化指标的分析检验

【背景】

假设你是食品卫生监督部门的检验员，你所在的实验室接受了一项新任务，要求从市场抽样检测某一品牌酸乳的 1～2 项理化指标，并提交产品质量的分析检测报告。

因此，你需要研究相关的国家标准和行业标准，确定产品检测指标，理解分析方法的原理，准备相关的仪器和药品，熟悉酸乳常规检测项目的检测方法及操作规程，正确使用实验仪器设备，制订并填写相应的食品分析检测报告。

【训练内容】

① 查找相关的国家标准和行业标准；

② 确定 1～2 项理化检测项目及其检测方法；

③ 研究制订采样和实验方案；

④ 小组成员讨论，明确分工；

⑤ 制订详细工作计划；

⑥ 制订所需药品、仪器清单；

⑦ 领取药品和仪器；

⑧ 采样；

⑨ 样品分析检测；

⑩ 记录检测过程及结果；

⑪ 完成检测报告；

⑫ 分析总结检测工作；

⑬ 上交综合实训报告（内含检测报告）及其他评价学习成果的相关证据（如成员分工、工作计划、早期实验方案、实验记录等）。

【要求】

① 实训任务是小组任务，每 4 名同学为一小组，小组自选小组负责人一名；

② 严格遵守实验室规则，特别注意各种仪器、电炉等用电设施的正确使用及使用后的完善工作。

③ 离开实验室时必须关闭所有的门、窗、水、电。

【评价信息】

评价信息列出了你可能展示成果的标准及成果形式，详见表 13-2 所示。“能力目标”一栏是你应该达到的标准，“可能的证据”一栏是期待你做什么和做到什么程度。

表 13-2　综合实训的评价信息

专业能力目标	可能的证据
明确检测的意义	确立检测项目的依据
熟练掌握常用仪器设备的操作技术和维护保养知识	独立准确地操作仪器，读数准确
掌握各项检测指标的原理和操作技术	实验前做好准备工作，正确地展开分析检测步骤
掌握对检验结果进行数据处理和误差分析的方法	准确记录原始数据，按规定使用有效数字，数据处理符合规定
掌握检验报告的撰写和检测结果的文字表达	检测报告简明扼要，结论分析准确
通用能力目标	可能的证据
收集和利用信息资源能力	查找并熟悉相关的国家标准或行业标准
合理统筹时间及自我管理	合理制订全组及个人的实验方案、工作计划、分工表，详细记录实验进程
团结协作，与人交往的能力	小组讨论和与指导老师的良好沟通
文字表达能力	报告设计合理、条理清楚，书写规范、表达准确

项目二　肉及肉制品的检验

GB/T 19480—2009 中规定，肉是指畜禽屠宰后所得可食部分的统称，包括胴体（骨除外）、蹄、尾、内脏。

实施食品生产许可证管理的肉制品是指以鲜、冻畜禽肉为主要原料，经选料、修整、腌制、调味、成型、熟化（或不熟化）和包装等工艺制成的肉类加工食品。肉制品的申证单元为 4 个：腌腊肉制品（包括咸肉类、腊肉类、中国腊肠类和中国火腿类等），酱卤肉制品（包括白煮肉类、酱卤肉类、肉松类和肉干类等），熏烧烤肉制品（包括熏烤肉类、烧烤肉类和肉脯类等），熏煮香肠火腿制品（包括熏煮肠类和熏煮火腿类等）。

下面以中国腊肠为例，对肉及肉制品的检验要求做一详细介绍。

1. 中国腊肠的定义

中国腊肠属腌腊肉制品门类，此类食品是以鲜、冻肉为主要原料，配以各种辅料，经过腌制、晾晒或烘焙等方法制成的一种半成品，包括广东腊肠、四川腊肠和南京香肚等，此类肉食品食用前需加热熟化。

2. 中国腊肠的生产加工工艺

选料切丁→配料→灌制晾晒→烘烤→包装。

3. 中国腊肠容易或者可能出现的质量安全问题

(1) 产品腐败变质　由于肉类制品营养丰富，水分活度较高，易受微生物污染。由于微生物繁殖，造成的肉制品的腐败变质，是最严重的质量问题。细菌在繁殖过程中，会产酸、产气，有些致病性菌还会释放出毒素，包装食品会发生涨袋。食用了腐败变质食品，会引起中毒。

(2) 产品氧化酸败　肉类制品中的蛋白质和脂肪均会被氧化，产生酸败，温度越高，氧化越快。

(3) 添加剂使用不当　添加剂的使用在改善食品感官性能、降低加工成本和延长货架期等方面，起到了很大的作用。但食品添加剂使用不当，会危害人体健康。

4. 中国腊肠生产的关键控制环节

(1) 原辅料质量　应当选用政府定点屠宰企业生产的原料肉，原料肉应有卫生检验检疫合格证明，进口原料肉必须提供出入境检验检疫部门的合格证明材料，不得使用非经正常屠宰死亡的畜禽肉及非食用性原料。辅料应符合相应国家标准或行业标准规定。特别要注意对原辅材料含有的添加剂进行控制。严禁使用不合格原料及未经证明其安全的原料。

(2) 加工过程的温度控制　在肉制品加工过程中，应严格控制原料肉、半成品和成品的温度，防止由于温度升高造成肉品腐败及微生物污染与繁殖。

(3) 添加剂的使用　严格执行 GB 2760《食品安全国家标准 食品添加剂使用标准》，严禁使用该标准中未明确允许使用的添加剂，不得超范围、超限量使用添加剂。

(4) 产品包装和贮运

5. 腊肠生产企业必备的出厂检验设备

腊肠生产企业必备的出厂检验设备有：分析天平（0.1mg）、干燥箱、玻璃器皿、分光光度计。

6. 中国腊肠类产品的检验项目

中国腊肠类肉制品涉及的国家标准有 GB 2730—2015《食品安全国家标准 腌腊肉制品》等。

中国腊肠类肉制品的质量检验项目见表 13-3。肉制品的发证检验、监督检验、出厂检验分别按表 13-3 列出的相应检验项目进行。

表 13-3 中国腊肠类肉制品质量检验项目表

序号	检验项目	发证	监督	出厂	备注
1	感官	√	√	√	
2	水分	√	√	√	
3	食盐	√	√	*	
4	蛋白质	√	√	*	香肚不检验此项目
5	酸价	√	√	√	
6	亚硝酸盐	√	√	*	
7	食品添加剂（山梨酸、苯甲酸）	√	√	*	
8	净含量	√	√	√	定量包装产品检验此项目
9	标签	√	√		

注：企业的出厂检验项目中注有“*”标记的，企业应当每年检验两次。

中国腊肉某一理化指标的分析检验

略，参考“酸乳某理化指标的分析检测”。

项目三 饮料的检验

国家标准 GB/T 10789—2015《饮料通则》中饮料也称饮品，是经过定量包装的，供直接饮用或按一定比例用水冲调或冲泡饮用的，乙醇含量（质量分数）不超过 0.5%的制品，也可为饮料浓浆或固体形态。并将饮料分为包装饮用水、果蔬汁类及其饮料、蛋白饮料、碳

酸饮料（汽水）、特殊用途饮料、风味饮料、茶（类）饮料、咖啡（类）饮料、植物饮料、固体饮料、其他类饮料共 11 个大类。

下面以果蔬汁（浆）饮料为例，对饮料的检验要求做一详细介绍。

1. 果蔬汁（浆）饮料的定义

GB/T 10789—2015《饮料通则》中果蔬汁（浆）类饮料是指以果蔬汁（浆）、浓缩果蔬汁（浆）为原料，添加或不添加其他食品原辅料和（或）食品添加剂，经加工制成的制品，如果蔬汁饮料、果肉（浆）饮料、复合果蔬汁饮料、果蔬汁饮料浓浆、发酵果蔬汁饮料、水果饮料等。

果蔬汁类及其饮料共包括果蔬汁（浆）、浓缩果蔬汁（浆）、果蔬汁（浆）类饮料三类。需要特别注意的是果蔬汁（浆）、果蔬汁（浆）类饮料和果味饮料非常容易混淆。果蔬汁（浆）是指以水果或蔬菜为原料，采用物理方法（机械方法、水浸提等）制成的可发酵但未发酵的汁液，浆液制品；或在浓缩果蔬汁（浆）中加入其加工过程中除去的等量水分复原制成的汁液、浆液制品，如果汁、蔬菜汁、果浆、蔬菜浆、复合果蔬汁（浆）等。果蔬汁（浆）类饮料是指果蔬汁（浆）、浓缩果蔬汁（浆）加水，参照 GB/T 31121—2014，果蔬汁类及其饮料最低要求果蔬汁含量≥5%，而果味饮料（风味饮料）并不是一定不含有果蔬汁，而是果蔬汁含量＜5%。

2. 果蔬汁（浆）饮料的生产加工工艺

(1) 以浓缩果蔬汁（浆）为原料

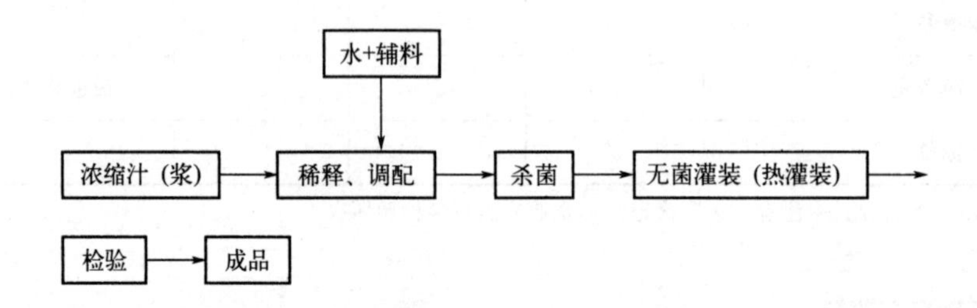

(2) 以水果或蔬菜为原料

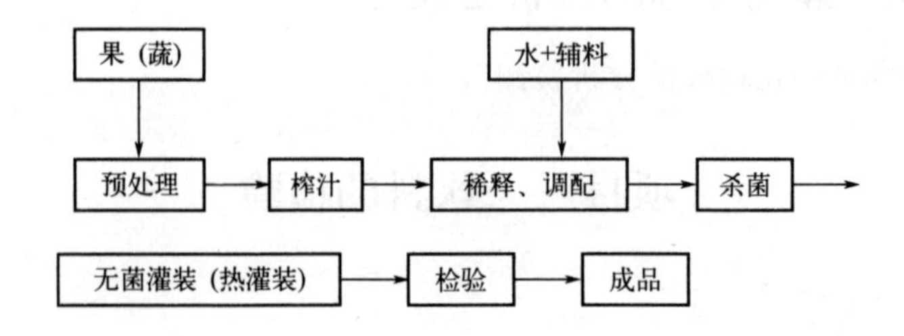

3. 果蔬汁（浆）饮料容易或者可能出现的质量安全问题

设备、环境、原辅材料、包装材料、水处理工艺、人员等环节的管理控制不到位，易造成化学和生物污染，而使产品的卫生指标等不合格；原料质量及配料控制等环节的管理不到位，易造成原果汁含量与明示不符、食品添加剂超范围和超量使用。

4. 果蔬汁(浆)饮料生产的关键控制环节

原辅材料、包装材料的质量控制；生产车间，尤其是配料和灌装车间的卫生管理控制；水处理工序的管理控制；管道设备的清洗消毒；配料计量；杀菌工序的控制；瓶及盖的清洗消毒；操作人员的卫生管理。

5. 果蔬汁(浆)饮料生产企业必备的出厂检验设备

果（蔬）汁饮料生产企业必备的出厂检验设备有：分析天平（0.1mg)、酸碱滴定装置、酸度计、折光仪、计量容器、灭菌锅、生物显微镜、微生物培养箱、无菌室或超净工作台。

6. 果蔬汁(浆)饮料产品的检验项目

果蔬汁（浆）饮料涉及的国家标准为：GB 7101—2022《食品安全国家标准 饮料》、GB/T 10789—2015《饮料通则》、GB/T 31121—2014《果蔬汁类及其饮料》等。

果蔬汁（浆）饮料产品质量检验项目见表 13-4。发证检验、监督检验、出厂检验分别按照表 13-4 中所列出的相应检验项目进行。

表 13-4 果蔬汁（浆）饮料产品质量检验项目表

序号	检验项目	发证	监督	出厂	备注
1	感官	√	√	√	
2	净含量	√		√	
3	总酸	√	√	√	
4	可溶性固形物	√	√	√	
5	原果汁含量	√	√	*	橙、柑、橘汁及其饮料
6	总砷	√	√	*	
7	铅	√	√	*	
8	铜	√	√	*	
9	二氧化硫残留量	√	√	*	
10	铁	√	√	*	金属罐装产品
11	锌	√	√	*	金属罐装产品
12	锡	√	√	*	金属罐装产品
13	铁、锌、锡总和	√	√	*	金属罐装产品
14	展青霉素	√	√	*	苹果汁、山楂汁
15	细菌总数	√	√	√	
16	大肠菌群	√	√	√	
17	致病菌	√	√	*	
18	霉菌	√	√	*	
19	酵母	√	√	*	
20	商业无菌	√	√	√	

续表

序号	检验项目	发证	监督	出厂	备注
21	苯甲酸	√	√	*	其他防腐剂依产品使用状况确定
22	山梨酸	√	√	*	
23	糖精钠	√	√	*	其他甜味剂依产品使用状况确定
24	甜蜜素	√	√	*	
14	着色剂	√	√	*	根据产品色泽选择确定
15	标签	√	√		

注：企业的出厂检验项目中注有“*”标记的，企业应当每年检验两次。

果蔬汁（浆）饮料某理化指标的分析检验

略，参考“酸乳某理化指标的分析检测”。

项目四　罐头食品的检验

罐头食品是指将符合要求的原料经处理、分选、修整、烹调（或不经过烹调）、装罐、密封、杀菌、冷却或无菌包装而制成的所有食品。

根据国家标准 GB/T 10784—2020《罐头食品分类》，罐头食品按原料、生产工艺和产品特性的不同，可分为：畜肉类罐头、禽类罐头、水产类罐头、水果类罐头、蔬菜类罐头、食用菌罐头、坚果及籽类罐头、谷物和杂粮罐头、蛋类罐头、婴幼和辅食罐头和其他类罐头。

根据罐头食品的加工工艺及相近原则进行划分，实施食品生产许可管理的罐头产品共分为 3 个申证单元：畜禽水产罐头、果蔬罐头和其他罐头。畜禽水产罐头包括畜肉类罐头、禽类罐头，果蔬罐头包括水果类罐头、蔬菜类罐头，将不属于上述五类罐头的其他类罐头称为其他罐头。

1. 罐头的生产加工工艺

原辅材料处理→调配（或分选、加热、浓缩）→装罐→排气及密封→杀菌及冷却。

2. 罐头容易或者可能出现的质量安全问题

设备、环境、原辅材料、包装材料、水处理工艺、人员等环节的管理控制不到位，易造成化学和生物污染，而使产品的卫生指标等不合格；原料质量及配料控制等环节的管理不到位易造成原果汁含量与明示不符、食品添加剂超范围和超量使用。

3. 罐头生产的关键控制环节

原材料的验收及处理、严格控制真空封口工序，严格控制杀菌工序。

4. 罐头生产企业必备的出厂检验设备

分析天平（0.1mg）及台秤、圆筛（应符合相应要求）、干燥箱、折光计（仪）（仅适用于果蔬罐头、其他罐头）、酸度计（pH 计）（仅适用于果蔬罐头、其他罐头）、无菌室或超净工作台、微生物培养箱、生物显微镜、灭菌锅。

5. 罐头产品的检验项目

罐头涉及的国家标准为：GB 7098—2015《食品安全国家标准 罐头食品》等。

罐头产品质量检验项目见表 13-5。发证检验、监督检验、出厂检验分别按照表 13-5 中所列出的相应检验项目进行。

表 13-5 罐头产品质量检验项目表

序号	检验项目	发证	监督	出厂	备注
1	感官	√	√	√	
2	净含量(净质量)	√	√	√	
3	固形物(含量)	√	√	√	汤类、果汁、花生米罐头不检
4	氯化钠含量	√	√	√	有此项要求的
5	脂肪(含量)	√	√		
6	水分	√	√		
7	蛋白质	√	√		
8	淀粉(含量)	√	√		
9	亚硝酸钠	√	√	*	
10	糖水浓度(可溶性固形物)	√	√	√	
11	总酸度(pH)	√	√	√	
12	锡	√	√	*	
13	铜	√	√	*	果蔬罐头不检
14	总砷	√	√	*	
15	铅	√	√	*	
16	总汞	√	√	*	执行 GB 11671 标准的罐头不检
17	总糖量	√	√	√	有此项要求的，如果酱罐头
18	番茄红素	√	√	*	有此项要求的，如番茄罐头
19	霉菌计数	√	√	*	
20	六六六	√	√	*	仅限于食用菌罐头
21	滴滴涕	√	√	*	
22	米酵菌素	√	√	*	仅限于银耳罐头
23	油脂过氧化值	√	√		有此项要求的，如花生米罐头
24	黄曲霉毒素 B_1	√	√	*	

续表

序号	检验项目	发证	监督	出厂	备注
25	苯并[a]芘	√	√	*	有此项要求的，如猪肉香肠、片装火腿罐头
26	干燥物含量	√	√		有此项要求的，如八宝粥罐头
27	着色剂	√	√	*	有此项要求的，如糖水染色樱桃罐头、什锦果酱罐头、苹果山楂型酱罐头
28	二氧化硫	√	√	*	
29	复合磷酸盐	√	√	*	有此项要求的，如西式火腿罐头、其他腌制类罐头
30	组胺	√	√	*	鲐鱼罐头需测指标
31	微生物指标（罐头食品商业无菌要求）	√	√	√	
32	标签	√	√		

注：企业的出厂检验项目中注有“*”标记的，企业应当每年检验两次。

罐头某理化指标的分析检验

略，参考“酸乳某理化指标的分析检测”。

项目五　粮油及其制品的检验

(1) 粮油原料的分类　我国在对粮油作物进行分类时，一般是根据其化学成分与用途的不同进行分类，可分为以下四大类：禾谷类作物（如小麦、水稻、高粱、玉米、大麦、燕麦等）、豆类作物（如大豆、蚕豆、赤豆等）、油料作物（如油菜、芝麻、向日葵、大豆、花生等）、薯类作物（如木薯、马铃薯、甘薯等）。

(2) 粮油制品　以粮油作物为原料加工生产的食品。

下面以方便面产品为例，对粮油及其制品的检验要求做一详细介绍。

1. 方便面概述

方便面是指以小麦粉和/或其他谷物粉、淀粉等为主要原料，添加或不添加辅料，经加工制成的面饼，添加或不添加方便调料的面条类预包装方便食品，包括油炸方便面和非油炸方便面。油炸方便面指采用油炸工艺干燥的方便面，包括泡面、干吃面和煮面。非油炸方便面是指采用除油炸以外的其他工艺（如微波、真空和热风等）干燥的方便面，包括泡面、干吃面和煮面。

2. 方便面的生产加工工艺

配粉→压延→蒸煮→油炸干燥（或微波、真空和热风等干燥）→包装。

3. 方便面容易或者可能出现的质量安全问题

(1) 食品添加剂超范围和超量使用 例如，标准要求在方便面中严禁添加防腐剂（苯甲酸和山梨酸），但方便面的原材料小麦粉中允许添加 0.06g/kg 的过氧化苯甲酰，其降解产物为苯甲酸，方便面酱包的原材料酱油和酱类中允许添加分别为 1.0g/kg 和 0.5g/kg 的苯甲酸和山梨酸。此外，有些天然物质本身含有防腐剂成分，如香辛料桂皮中就含有苯甲醛成分，氧化后变为苯甲酸。这些因素均有可能造成方便面中检出防腐剂。这就要求企业要加强对采购原辅料的控制，防止由于原辅料问题影响到产品的质量。

(2) 设备残留物变质、霉变等 由于设备未定期清洗或未清洗干净造成残留物质变质、霉变等。

(3) 微生物超标 影响微生物指标的因素较多，干燥的温度、时间，产品水分的高低，生产设备上残留物质变质、霉变，生产环境不良，操作人员消毒不彻底等。料包卫生好坏对方便面微生物指标的影响很大，往往方便面产品微生物指标的问题很大程度上是由于料包的问题。

4. 方便面生产的关键控制环节

配粉、设备的清洗、干燥。

5. 方便面生产企业必备的出厂检验设备

分析天平（0.1mg）、干燥箱、恒温水浴锅、分光光度计、无菌室或超净工作台、微生物培养箱、生物显微镜、灭菌锅。

6. 方便面产品的检验项目

方便面产品涉及的国家标准为：GB 17400—2015《食品安全国家标准 方便面》等。

方便面产品质量检验项目见表 13-6。发证检验、监督检验、出厂检验分别按照表 13-6 中所列出的相应检验项目进行。

表 13-6 方便面产品质量检验项目表

序号	检验项目	发证	监督	出厂	备注
1	外观和感官	√		√	
2	净含量允许偏差	√		√	
3	水分	√	√	√	
4	脂肪	√	√	*	油炸型产品
5	酸价	√	√	√	油炸型产品
6	羰基价	√	√	*	油炸型产品
7	过氧化值	√	√	√	油炸型产品
8	总砷	√	√	*	
9	铅	√	√	*	
10	碘呈色度	√	√	√	
11	氯化物	√	√	*	
12	复水时间	√	√	√	

续表

序号	检验项目	发证	监督	出厂	备注
13	食品添加剂：山梨酸、苯甲酸	√	√	*	仅适用于调料包，按照 GB 2760—2014 中“酱类”要求判定
14	菌落总数	√	√	√	
15	大肠菌群	√	√	√	
16	致病菌	√	√	*	按照 GB 29921—2021 中“粮食制品”的规定
17	标签	√	√		

注：企业的出厂检验项目中注有“*”标记的，企业应当每年检验两次。

方便面某理化指标的分析检验

略，参考“酸乳某理化指标的分析检测”。

参 考 文 献

[1] 程云燕，李双石．食品分析与检验．北京：化工出版社，2007.
[2] 张意静．食品分析技术．北京：中国轻工业出版社，2006.
[3] 穆华荣，于淑萍．食品检验技术．北京：化学工业出版社，2005.
[4] 徐春．食品检验工（初级）．北京：机械工业出版社，2006.
[5] 黄高明．食品检验工（中级）．北京：机械工业出版社，2006.
[6] 刘长春．食品检验工（高级）．北京：机械工业出版社，2006.
[7] 卫生部．中华人民共和国食品卫生检验方法．北京：中国标准出版社，2001.
[8] 高职高专化学教材编写组．分析化学．2 版．北京：高等教育出版社，2000.
[9] 赵玉娥．基础化学．北京：化学工业出版社，2003.
[10] 李锡霞．分析化学．北京：人民卫生出版社，2002.
[11] 刘密新，罗国安，张新荣，等．仪器分析．2 版．北京：清华大学出版社，2002.
[12] 林新花．仪器分析．广州：华南理工大学出版社，2002.
[13] 刘世纯，戴文凤，张德胜．分析检验工．北京：化学工业出版社，2004.
[14] 黄一石．分析仪器操作技术与维护．北京：化学工业出版社，2005.
[15] 中国标准出版社．中华人民共和国国家标准 食品卫生检验方法 理化部分（一）．北京：中国标准出版社，2012.
[16] 黄一石．仪器分析．北京：化学工业出版社，2002.
[17] 朱明华．仪器分析．北京：高等教育出版社，2000.
[18] 穆华荣．食品检验技术．北京：化学工业出版社，2005.
[19] 呼世斌．无机与分析化学．北京：高等教育出版社，2005.
[20] 姜洪文．陈淑刚．化验室的组织与管理．北京：化学工业出版社，2004.
[21] 张英．食品理化与微生物检测实验．北京：中国轻工业出版社，2004.
[22] 鲁长豪．食品理化检验学．北京：人民卫生出版社，2001.
[23] 夏玉宇．食品卫生质量检验与监督．北京：北京工业大学出版社，2002.
[24] 黄伟坤．食品检验与分析．北京：轻工业出版社，2004.
[25] 严衍禄．现代仪器分析．北京：北京农业大学出版社，2001.
[26] 叶世柏．食品理化检验方法指南，北京：北京大学出版社，2003.
[27] 高职高专化学教材编写组编．分析化学．2 版．北京：高等教育出版社，2000.
[28] 董俊荣，甘春芳．毛细管气相色谱法测定冷饮中的甜蜜素．广西师院学报（自然科学版），2000，17（2）：50-53.
[29] 杨惠芬，李明元，沈文，等．食品卫生理化检验标准手册．北京：中国标准出版社，1997：333-339.
[30] 张暖民，刘力福．GC 测定饮料中的甜蜜素．食品科学，1992，（6）：47-49.
[31] 李智红，赵红玲，曾华学．反相离子对高速液相色谱法快速分离和定量测定食品中的甜蜜素．色谱，1999，7（3）：279-282.
[32] 刘莲芳，周亿民，付之亦，等．食品添加剂分析检验手册．北京：中国轻工业出版社，1999：348-356.
[33] 王竹天，兰真，等．GB/T 5009—2003《食品卫生检验方法》理化部分简介．中国食品卫生杂志，2005，17（3）：193-211.
[34] 席兴军，刘文．国际食品法典标准体系及其发展趋势．中国标准化，2004（4）：72-75.
[35] 张爱霞等．感官分析技术在食品工业中的应用．中国乳品工业，2005，33（3）：39-40.
[36] 陈亚非．我国食品标准急需与国际接轨．中国标准化，2004（1）：57-60.
[37] 陈斌，韩雅珊，等．食品分析技术进展．营养学报，2003，25（2）：135-138.
[38] 李素力．如何正确出据食品检验报告．中国质量技术监督．2006，6：46.
[39] 中国标准出版社．中华人民共和国国家标准 食品卫生检验方法 理化部分（二）．北京：中国标准出版社，2012.

参考文献